講座 これからの食料・農業市場学

1

世界農業市場の変動と転換

松原豊彦・冬木勝仁 編

筑波書房

日本農業市場学会『講座 これからの食料・農業市場学』の刊行に当たって

　日本農業市場学会では、2000年から2004年にかけて『講座　今日の食料・農業市場』全5巻（以下では前講座）を刊行した。前講座は、1992年に設立された学会の10周年を機に、学会の総力を挙げて刊行したものであった。前講座は、国際的にはグローバリゼーションの進展とWTOの発足、国内においては「食料・農業・農村基本法」制定までの時期、すなわち1990年代までの食料・農業市場を主として対象としたものであった。

　前講座の刊行から約20年が経過し、同時に21世紀を迎えて20年余になる今日、わが国の食料・農業をめぐる国際的環境と国内的環境はさらに大きく変化し、そのもとで食料・農業市場も大きく変容してきた。

　そこで、本年が学会設立30周年の節目に当たることから、『前講座』刊行後の約20年間の食料・農業市場の変化と現状、今後の展望に関して、学会としての研究成果を再び世に問うために本講座の刊行を企画した。その際に、食料・農業市場をめぐる対象領域の多面性を考慮し、以下の5巻から構成することにした。

第1巻『世界農業市場の変動と転換』（編者：松原豊彦、冬木勝仁）
第2巻『農政の展開と食料・農業市場』（編者：小野雅之、横山英信）
第3巻『食料・農産物の市場と流通』（編者：木立真直、坂爪浩史）
第4巻『食と農の変貌と食料供給産業』（編者：福田晋、藤田武弘）
第5巻『環境変化に対応する農業市場と展望』（編者：野見山敏雄、安藤光義）

　各巻・各章においては、それぞれのテーマをめぐる近年の研究動向を踏まえつつ、前講座が対象とした時期以降、とりわけ2010年代を中心とした世界とわが国の食料・農業市場の変容を、それに影響を及ぼす諸要因、例えば世界の農産物貿易構造、わが国経済の動向と国民生活・食料消費構造、食料・農業政策の展開、農産物・食品流通の変容、農業構造の変動などとの関連で

俯瞰的かつ理論的・実証的に描き出すことによって、日本農業市場学会としての研究の到達点を示すことを意図した。

　本講座の刊行に当たって、学術書をめぐる出版情勢が厳しいなかで、刊行を快く引き受けていただき、煩雑な編集作業に携わっていただいた筑波書房の鶴見治彦社長に感謝したい。

2022年4月

　　　　　　　　　『講座　これからの食料・農業市場学』常任刊行委員
　　　　　　　　　小野雅之、木立真直、坂爪浩史、杉村泰彦

目　次

序　章

大変動期に入った世界農業市場

1．目的と課題

　21世紀に入って以降現在までの世界の農業市場の変動と転換を検討し、その方向性を明らかにすること、これがこの巻の目的である。世界の農産物市場は2006年以降、大変動期に入った。穀物・油糧種子の価格は乱高下を伴いつつ、価格が高騰し、2022年初頭では１ブッシェル当たり小麦７ドル台、トウモロコシ６ドル台、大豆15ドルと全体として高い水準に上昇している。2005年以前の低い価格水準（１ブッシェル当たり小麦３ドル、トウモロコシ２ドル、大豆５ドル前後）に戻ることはない「非可逆的な変化」が起きている。

　穀物・油糧種子を代表とする農産物市場に大きな変化が起きていることは明らかであるが、問題はそれだけではない。本巻で世界農業市場と呼ぶときは、農産物市場、農業資材市場、食品市場、および労働力市場（そして限定的ではあるが農地市場）の全体をさしている。世界農業市場の変動と転換の様相を全体として描き出し、その根底にある構造的変化との関りで検討することがこの巻の基本課題である。

2．1970年代以降3回目の需給ひっ迫と価格高騰

（1）1970年代の需給ひっ迫と価格高騰

　1970年代以降、世界の農産物市場はこれまで3回の需給ひっ迫と価格高騰を経験した。代表的な国際商品である小麦、トウモロコシ、大豆を対象に、この間の市場の動きを見ていこう[1]。

　まず第1回目の需給ひっ迫と価格高騰は、1972年後半から74年にかけて起きた。直接の引き金を引いたのは、ソ連（当時）がアメリカから穀物を大量に輸入したことである。「不規則型の輸入を1960年代から開始したソ連は、1972年になると2,000万t台の小麦および飼料穀物の大量輸入を行った。75年もそうである」「農産物価格を長期的に不安定化する要因には、アメリカの作況の如何、同国の穀物戦略、72年以降とくに目立つソ連の自由市場での買付け、過剰資本による仮需要の発生などがある」[2]。

　農業不振と不作に悩むソ連は、国内の食肉需要を満たすための飼料作物の輸入を必要とし、それまで冷戦で対立関係にあったアメリカから小麦・トウモロコシを大量に輸入した。これを受けて、1972年後半からシカゴ商品取引所で小麦、トウモロコシ、大豆が高騰した。小麦は1ブッシェル当たり1.5ドルから1974年1月の最高時7ドルへ、トウモロコシは1ブッシェル当たり1ドルから3ドル台へと短期間に猛烈な高騰を引き起こした[3]。

　アメリカは国内の消費者物価安定を最優先し、食肉および植物油価格に影響を与える大豆の輸出禁止に踏みきった。これは日本など穀物、油糧種子の大量輸入に依存する国に打撃を与えた。しかも1973年の第1次石油危機と重なり、激しい物価騰貴とモノ不足を引き起こした。日本で「食料安全保障」が議論されるようになったのは、この時の経験をきっかけにしている。

（2）2006年から12年まで第2回目の価格高騰

　第2回目の世界農産物市場の需給ひっ迫と価格高騰は、2006年から2012年

にかけて起こった。2006年末から08年にかけて穀物、油糧種子の需給ひっ迫
と価格高騰が起こり、その後いったん収まるが2010年後半から12年にかけて
再び高騰した。シカゴ商品取引所の小麦価格は1ブッシェル当たり3.21ドル
（2005年）から最高時10.9ドル（2008年）まで高騰した。同じくトウモロコ
シは1ブッシェル当たり2.1ドルから7.5ドルへ、大豆は6.10ドルから16.6ドル
へと、いずれも3倍以上の高騰である。

　その要因は次の点にある。第1に、BRICs（ブラジル、ロシア、インド、
中国）など新興国の経済成長にともなう食料需要の持続的増加である。これ
らの国ではとくに食肉、畜産物、植物油の消費拡大がめざましく、油糧種子
や飼料作物の需要が増え続けている。

　第2に、バイオ燃料（バイオエタノール、バイオディーゼル）の生産急拡
大によるトウモロコシ、油糧種子の需給ひっ迫の発生である。バイオエタ
ノールの二大生産国であるアメリカとブラジルでは、それぞれトウモロコシ
とサトウキビを原料としている。トウモロコシは飼料作物・搾油原料として
利用されているので、そこでは「食料か燃料か（food or fuel）」という需要
の競合が厳しくなっている。これは新需要の創出による需給ひっ迫である。

　第3に、地球的規模での気候変動を背景として、主要穀物輸出国で干ばつ
や洪水が繰り返し起こり、生産に影響を及ぼしている。この時期にはオース
トラリアで2度の干ばつによる小麦の不作、ロシア、ウクライナでも干ばつ
による不作が起こり、世界の農産物市場に影響を与えた。供給面での制約で
ある。

　第4に、世界的な金融緩和と金融取引の規制緩和を背景に、ヘッジファン
ドなどの投機マネー、過剰貨幣資本が農産物の先物市場に大規模に流入し、
①から③の要因で起こる市場の乱高下を増幅していることである。農業・食
料の「金融化」による要因である（第4節（4）で述べる）。

　穀物・油糧種子価格の高騰は途上国の住民生活を直撃し、いくつかの国で
は主食用穀物の価格高騰、食料不足から政府への抗議行動や暴動などの政情
不安につながった。食料問題が食料危機に転化しかねない局面であった。

「食料危機は食料不足等の事態……（中略）……が、一国の支配体制を揺るがすような社会的政治的問題に転化した状況を指す」「食料危機は、在庫が安全水準を下回るという意味での食料不足により価格が高騰し、その価格では食料を購入できない所得階層が増大し、社会的緊張が高まる状態といえる」[4]。

　冒頭で述べたように、2006年以降世界の農産物市場は大変動期に入った。国際価格の乱高下をともないつつ、以前の低価格水準に戻ることはないという意味での「非可逆的な変化」が起きている。穀物・油糧種子の需給ひっ迫と価格高騰は消費者物価に影響するだけではない。価格高騰を背景に主要国が穀物・油糧種子の生産拡大に取り組んだことは、この時期に資材価格の高騰に連動していった。とくに化学肥料の原料である窒素、リン、カリウムの生産国は限られており、大手生産企業の側で寡占状態になっている。こうした構造の中では、日本のように化学肥料の原料を輸入に依存している国に影響が出ている[5]。

（3）2020年からの価格高騰

　2013年以降世界の穀物・油糧種子市場は落ち着きを取り戻し、価格はやや低下した。2018年のシカゴ相場（年平均価格）は小麦4.98ドル、トウモロコシ3.70ドル、大豆は9.35ドルの水準であった。ただし、これでも2005年以前の水準にもどることはなかった。

　そして、2020年から3回目の価格高騰が起きている。需要が拡大を続ける油糧種子（大豆、ナタネなど）の価格高騰が国際市場を牽引している。この間の油糧種子の貿易が拡大するなかで、その価格高騰が市場全体を引っ張っている。1970年代の価格高騰が小麦・トウモロコシから始まったこととの違いである。油糧種子の高騰に続いて、小麦、トウモロコシの価格も上昇し、2021年はブッシェル当たり小麦7.04ドル、トウモロコシ5.74ドル、大豆13.69ドルまで上昇した。ロシアのウクライナ侵攻直前の2022年2月11日時点では、小麦7.98ドル、トウモロコシ6.51ドル、大豆15.83ドルと、価格がさらに上

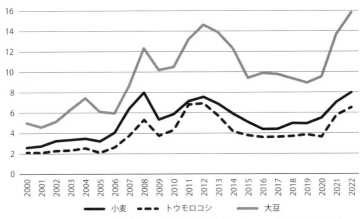

図序-1　穀物・油糧種子の価格変動（ブッシェル当たり米ドル）

資料：Wheat, Corn and Soybean Prices - 45 Year Historical Chart, Macrotrends.
注：各年次の平均価格、2022年は2月11日の価格。

がっている（**図序-1**）[6]。

　第3波の価格高騰の要因は何か。需要面では、油糧種子に対する需要が持続的に伸び続けていることである。中国のトウモロコシ・大豆輸入はこの数年増加を続けている。2018年にアフリカ豚熱の流行で被害を受けた養豚業の再建が進み、大豆や飼料作物の輸入が拡大したことが大きい。近年低下傾向にあった油糧種子の在庫はさらに減少し、史上最低レベルにまで落ち込んだ。

　短期的にはコロナ禍で物流の混乱が起き、輸出国の港湾での積出業務が滞っている。また、小麦の主要輸出国であるロシアが小麦の輸出税の引き上げに踏み切ったことも、市場に不安を与えた要因である（2020年12月）。

　2021年夏に北米を襲った異常高温・熱波は、穀物・油糧種子の生産地帯であるカナダおよびアメリカ平原州の農業に大きな被害を与えた。これらの地域は小麦、ナタネ（キャノーラ）の主産地であり、カナダの干ばつによる生産減少は小麦で34％、キャノーラで37％に上り、これらの作物の輸出が大きく減少し、価格高騰に繋がった[7]。

（4）世界の食料価格指数の上昇

　以上のような農産物国際価格の高騰を反映して、国連食糧農業機関
（FAO）が発表する世界の食料価格指数（2022年1月）は、2014-16年平均を
100とすると135.7まで上昇した。これは2011年に記録した過去最高水準137.6
に迫るものである。内訳は穀物140.6、植物油185.9、乳製品132.1、食肉112.6、
砂糖112.8であり、植物油と穀物の高騰が目立つ[8]。FAOの食料価格指数は
消費者に近い川下の食料品価格を表しており、近年の動きは世界的に食料イ
ンフレというべき様相を呈している[9]。食料品価格の高騰は家計に占める食
料費支出の比率が高い人々、とりわけ途上国の住民に大きな影響を及ぼして
いる。

3．世界の農産物貿易の構造変化

　世界の農産物貿易の構造変化も著しい。輸出側ではアメリカの位置低下が
続く一方で、ブラジル（大豆）、ロシア・ウクライナ（小麦）が大輸出国と
して台頭してきた。輸入側では、中国が大豆・油糧種子の巨大な輸入国と
なった。この節では、近年変動が著しい世界の農産物貿易について、大豆、
小麦、トウモロコシを取り上げてその動向を概観する。以下では、穀物・油
糧種子のなかで近年もっとも急速に貿易が拡大し、世界の農産物市場の大き
な焦点となっている大豆から述べることにしよう。

（1）急激に拡大した大豆貿易

　世界の大豆輸出は5,344万t（2001/02年度）から1億5,708万t（2021/22年
度）へ、この20年間で約3倍に膨れ上がった。同じ期間に世界の小麦輸出は、
1億1,036万tから2億532万tへと1.9倍に、世界のトウモロコシ輸出は7,434
万tから1億9,393万tへと2.6倍に増えた[10]。植物油の原料であり、搾油後
のミール（絞り粕）を家畜の飼料原料として利用する大豆は、付加価値産品

（単位：万t）

図序-2　大豆輸出の動向

資料：USDA Foreign Agricultural Service, *Oilseeds: World Markets and Trade.*

として貿易が急激に増加した（パーム油やナタネと同様に、大豆はバイオディーゼルの原料としても利用される）。

　世界の大豆生産は3億5,800万t、そのうち輸出は1億5,708万t（2021/22年度）であり、生産の4割以上が輸出されている。輸出国サイドで、大豆輸出の急拡大を牽引したのはブラジルである。同国の大豆輸出は1,500万t（2001/02年度）から7,912万t（2021/22年度）へと20年間で5倍以上に増えた（**図序-2**）。アメリカは2,895万t（2001/02年度）から5,872万t（2021/22年度）へと輸出を2倍に増やしたが、急拡大したブラジルに抜かれて2位になった。ブラジルの大豆輸出がアメリカを初めて上回ったのは2012/13年度であり、その後も両者の差は開いている。

　1970年代に始まった農業開発により、内陸中西部の広大なセラードが大豆、トウモロコシの一大産地に変貌し、ブラジルの大豆、トウモロコシの生産・輸出は大きく伸びた。もう一つの重要な点は、セラードで生産された大豆、トウモロコシを遠く離れた輸出港まで運ぶシステムの整備である。セラードで収穫した農産物を南の積出港へ運ぶには、パラグアイ＝パラナ水路の整備が必須であった。もう一つはアマゾン河中流マナオス近くの積出港まで運ぶ

ルートである。こうした内陸部の道路、河川などのインフラ整備が推進され
たことが、ブラジルの大豆輸出急拡大の背景にあった。

　ブラジルの大豆輸出拡大を後押ししたもう一つの要因は、この時期に通貨
レアル安が進行したことである。2010年に1米ドル＝1.8レアル前後で推移
していた為替レートは、2015年に1米ドル＝3レアル前後までレアル安が進
み、2020年には1米ドル＝5.35レアルまで下がった。10年間でレアルの対米
ドル為替レートは3分の1に低下したことが、ブラジルの輸出増を後押しし
た要因である。

　輸入側に眼を移すと、大豆輸入1位は中国の9,157万t（2021/22年度）で
ある。2001/02年度の世界の大豆輸入は、1位EU1,854万t、2位中国1,039
万t、3位日本502万tが主な輸入国であったから、中国の大豆輸入はこの
20年間に9倍に増えたことになる（2021/22年度の日本の大豆輸入は346万
t）。中国だけで世界の大豆輸入全体の6割近くを占める巨大な輸入国と
なった。その要因は、国内における植物油、食肉、畜産物の消費が持続的に
増加していることである。増え続ける植物油、食肉の消費をまかなうには、
大量の大豆を輸入することが必要になった。沿岸部の大豆搾油工場で大豆油
とミールに分離して、ミールを飼料原料として国内畜産業に供給する。こう
したシステムが1990年代後半から整備されたことが、それ以降の大量輸入に
つながった[11]。短期的には、2018年からの米中摩擦があり、中国はブラジ
ルからの大豆輸入を増やしている。中長期的にみれば、中国の巨大な大豆輸
入を準備したのは、WTO加盟前後からの一連の動きであるといえる。

（2）小麦貿易の動向

　小麦の輸出市場においても大きな変化が起きている。アメリカの位置低下
とロシア、EU、ウクライナの台頭である。2001/02年度の小麦輸出は、1位
アメリカ2,624万t、2位カナダ1,676万t、3位オーストラリア1,649万t、4
位アルゼンチン1,167万t、5位EU1,149万tであり、ロシアの小麦輸出は437
万t、ウクライナは549万tであった。2021/22年度の小麦輸出の勢力図は大

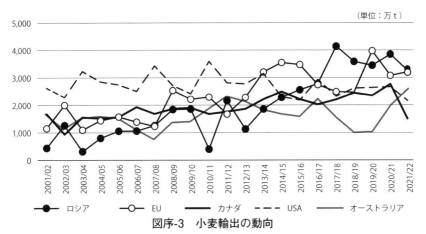

（単位：万 t）

図序-3　小麦輸出の動向

資料：USDA Foreign Agricultural Service, *Grain: World Markets and Trade.*

きく変わり、1位ロシア3,300万 t、2位EU3,192万 t、3位オーストラリア
2,596万 t、4位アメリカ2,150万 t、5位ウクライナ1,884万 t であり、ロシア、
EU、ウクライナの台頭が著しい（**図序-3**）。

　旧ソ連時代は農業不振に苦しんだロシアであるが、農地開発の進展による
生産の拡大や飼料効率の改善が進み、近年は小麦の主要輸出国として台頭が
めざましい。また、通貨ルーブル安が小麦輸出を後押しする要因となってい
る。とはいえ、ロシアの小麦生産は気象条件による変動幅が大きく、供給の
安定性に欠けることが指摘されている。2010年、2012年には異常高温・干ば
つによる小麦生産の被害が大きく、輸出は激減した（2009/10年度の1,856万
t から2010/11年度の398万 t へと5分の1近くまで落ち込んだ。2011/12年
度は2,162万 t まで回復したが、2012/13年度は1,129万 t へと半減した）[12]。
ロシアが2020年から小麦の輸出税を導入していることも不安要因である。な
お、ロシアのウクライナ侵攻で農業生産の減少、黒海沿岸からの輸出減によ
り、2022/23年度のウクライナからの穀物輸出は落ちこんでいる。

（3）トウモロコシ輸出でもアメリカの位置低下

　2020/21年度のトウモロコシ輸出1位はアメリカ6,298万t、2位アルゼンチン3,885万t、3位ブラジル3,244万t、4位ウクライナ2,698万tである。アメリカはトウモロコシ輸出では第1位を維持しているが、世界の輸出量に占める比率は、63.6％（2001/02年度）から32.5％（2021/22年度）へと低下傾向が続いている。2020/21年度の世界のトウモロコシ輸出に占めるシェアは、アルゼンチン20.0％、ブラジル16.7％、ウクライナ13.9％であり、これら輸出国とアメリカとの差はしだいに縮まっている（**図序-4**）。

　以上の検討から、世界の穀物・油糧種子の貿易における輸出国としてのアメリカの地位低下傾向は明らかである。かつて絶対的な優位を誇った大豆はブラジルに抜かれて2位に転落し、小麦は1位から4位に後退、トウモロコシは1位を保っているがアルゼンチン、ブラジル、ウクライナの台頭により世界のトウモロコシ貿易に占めるシェアは長期的な低下が進行している。

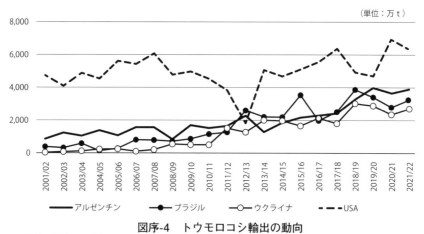

図序-4　トウモロコシ輸出の動向

資料：図序-3に同じ。

4．多国籍アグリビジネスによる食料支配の現状

　これまでみてきたように、世界の農産物市場が大変動期に入り、農産物貿易の構造が変わりつつある。その中で、農産物貿易を担っているのは、多国籍化したアグリビジネス企業である。多国籍アグリビジネスは農産物貿易だけでなく、農業資材、農産物の加工、流通にいたるフードシステムの全体に大きな影響力を有している。それらの企業の勢力配置や事業戦略はどうなっているかを検討し、多国籍アグリビジネスによる食料支配の現状を明らかにすることがここでの課題である。以下では、穀物商社と農産物加工部門を取り上げて述べることにする（農業資材部門は本書第２章、流通・外食部門は第３章で扱う）。

（1）巨大穀物商社から加工・流通複合体へ

　穀物・油糧種子の貿易においては巨大穀物商社が大きなシェアを有している。なぜなら、輸出国において産地で農産物を集荷し、調製・乾燥と保管を経て、長距離にわたる輸出港への運搬、輸出港のターミナル・エレベーターでの保管、船積みなどの輸出業務を一手に行い、組織することができるのはグローバルに事業を展開し、情報力・資金調達力において優位に立つ巨大穀物商社だからである。

　巨大穀物商社の事業が注目されるようになったのは、1972-73年の第一次穀物価格高騰の時であり、当時はカーギル、コンチネンタル・グレイン、ブンゲ、ルイ・ドレイファス、アンドレが五大穀物メジャーと言われた[13]。「アメリカが国際穀物市場において圧倒的な地位を占めたのは、……広大な内陸の穀倉地帯から膨大な数量の穀物を集荷し、貯蔵し、輸送し、港湾から船積みして輸出する、効率的で近代的な流通システムが存在するからである。この集荷・貯蔵・運搬・船積みの物流システムと施設をがっちりと押さえているのが五大穀物商社である」[14]。

1980年代に世界的な穀物過剰と価格低迷により、商社部門の事業が悪化すると、巨大穀物商社は農産物加工事業に進出していった。カーギル、ADMが典型で加工部門を統合して事業の多角化と垂直的統合に乗り出した。これに立ち遅れたコンチネンタル・グレインは穀物取引事業から撤退した。

　カーギル、ADMなどの事業多角化はおおむね次のような経路をたどった。大豆、トウモロコシは、それを用いて植物油の搾油・精製を行う原料農産物であり、大豆を搾油した後のミールは家畜飼料の原料として利用される。トウモロコシのウエット・ミリング加工から生産される製品は広範囲に及んでおり、とくに異性化糖やクエン酸の生産は収益性が高く、その事業は急成長を遂げた[15]。さらに大きな影響を与えたことは、1990年代以降トウモロコシを原料にバイオエタノール生産が拡大したことである。また、大豆はバイオディーゼル生産の原料として使用された。これらバイオ燃料の生産拡大は、アメリカ政府の国策（イランなど中東産原油への依存度を下げる）に乗って飛躍的に伸び、中西部のトウモロコシ産地ではバイオエタノール工場が林立した。

　上記の過程で穀物商社に限らず、食品製造企業は合併・買収を繰り返して国内外で加工・流通を統合していった。巨大穀物商社は農産物加工部門に進出して、農産物の集荷、輸出から農産物の加工・販売、飼料製造、畜産、食肉加工からバイオ燃料にいたる多方面の事業の垂直的統合を進めることで、「多角的・寡占的垂直統合体」というべき存在に変貌を遂げていった[16]。

　そこで、最近のデータから巨大農産物商社の立ち位置と勢力配置を確認することにしよう。2020年における世界の巨大農産物商社を示したのが**表序-1**である。1位のカーギル社の販売額は1,340億ドル（約18兆円、1米ドル＝135円で換算）にのぼる。この表は"ABCD"と呼ばれるADM（販売額3位、640億ドル）、ブンゲ（同5位、414億ドル）、カーギル、ルイ・ドレイファス（同7位、336億ドル）が世界の穀物・油糧種子の取引において強い支配力を有していることを示している。その一方で、中国の国有企業で農産物取引や食品加工・販売を幅広く展開しているCOFCOグループ（中糧集団）が、近

表序-1　世界の巨大農産物商社

（単位：100万ドル）

順位	企業名（本社所在地）	販売額（2020年）	
1	Cargill (USA)	134,000	株式非公開
2	COFCO Corp (China)	105,000	国有企業
3	ADM (USA)	64,000	
4	Wilmar (Singapore)	50,530	
5	Bunge (USA)	41,400	
6	Itochu (Japan)	35,908	
7	Louis Dreyfus (Netherland)	33,600	株式非公開
8	Viterra Group (Netherland)	28,144	株式非公開
9	Olam International (Singapore)	24,701	
10	Conagra (USA)	11,054	

資料：ETC Group, *Food Barons 2022: Crisis Profiteering, Digitalization and Shifting Power*, September 2022, pp.87-88.

注：COFCO Corp には子会社 COFCO International の販売額を含む。

年事業を急速に拡大して２位に入っている（販売額1,050億ドル）。また、シンガポールに本社をおくウィルマー・インターナショナル社が４位に入っている（販売額505億ドル）。ウィルマー社は1991年の設立で、マレーシア、インドネシアのパーム油生産、輸出を主力にめざましい事業拡大を遂げてきた。ABCDプラス新興のアグリビジネス企業が、世界の農産物貿易において大きな力をもっていることを示している。

（2）農産物・食品加工部門における多国籍アグリビジネス

　次に農産物・食品加工部門における多国籍アグリビジネスの動向を見ることにしよう。世界の食品・飲料製造企業の上位10社を示したのが**表序-2**である。この表からは、ADMとカーギルがそれぞれ７位と９位に入り、植物油・同関連製品、食肉など加工部門において強大な地盤を築いていることを示している。もう一つ注目されるのは、ブラジルに本社をおくJBS社が３位に入ったことである。JBS社はブラジルにおける畜産業の成長を背景に食肉部門で急成長をとげ、ブラジルのみならずアメリカの大手食肉企業の買収を行い、短期間に世界最大の食肉パッカーとなった[17]。

　JBS、タイソン・フーズ、カーギル、ADMなどの多国籍アグリビジネス

13

表序-2　世界の食品・飲料製造企業

（単位：100万ドル）

順位	企業名（本社所在地）	食品・飲料販売額（2020年）	主な製品
1	PepsiCo (USA)	70,372	ソフトドリンク
2	Nestle (Switzerland)	67,708	乳製品、飲料
3	JBS (Brazil)	50,690	食肉・同加工品
4	Anheuser-Busch InBev (Belgium)	46,881	ビール
5	Tyson Foods (USA)	43,185	食肉・同加工品
6	Mars (USA)	37,000	菓子
7	ADM (USA)	35,395	植物油
8	Coca-Cola (USA)	34,300	ソフトドリンク
9	Cargill (USA)	32,375	食肉、植物油
10	Danone (France)	26,927	乳製品

資料：ETC Group, *Food Barons 2022: Crisis Profiteering, Digitalization and Shifting Power*, September 2022, p.105.

表序-3　アメリカ農産物加工部門における上位4社の集中度

牛肉加工（2018）		豚肉加工（2018）		鶏肉加工（2020）		大豆加工（2011）	
1位　JBS	23%	1位　Smithfield/WH	26%	1位　Tyson Foods	21%	1位　Bunge	26%
2位　Tyson Foods	22%	2位　JBS	19%	2位　Pilgrim's Pride（JBS）	17%	2位　ADM	21%
3位　Cargill	18%	3位　Tyson Foods	16%	3位　Sanderson Farms	9%	3位　Cargill	21%
4位　Leucadia	10%	4位　Hormel	6%	4位　Perdue Farms	7%	4位　AgProcessing	12%
4社計	73%	4社計	67%	4社計	54%	4社計	80%

資料：Mary Hendrickson, Philip H. Howard, Emily M. Miller and Douglas Constance, *The Food System Concentration and Its Impacts*, 2020. Tyson Foods, *Investor Fact Book Fiscal Year 2019*.
注：牛肉加工、豚肉加工は処理能力頭数ベース、鶏肉加工は製品重量ベース、大豆加工は搾油能力ベースによる。

企業が、アメリカの農産物加工部門において強大な力を有しており、これらの部門が寡占状態にあることを示したのが**表序-3**である。上位4社の集中度は牛肉加工の73%、豚肉加工の67%、鶏肉加工の54%、大豆加工の80%に及んでいる。JBS社は、牛肉加工の1位（処理能力ベースで23%）、豚肉加工の2位（同19%）を占めている。鶏肉加工2位ピルグリムズ・プライド社もJBSが所有している。また、豚肉加工1位（同26%）のスミスフィールド社は2013年に中国企業のWHグループ（萬洲国際）に買収され、完全子会社になった。このように上位4社の中にブラジルや中国の新興企業が入るといっ

た変化が起きている。その一方で、タイソン・フーズ、カーギル、ADM、ブンゲといった巨大企業の力も強いものがある。こうした勢力関係の変化は有力企業間の合併・買収によって起きており、これからの動向を注視する必要がある。

（3）地球的規模での多国籍アグリビジネスの事業展開

　ABCDに代表される多国籍アグリビジネスは、本拠であるアメリカやヨーロッパにとどまらず、まさに地球的規模で事業を展開してきた。その重要な舞台がブラジル、アルゼンチン、パラグアイなど近年躍進めざましい南米の大豆・トウモロコシ・小麦などの生産・輸出国である。ここではブラジルを事例に、多国籍アグリビジネスの事業展開の軌跡を追うことにしよう。

　カーギル社は1960年代にはブラジルのハイブリッド種子の育種プログラムと育種関係施設に投資を行っていた。1970年代にはブラジル南部パラナ州とサンパウロ州に最初の大豆加工施設を開設した。同社の大豆加工事業が飛躍を遂げるのは1990年代であり、中西部のミナスジェライス州、マトグロッソ州、バイーア州に次々と加工施設を広げていった[18]。この時期はセラードの大豆生産が拡張を遂げている最中であり、それと歩調を合わせてカーギルの大豆加工施設が次々と作られた。また物流インフラの整備も急ピッチで進められた。

　2000年にカーギル・アグリコラ社はブラジル最大の大豆および砂糖の輸出企業であり、大豆加工事業と柑橘事業において有数の企業となっていた。中西部ミナスジェライス州に大豆およびトウモロコシの加工施設を開設したが、これはアメリカ以外で同社が有する最大規模の加工施設であった（同地にはADMの加工施設も操業している）。こうした過程はカーギルだけではなく、ADM、ブンゲ、ルイ・ドレイファスも同様であった。セラードでの大豆生産の開発は、アメリカ国際開発局（AID）によるODA（政府開発援助）資金によっても支援されていた。「アメリカ政府が資金を出した大豆開発はブラジルのある人達にとって良いことであったかもしれないが、その最大の受

益者は大豆輸出企業と加工企業であり、カーギル、ユニリーバ、ADM、ブンゲ以外の何物でもない」[19]。

　アグリビジネス企業における合併・買収による集中と多国籍化は、1990年代後半以降のブラジルで急速に進んだ。その過程を、Niederle and Wesz（2021）は次のように述べている[20]。1995年にブラジルの大手大豆加工企業は、Ceval, Santista, Cargill, Sadia, Incobrasa, Gessy Leverであり、この6社でブラジルの大豆搾油能力の34％を占めていた。これ以降、ブンゲがCeval, Santista, Incobrasaを買収し、ルイ・ドレイファスはGessy Leverを買収、ADMはSadiaの大豆加工施設を手に入れた。カーギルはMatosulの大豆事業を合併した。こうして、ABCDは植物油の加工精製能力の半分以上を支配するに至った。また、ABCDに前述のCOFCOを加えた五大企業でブラジルの大豆・トウモロコシ輸出の48.5％を占めている[21]。

（4）農業・食料の「金融化」と多国籍アグリビジネス

　近年の多国籍アグリビジネスの動向を検討する際に外すことのできない重要な論点が、農業・食料の「金融化（financialization）」と多国籍アグリビジネスの関係である。農業・食料の「金融化」の背景にあるのは、1990年代以降の金融市場の規制緩和とそのもとで進行した過剰貨幣資本の累積である。とくに2008年リーマン・ショックで落ち込んだ景気の回復策として、アメリカ政府は大規模な金融緩和・利下げを行った。EU、日本などもこれに追随して金融緩和を行い、その結果世界の金融市場において過剰な貨幣資本が溢れかえるという事態を招いた。そこに2006年以降農産物の価格高騰とその後の価格乱高下が起こり、農産物先物市場は金融機関や投資ファンドにとって格好の投資先になった。

　Murphy, Burch and Clapp（2012）は、農業・食料の「金融化」について「金融投資企業が農業・食料システムの中でますます重要な役割を演じること」であると述べて、①農産物先物市場における「金融化」と②農業生産そのものに関する「金融化」の2つの側面があるとしている[22]。

　前者（農産物先物市場における「金融化」）について言えば、農産物の先物取引には、産地からエンドユーザーまで数ヵ月を要する穀物取引の過程で生じる価格変動のリスクをヘッジする機能がある[23]。先物市場での取引に必要な資金調達力を有することは穀物商社にとって重要な要件であり、そのためにABCDなどの有力な穀物商社は金融・投資関係の子会社を傘下にもち、それらを通じて金融関係の事業を行ってきた。

　1990年代以降の金融市場の規制緩和が進行するもとで、農産物先物市場における金融取引の範囲と規模が格段に大きくなった。農産物・食料をベースにしたデリバティブ（金融派生商品）が次々と創出され、銀行やその他の投資企業、投資ファンド、年金基金などが、農産物・食料に紐づけられた金融商品に多額の投資を行うようになった（もちろんABCDの金融子会社もそうである）。

　そこでのポイントは、これらの金融・投資会社は現実の農産物・食料を取り扱う事業には関係（関心）を持っておらず、投資対象としての農産物先物市場とそこから派生する投資商品の収益性にのみ関心があることである。そこから起きる問題は、これらの金融投資行動が現実の農産物市場に対して影響を与え、市場を動かす力を有していることである。この点についてMurphy, Burch and Clapp（2012）は次のように言う。「農産物市場における金融的投機が食料価格の乱高下の主たる原因かどうかについての論争が近年起こった。こうした市場での金融的投機が増大した結果、食料価格に少なくとも短期的な影響を及ぼしたというコンセンサスが広がっている。……（中略、引用者）……こうした活動が現実の市場価格に影響を及ぼし、そのため世界でもっとも弱い立場の人たちに損害を与えることは、現実のリスクである」[24]。

　農業・食料の「金融化」の第2の側面（農業生産そのものに関する「金融化」）とは、金融機関、投資企業、ヘッジファンドや年金基金などが農業生産、加工、流通に関する事業に直接に参入し、関与を強めていることである。元々金融機関の農業への関与は、融資によって短期・長期の資金を融通する

ことが主であり、農地や農業経営に直接投資することは少なかった。なぜなら農業経営は収益性の低い部門とみなされていたからである。ところが、世界の農業市場が大変動期に入り、農産物価格の上昇や食肉・畜産物・食用油の消費が伸び続けるという見通しのもとで、金融投資企業が農業生産、加工、流通などの事業への直接参入を増やしている。一時期問題になった世界各地とくに途上国での大規模な農地取得（ランドラッシュ）[25] の陰には、農業生産への参入で利益をあげようとする金融投資企業の農地買収の動きがあった。

　そこで問題になるのは、農業・食料の「金融化」の第2の側面におけるABCDのような多国籍アグリビジネスの関与はどうなっているかということである。Murphy, Burch and Clapp（2012）によれば、①多国籍アグリビジネス自体が投資ファンドや資産運用企業を子会社として持っており、それらの企業を通じて農業生産に投資している。同時に、②新しく参入してきた金融機関や投資ファンドが農業生産に投資するさいに、多国籍アグリビジネスがその受け皿になるケース（この場合は仲介者として）がある[26]。これまで述べてきた農業・食料の「金融化」は、大変動期に入った世界農業市場において、資本による農業の包摂の新たな段階を画するものと考えられる。今後の動向を注視しなければならない。

5．結びに代えて

　本章の検討から明らかになったことは以下のとおりである。
　第1に、2006年以降、世界の農産物市場は大きな変動期に入った。小麦、トウモロコシ、大豆の価格は、2006年から2012年の世界的な需給ひっ迫の中でかつてない高騰を記録した。2013年以降世界の穀物・油糧種子の市場はやや落ち着きを取り戻したように見えたが、2020年から価格高騰が起きている。この間の穀物・油糧種子市場の価格高騰と乱高下は、もはや2005年以前の状況には戻らない変化が世界の農産物市場に起きていることを示している。

ＦＡＯが発表する世界の食品価格指数は、2011年９月以来の最高値を記録した。世界的には食料インフレというべき様相を呈しており、原油・天然ガス価格の高騰と相まって低所得層の家計を直撃している。

　第２に、世界の農産物貿易の構造変化も著しい。穀物・油糧種子の輸出国側では、アメリカの相対的な位置低下が続く一方で、ブラジル（大豆）、ロシア・ウクライナ（小麦）の台頭がめざましい。輸入国側では中国が油糧種子の巨大な輸入国となった。この20年間の輸出動向をみると、大豆輸出は３倍以上に膨れ上がった。大豆をはじめ油糧種子は、植物油の原料であるとともに搾油後のミールを家畜飼料として利用する付加価値の高い産品であり、その貿易拡大は植物油を利用する食品製造業と飼料を利用する畜産業の両面における需要の持続的拡大を示している。

　第３に、農産物貿易と加工を支配する多国籍アグリビジネスの動向である。巨大穀物商社は農産物加工部門に進出して、農産物の集荷、輸出のみならず、農産物の加工・販売、飼料製造、畜産、食肉加工からバイオ燃料にいたる多方面の事業の垂直的統合を進めてきた。ABCDと呼ばれるADM、ブンゲ、カーギル、ルイ・ドレイファスが世界の穀物・油糧種子の取引において強い支配力を有する一方で、新興企業の躍進もめざましい。これらの多国籍アグリビジネスは、アメリカやヨーロッパにとどまらず、地球的規模で事業を展開しており、その重要な舞台がブラジル、アルゼンチンなど南米の大豆・トウモロコシ・小麦の生産・輸出国である。

　第４に、農業・食料の「金融化」の背景にあるのは、1990年代以降の金融市場の規制緩和とそのもとで進行した過剰貨幣資本の累積である。大変動期に入った世界の農業市場における農産物価格の高騰と乱高下のもとで、①農産物先物市場における「金融化」、および②農業生産そのものを対象とする投資活動の２つの側面において、多国籍アグリビジネスと金融機関、投資企業、ヘッジファンド等の活動領域が拡大している。農業・食料の「金融化」は、大変動期に入った世界農業市場において、資本による農業の包摂の新たな段階を画するものと考えられ、今後の重要な研究課題である。

注

1 ）小麦とトウモロコシは穀物（主食用および飼料用）、大豆は油糧種子であり搾油したあとのミール（絞り粕）を畜産の飼料原料として利用する。

2 ）桜井（1977、p.350）。

3 ）ブッシェルは容積単位であり（アメリカでは1ブッシェル＝35.24ℓが8ガロン）、1ブッシェル当たりの重量は小麦、トウモロコシが25.4kg、大豆が27.2kgである。

4 ）田代（2012、pp.136, 139）。

5 ）竹谷・松原（2010a、pp.1-5）、竹谷・松原（2010b、pp.1-3）。

6 ）「シカゴ商品取引所」『日本農業新聞』2022年2月12日付による。

7 ）Agriculture and Agri-Food Canada（2022）。

8 ）FAO, *Food Price Index*, January 2022.

9 ）アメリカでは2021年7月の消費者物価指数は、牛肉前年同月比で6.5％、豚肉7.8％、鶏肉5.3％それぞれ値上がりした。バイデン政権は食肉加工大手4社の寡占に原因があるとして反トラスト法に基づき調査すると表明している（『日本農業新聞』2021年9月10日付）。日本でも植物油や小麦製品、加工食品および飼料の価格引き上げが2021年以降度々行われている。

10) USDA Foreign Agricultural Service, *Oilseeds: World Markets and Trade*.

11) 薄井寛氏は中国の大豆輸入に関して次の点を指摘している。①1995年に輸入大豆及び大豆粕に対する13％の付加価値税を廃止し3％・5％の低率輸入関税に置き換えたこと（WTO加盟への準備）、②1990年代に外国企業に対する税制上の優遇措置を行い、2002年には一部の農業加工分野で外国企業に対して3年間の法人税免除を行ったこと。「こうした措置にいち早く反応したのは、アメリカに拠点を置く穀物メジャーなどの多国籍企業である。1990年代後半から21世紀初めにかけて、沿海州の長江河口地域等に最新式の搾油工場が次々と建設された。」（薄井2010、p.162）。

12) USDA Foreign Agricultural Service, *Grain: World Markets and Trade*.

13) Morgan（1979＝1980、p.29）.

14) 石川（1981、pp.125-126）。

15) 「コーン・ウエット・ミリングは、ハイブリッド・コーンそのものを分解して、家畜飼料からソフトドリンクの甘味料やエタノールにいたるあらゆる製品の原材料にする、よくみえる工程の始まり」である（Kneen 1995＝1997、p.34）。ウエット・ミリングから生産される異性化糖は、飲料・ソフトドリンクの低カロリー甘味料（砂糖の代替品）として広範に使用されている。

16) 磯田（2001、pp.67-72）。

17) JBS社は短期間に急成長したが、企業としてコンプライアンスに問題を抱えている。25年間にわたりブラジルの多くの政治家に贈賄を行ったことで2017年

に32億ドルの追徴金を課された。またインサイダー取引のかどで前CEOが逮捕された（ETC Group 2019, p.18）。

18）Kneen（2002）. なお、本書は邦訳の第1版（Kneen1995=1997）から大幅な改訂が施されており、南米に関する章などいくつかの章が追加されている。

19）Kneen（2002, p.126）.

20）Niederle and Wesz, Junior（2021）.

21）Niederle and Wesz, Junior（2021, pp.54-55）.

22）Murphy, Burch. and Clapp（2012, p.26）.

23）リスクヘッジとは、現物と先物の両方に賭けることで危険負担を回避することである。先物市場において、リスクヘッジと投機的取引との間に線を引くことは事実上不可能である。

24）Murphy, Burch. and Clapp（2012, p.36）.

25）ランドラッシュは英語ではland grabbingと表現される。「土地の強奪」という意味を表すにはこの用語の方が適切であろう。

26）Murphy, Burch and Clapp（2012, pp.37-38）.

引用・参考文献

石川博友（1981）『穀物メジャー—食糧戦略の「陰の支配者」—』岩波新書.

磯田宏（2001）『アメリカのアグリフードビジネス—現代穀物産業の構造分析—』日本経済評論社.

薄井寛（2010）『2つの「油」が世界を変える—新たなステージに突入した世界穀物市場—』農山漁村文化協会.

桜井豊（1977）「農産物世界市場構造の転換と過剰・不足問題」川村琢・湯沢誠・美土路達雄編『農産物市場論大系1　農産物市場の形成と展開』農山漁村文化協会.

竹谷裕之・松原豊彦（2010a）「座長解題」「コメントと論点整理」（2009年度大会シンポジウム「資材価格乱高下の農業市場と政策課題」）『農業市場研究』18(4)（通巻72号）、pp.1-5.

竹谷裕之・松原豊彦（2010b）「座長解題」（2010年度大会シンポジウム報告「資材価格高止まり・農産物価格低迷下の農業市場と政策課題」『農業市場研究』19(3)（通巻75号）、pp.1-3.

田代洋一（2012）『農業・食料問題入門』大月書店.

Agriculture and Agri-Food Canada（2022）*Canada: Outlook for Principal Field Crops*, January 21, 2022.

ETC Group（2019）*Plate Tech-Tonics: Mapping Corporate Power in Big Food*, November 2019.

ETC Group（2022）*Food Barons 2022: Crisis Profiteering, Digitalization and*

Shifting Power, September 2022.

Hendrickson, M., Howard, P.H., Miller, E.M. and Constance, D. (2020) *The Food System Concentration and Its Impacts: A Special Report to the Family Farm Action Alliance*, September 14, 2020.

Kneen, B. (1995) *Invisible Giant: Cargill and Its Transnational Strategies*, London: Pluto Press (中野一新監訳 (1997)『カーギル―アグリビジネスの世界戦略―』大月書店).

Kneen, B. (2002) *Invisible Giant: Cargill and its Transnational Strategies, Second Edition*, London: Pluto Press.

Morgan, D. (1979) *Merchants of Grain*, New York: Viking Press (NHK食糧問題取材班監訳 (1980)『巨大穀物商社―アメリカ食糧戦略のかげに―』日本放送出版協会).

Murphy, S., Burch, D. and Clapp, J. (2012) *Cereal Secrets: The World's Largest Grain Traders and Global Agriculture*, Oxfam Research Reports, August 2012.

Niederle, P. A., and Wesz, Junior, V. J. (2021) *Agrifood System Transitions in Brazil: New Food Orders*, London: Routledge.

USDA Foreign Agricultural Service, *Grain: World Markets and Trade*.

USDA Foreign Agricultural Service, *Oilseeds: World Markets and Trade*.

(松原豊彦)

［最終稿提出：2022年2月17日］

第1章

WTO交渉の頓挫とFTAの拡大
―貿易自由化の本質―

1．課題と背景

　農産物貿易をめぐる国境措置・国内支持の削減交渉は、GATT（関税と貿易に関する一般協定）・WTO（世界貿易機関）体制下のラウンドと呼ばれる多国間交渉と、FTA（自由貿易協定）に代表される二国間や地域内での交渉とに分けられる。前者のGATT・WTO体制は、かつてのブロック化競争が最終的に第二次世界大戦の一因となった反省から発足し、無差別・互恵主義に基づく戦後の自由貿易の進展を主導してきた。しかし、2000年代以降のラウンド交渉の停滞を受け、近年ではFTA交渉が世界中で活発になっている。また、これらの自由化交渉とは別のかたちで、世界銀行やIMF（国際通貨基金）の「融資条件」（conditionality）を利用したアメリカ主導の自由化戦略も行われている。

　本章では、まず、農業交渉の本当の目的とは何なのか、あるいは貿易の国境措置・国内支持の撤廃という大義の理論的正当性について議論する。つぎに、GATT・WTO体制に代わってFTAが増えている背景と、現在までの到達点、日本の対応などについて整理する。あわせて、世銀・IMFの融資条件を利用した自由化戦略が出てきた経緯や問題点にも言及する。最後に、世界の貿易自由化をめぐる問題と今後の展望を総括する。

筆者は、最初は農林水産省の国際部職員として、その後大学教員となってからも引き続き農産物貿易自由化をめぐる国際交渉に関わってきた。WTOの多国間交渉のみならず、日韓、日チリ、日モンゴル、日中韓、日コロンビアFTAなどの産官学共同研究会メンバーとして、多くのFTAの実質的な事前交渉にも関与した。その数十年の間に目の当たりにした貿易自由化交渉の歴史は、日本にとってはまさに農産物をめぐる自由化圧力との闘いの歴史であった。

　塩飽二郎氏（元農林水産審議官）も、「我が国は過去50年間にわたって様々な貿易交渉に対応してきました。その場合、一貫して農産物部門の市場アクセス拡大に対する輸出国の攻勢に対する受身のdefence に圧倒的な力点が置かれたことに特色がありました」（塩飽 2011）と述懐している。その現場に農業経済学者の立場で長年関わってきた筆者の経験を踏まえて、本章の課題を検討する。

2．貿易自由化の目標は理論的に正しいか

　多国間か二国間かを問わず、農業交渉の最終目標は「関税などの国境措置の撤廃」および「生産刺激的で貿易に影響を与える国内支持の撤廃」であるが、その根拠は「関税や保護措置を含めてすべての規制を撤廃すれば、経済厚生（＝経済的利益）が最大化される」からだという。この議論のベースには、「規制をなくしてすべてを市場に任せるのがベストだ」という市場原理主義の主張がある。

　だが、この市場原理主義の主張が成り立つ前提には、「完全雇用」（＝失業は瞬時に解消される）と「完全競争」（＝誰も価格への影響力をもたない）という、実際にはあり得ない状態が仮定されている。また、国内支持については、粗放的生産や減産を促すものでない限り、「生産を刺激しない国内支持」というのは実質的にはあり得ない。つまり、農業交渉の最終目標を正当化する理論的根拠とは、架空の前提や誤謬の上に成り立っている虚構の理論

に他ならない。

　現実の市場では、競争の勝者が「市場支配力」（＝価格を操作する力）を
もっていて、生産資材価格のつり上げや農産物の買い叩き、労働力搾取、販
売価格のつり上げなどによって、自分の儲けを不当に増やすことができる。
また、その資金力を使って、政治、行政、メディア、学者などと結びつき、
規制緩和の推進という錦の御旗をかかげて自分に有利なルール変更（レン
ト・シーキング）を画策する企業もある。筆者は行政主導の産官学共同研究
会に参加した経験があるので、行政と企業と学者が結びつく構造を目の当た
りにすることが多々あった。もちろん、ただ無邪気に市場原理主義を信じて
規制緩和にまい進している学者もいるが、カネで企業に取り込まれる学者も
少なくない。また、政治家が国家予算を私物化して"オトモダチ企業"に便
宜供与するのも、レント・シーキングから起こる問題の典型的な例である。

　このようにして、富の集中と格差がますます助長されるのは、ある意味
「必然的メカニズム」だといって過言ではない。つまり、現実の市場は、過
去はもちろん未来に至っても「完全競争」ではなく、「不完全競争」に満ち
満ちたものだと捉えるべきである。

　この問題を「実証的」に明らかにする経済分析の取組みも近年増えつつあ
る。たとえば、筆者も参画したKumse et al.（2020）の研究は、タイの米市
場を事例とする実証モデル分析により、「規制撤廃が経済厚生を最大化する」
という市場原理主義の命題が、不完全競争市場においては成立しないどころ
か、逆に市場歪曲度をいっそう高めて、経済厚生を低下させる場合があるこ
とを示した。

3．世界と日本の貿易交渉の変遷

（1）GATT・WTO体制の理念と展開

　歴史を振り返ると、WTOの前身であるGATT体制は、1929年の大恐慌を
発端に始まった世界のブロック経済化や関税引上げなどの報復合戦が、最終

的に第二次世界大戦を招いた反省から、どの国にも無差別・互恵的に関税その他の貿易障壁を低減することをめざして戦後の47年に発足した。さらに、GATTの理念を拡大発展させる新たな貿易ルールを運営する国際機関として、95年に設立されたのがWTOである。

　つまり、GATT・WTO体制の理念は、戦争の反省から生まれた「最恵国待遇」（MFN）に基づく「無差別原則」にある。最恵国待遇とは、たとえば日本がタイに対して米関税をゼロにしたら、他のすべての国にも米関税をゼロにしなくてはならないという考え方である。

　このGATT・WTO体制下の貿易自由化交渉では、全加盟国が参加して当面の貿易障壁削減ルールとスケジュールを議論し、全会一致で定めることを繰り返してきた。議論されるテーマは、第1回交渉（47年、ジュネーヴ）から第5回（60〜61年、カンクン）までは関税引下げが中心であったが、第6回 ケネディ・ラウンド（64〜67年）と第7回東京ラウンド（73〜79年）では非関税障壁にも議論が広がり、さらに第8回 ウルグアイ・ラウンド（86〜94年）では「例外なき関税化」へと自由化の対象範囲が大きく拡大した。そして第9回ドーハ・ラウンド（2001年〜）では途上国の開発問題がテーマとなっているように、WTO交渉は幅広い貿易問題が議論される場となっている。

（2）ウルグアイ・ラウンドの劇的な決着

　とくに93年のウルグアイ・ラウンド農業合意は、「例外なき自由化」という、過去のラウンドとはステージを異にする抜本的自由化へと歩みを進めるものとなった。「例外なき関税化」とは、輸入数量制限の全廃に加え、国内政策も「貿易歪曲性の高さ」によって分類したうえでカバーし、包括的な規律設定と国内支持・保護措置の削減をめざすことを意味する。

　ただし、この「貿易歪曲性の高さ」による分類とは、生産量当たりの補助金よりも、作付面積当たりの補助金の方が生産刺激性がなく、貿易を歪曲しないため優れているという視点に立って設定された。だが、作付面積当たり

の支払いであっても、生産制限を要件とするものでない限り、収入が増えれば農家の増産意欲は高まるはずであるから、本当に生産刺激的でないといえるのかどうかは議論の余地を残している。

　このラウンド交渉について塩飽（前掲）は、「我が国の基本的立場を支えた理念は、時代により表現に変化はあったものの、農業の持つ多面的な役割への配慮の必要性でした。アングロサクソン特有の功利的な哲学に裏打ちされたガットやWTOにおいては、このような理念の主張のみを掲げた交渉には著しい限界があります。とりわけウルグアイ・ラウンド交渉においては、関税を唯一の保護手段に掲げ、ウエーバーによる輸入制限や可変課徴金などの非関税障壁はもちろん、生産制限の実効性維持のために正当化されてきた輸入制限についてすら「例外のない関税化」が圧倒的な要求になりました。このような場合、それに対抗する実効的手だてを理念に求めることは大きな制約があります」と振り返っている。

　このように、ウルグアイ・ラウンドは日本の農業にとって非常に厳しい交渉であったが、米に関しては、日本は粘り強い抵抗のすえ、最終的に関税化の猶予措置を確保することができた。だが、その代償としての輸入枠の拡大に耐えきれず、99年には関税化へと切り換えざるを得なくなった。その評価については生源寺（2020）などを参照されたい。

（3）いまだ漂流するドーハ・ラウンド

　2001年からは、GATTの後継機関である WTOの下で、途上国の開発問題をテーマにかかげたドーハ・ラウンド（以下「DDA」）が行われているが、いまだ妥結に至っていない。DDA以前のラウンドでは、アメリカとEU（欧州連合）が合意すれば決着するという、ある意味シンプルな構図があったが、WTO加盟国が増加して途上国の発言力が増したDDAでは、そのような欧米主導の構図は崩れた。自国の農業保護を温存しながら途上国に保護削減を迫る先進国への途上国の反発が強くなり、DDAは容易には決着できなくなったのである。

また、DDAが決着できないもう一つの大きな要因として、アメリカが自らの農業補助金の削減に譲歩しなかったことが挙げられる。ブラジルをはじめとして、各国がアメリカの農業補助金を厳しく攻撃したのは、それが実質的に輸出補助金としての効果をもち、アメリカの農産物の競争力を不当に高めているからである。

　輸出補助金はDDAの最大の争点の一つである。DDA交渉の過程で、2013年までにすべての輸出補助金を撤廃することが決定されたが、このルールでは撤廃対象とならない多額の「隠れた」輸出補助金が、今も野放しのまま残っている。たとえば、アメリカの穀物などへの不足払いは、国内販売と輸出向けを区別せずに支払われているので、輸出向けについては実質的な輸出補助金に相当すると考えられるが、WTOルール上、輸出補助金とは「輸出を特定した（export contingent）支払いとして制度上仕組まれているもの」であるから、アメリカの不足払いは輸出補助金とはみなされず、撤廃対象とはならない。このような形式的な法解釈のために、2013年までに撤廃された輸出補助金はごくわずかな氷山の一角にとどまっている。

　一方、日本のように従来から輸出補助金を使っていない国は、新たな輸出補助金を導入することを禁止されている。すなわち、アメリカをはじめとする輸出国は、多額の「隠れた」輸出補助金を温存したまま、輸入国に対して関税削減を強要できるという不条理なルールになっているのである。このままでは「隠れた」輸出補助によって不当に安くなったアメリカの農産物が、関税削減された日本に大量になだれこむという不公平な貿易が拡大する。

（4）FTAへの舵切り

　DDAの行き詰まりを受けて、近年では二国間や地域内でのFTA交渉が世界中で活発になっている。だが、WTOはFTAを無差別原則を否定するものとみなし、基本的に禁止していることを忘れてはならない。GATT第24条では、モノの貿易に関しては「実質上のすべての貿易（substantially all trade）について関税撤廃し、域外国に対する障壁は引き上げない」ことな

どを条件に、例外的にFTAを認めてはいるが、「実質上のすべての貿易」についての明確な基準（たとえば90％ならいいのか、量や金額、品目数などどれで測るのかなど）は曖昧である。

　また、FTAは域内国だけに関税を撤廃するため、本来は生産コストが最も低い域外国からの輸入が、生産コストの高い域内国からの輸入にとって代わる「貿易転換効果」によって貿易を歪曲させる。一方、貿易自由化が新規需要を創出して貿易量を増やす効果を「貿易創出効果」という。この貿易創出効果による経済厚生の増大よりも、貿易転換効果による経済厚生の損失が大きい場合は、そのFTAによって世界の経済厚生は悪化する。

　さらに、WTO体制では発生しないが、FTAでは必然的に発生する「原産地規則」（FTAの域内国産であることを証明するルール）のコストも問題となる。有名なバグワティの論文（Bhagwati 1995）では、FTAごとに異なる関税削減ルールや原産地規則などが錯綜することによって生じる取引コストの増大を「スパゲティ・ボウル現象」と名づけている。今や世界には約360ものFTAが存在しており、FTAの恩恵を享受するためにかかる取引コストは非常に大きくなっていると考えられる。

　つまり、FTAは本来的にGATT・WTO体制を否定するものとみるべきである。そもそも、自由化をとにかく早く進めたいグローバル企業などにとって、WTOが機能しなければ別の方法に飛びつくのは当然の流れでもある。近年のFTAの増加は、WTO体制に見切りをつけた国や大企業が世界中で増えていることを示唆している。

　日本も、今では完全にFTAに重心を移すかたちとなっている。2002年のシンガポールとのEPAを皮切りに、メキシコ、マレーシア、チリ、タイ、インドネシア、ブルネイ、ASEAN、フィリピン、スイス、ベトナム、インド、ペルー、オーストラリア、モンゴル、TPP11（アメリカを除く11ヵ国による環太平洋パートナーシップ協定）、EU、アメリカ、そしてRCEP（東アジア地域包括的経済連携）と、2022年1月までに計19の国・地域間でFTAやEPAを発効している。

だが、かつては日本政府もWTO体制の信奉国であり、FTAには積極的ではなかった。とくに農水省は、最初は本当にがんばってFTAへの移行に抵抗した。漸減的な関税削減を基本とするWTOのラウンド交渉に対して、FTAはいきなり撤廃を求められるので、オーストラリア、ニュージーランド、アメリカとのFTAが成立したら、日本の農業はひとたまりもない。

　しかし、農水省の努力もむなしく、オーストラリアとは妥結、TPP11も妥結に至り、つぎはアメリカである。平成の最初の頃は「絶対にやってはいけない」と言われていた相手とのFTAが、今ではすべて実現している。また、重要5品目（米、麦、牛・豚肉、乳製品、甘味資源作物）を除外する国会決議も守られなかった。

　この驚くべき変節を、多くの農水省職員やOBは断腸の思いで受け入れるしかなかった。だが、影響を最小限に食い止めるために、農水官僚が必死に頑張ったのは確かだ。米が代表的な例だが、これまでのすべてのFTAで、重要品目は当該国だけに特別輸入枠を設定し、全面的自由化を回避してきた。その手法はメキシコに始まって以来、基本的にずっと受け継がれている。TPP交渉でも、日本の農産物の関税撤廃率は82%という従来にない高い水準になったものの、重要品目への最低限の配慮は確保されつづけている。

4．農業を犠牲にする日本の貿易戦略

（1）強引な日本のFTA推進

　TPP以降、日本政府のFTAの進め方はとくに強引で、共通した特徴があるように思われる。たとえば、TPP参加前には「TPPに断固反対」といって選挙に大勝した政治家が、あっという間にTPP参加を表明し、「聖域なき関税撤廃が前提ではないと確認できたから」という言いわけでごまかした。つぎには、農産物の重要5品目は除外するとした国会決議を反故にして、「再生産が可能になるように対策するから決議は守られた」という詭弁で乗り切った。さらに、「アメリカからの追加要求を阻止するため」といって

TPPを強行批准した後、結局はアメリカの追加要求を受け入れたり、「日米FTAを回避するためにTPP11が必要だ」といいながら、実際はTPP11と日米FTAをセットで進めた。ついには日米共同声明と副大統領演説まで改ざんして、「これはTAG（捏造語）でありFTAではない」と強弁して日米FTA入りを表明した。はては、「Customs duties on automobile and auto parts will be subject to further negotiations with respect to the elimination of customs duties」が「自動車関税撤廃の約束を意味する」といった理解不能な理由付けをして、WTO違反の日米協定を強引に発効させた。実は、自動車が抜けると関税撤廃率が50％台に落ち込むため、日米協定は前代未聞の明らかなWTO違反協定であることは議論の余地がない。

　一方、日本国内の国際経済学者からも、かつてはFTAに反対する声が非常に強かったが、政府がFTAに舵を切るやいなや、FTA反対派の学者たちが急に影をひそめ、逆にFTA推進派が台頭しはじめた。2000年頃までは「とくに日米FTAは最悪」と主張していた日本の経済学者が、手のひらを返したようにTPPを礼賛し、ついには日米FTAの妥結も許してしまったのである。当時、政府のFTA関係の委員会で、そうした変節について説明を求めた筆者に対し、「政府の方針なのだから理屈を言うな」と一喝した大家の言葉が忘れられない。

　さらに、「FTAは日本経済を大きく成長させ、農林水産業へのマイナスの影響はない」というバラ色の影響試算が政府によって捏造されるまでになっている。この政府試算について生源寺眞一教授は、「気になるのは、都合の良いデータばかりを国民に提示していないかということだ。よく、EBPM＝Evidence-Based Policy Making、証拠に基づいた政策立案といわれるが、今はPBEM＝Policy-Based Evidence Making（政策に基づいた証拠づくり）と言えるのではないか」（生源寺2020）と評している。

　貿易政策にかぎらず、日本の政策全般が、政策の妥当性を証拠に基づいて検証して決めるEBPMではなく、まず政策が大きく打ち出され、それを進めるために強引に証拠をひねり出すPBEMによって決められることが増えてい

る。その強引さは、あるはずのものが「ない」となったり、ないものが「ある」にもなるほど極端で、もはや"捏造"に他ならない。この傾向は日本の将来を誤った方向に導く危険をはらんでいる。

（2）農業への影響

TPPについては、そもそもの推進役であったアメリカの国内で、格差社会の助長や国家主権の侵害、食の安全が脅かされるといったTPP反対論が広がったため、大統領選挙の争点となってすべての大統領候補がTPPからの離脱を公約した。その結果、トランプ大統領が就任直後の2017年にアメリカはTPPからの離脱を表明した。

アメリカの離脱後は、残り11ヵ国による協議のすえ、一部の規定を凍結した上で2017年に協定発効が大筋合意され、2018年にTPP11（CPTPPともいう）が署名に至った。

日本は、国会承認が完了した2018年末にTPP11を発効した。このとき、食料・農業については、アメリカを含む元のTPPで合意していた内容のほとんどを、アメリカ離脱後もそのまま11ヵ国に対して適用したので、アメリカは日本との間で、とくに牛肉や豚肉の貿易において他の11ヵ国より不利な条件に置かれることになった。そこで、失地回復したいアメリカは日米二国間での貿易協定交渉をほどなく開始し、牛肉・豚肉を含むかなり部分的な協定が2020年1月に発効した。

このほか、2019年に発効した日EU間のEPAでも、元のTPP水準をベースとして、チーズなど一部の品目ではTPPを超える自由化に合意した。さらに、EUを離脱したイギリスとも二国間協定を締結したが、この協定でも日EU間でイギリスを含めて譲歩していた乳製品枠などが二重に上乗せされている。

これらを総合すると、当初のTPPはアメリカの離脱で発効には至らなかったものの、その後TPP11と日米、日EUが締結されたことより、日本にとっては元のTPPをはるかに超えるレベルの自由化が実現したことになる。

さらに、アジア諸国中心の協定として、日中韓3ヵ国にASEAN10ヵ国、

オーストラリア、ニュージーランド、インドを加えた全16ヵ国による交渉も2013年から進められていたが、インドが離脱した15ヵ国でのRCEPとして2020年に妥結に至った。このRCEPによる日本の農産物の関税撤廃率は、対中国56％、対韓国49％（韓国の対日本では46％）、対ASEAN・豪州・ニュージーランド61％と、TPPの約82％と比べてかなり低く抑えられている。

　ただし、「RCEPは日本の農業への影響が軽微だ」という見方は正しくない。実は、政府発表の試算では、TPP11もRCEPも「農業への影響はゼロ」となっているが、これは「生産性向上策の効果で農業生産量は不変にとどまる」ことがあらかじめ仮定されているからである。これは試算でも予測でもない、単なる政府の希望的観測を言っているに過ぎない。

　表1-1は、筆者らが試算したRCEPとTPP11の影響（部門別生産額の変化）である。日本の農業全体への影響としては、TPP11よりもRCEPの方が小さいが、青果物に関し

表 1-1　RCEP と TPP11 の日本への影響試算

	部門別生産額の変化（億円）		
	農業	うち青果物	自動車
RCEP	−5,629	−856	29,275
TPP11	−12,645	−245	27,628

資料：東京大学鈴木宣弘研究室による暫定試算値。
注：1ドル＝109.51円で換算。

てはRCEPの方が影響が甚大であることがわかる。また、いずれの協定も農業生産額を大幅に減少させる一方、自動車生産は大幅な増加となっている。

　この結果は、「農業を"いけにえ"に差し出して自動車で儲ける」という日本の貿易交渉のやり方を如実に表している。とくに最近では、官邸における各省のパワー・バランスが完全に崩れて経産省が官邸を「掌握」するようになり、農業犠牲の構図がいっそう強固になっている。この構図を某紙で筆者は、「今は"経産省政権"ですから、自分たちが所管する自動車（天下り先）の25％の追加関税や輸出数量制限は絶対に阻止したい。代わりに農業が犠牲になるのです」と指摘した（2018年9月27日）。

（3）食料自給率への影響

　日本は55年にGATTに加盟した。それ以降参加したケネディ・ラウンドか

ら東京ラウンドまでは、米、バター、脱脂粉乳、牛肉、豚肉などの重要品目を中心に、輸入数量制限品目についてはできるかぎり維持する方向で、輸入数量の漸進的拡大と関税の漸進的削減にとどめる交渉を粘り強く行ってきた。

　しかし、加盟当時の日本の食料難と、アメリカの余剰穀物処理の必要性とが合致して、大豆、トウモロコシ（飼料用）についてはかなり早い段階で実質的に関税を撤廃している。また、小麦については輸入数量割当制を形式的に残しつつも大量の輸入を受け入れ、ナチュラル・チーズは、当時日本人はほとんど食べないとして数量割当から外した。林業分野では丸太などの関税を撤廃した。さらに、70 ～ 80 年代になると、日本の貿易黒字を背景に、アメリカから牛肉、オレンジ、その他12品目の輸入数量制限の撤廃を迫られ、88年には牛肉、オレンジ、その他7品目の輸入数量制限撤廃に合意した。

　こうして早い段階で自由化された品目・分野では、その後安価な輸入品が日本になだれ込んで国内生産が激減し、自給率低下が急速に進んだ。とりわけ小麦、大豆、トウモロコシについては輸入依存度が90 ～ 100％にまで達しているように、貿易自由化は日本の耕種農業の構造を大きく変えたといえる。木材自給率も一時は10％台に落ち込み、林業と山村の衰退を加速した。

　日本の貿易自由化の進展と、食料自給率の低下傾向には、明瞭な関係性がある。このことは、表1-2のように、残存輸入数量制限品目数と食料自給率とを並べてみるとよくわかる。62年には81あった輸入数量制限品目が、現在の5品目まで減る間に、食料自給率は76％から38％にまで低下している。

表1-2　日本の農林水産物の輸入数量制限品目数と食料自給率の推移

年次	輸入数量制限品目数	食料自給率（%）	主な自由化交渉の進展
1962	81	76	
1967	73	66	ケネディ・ラウンド決着（67年）
1970	58	60	東京ラウンド開始（73年）
1988	22	50	日米農産物交渉決着（88年）
1990	17	48	ウルグアイ・ラウンド開始（86年）
2001	5	40	ドーハ・ラウンド開始（01年）
2019	5	38	

資料：農林水産省
注：2001、19年の5品目は資源管理の必要性から輸入割当が認められた水産品。

（4）"いけにえ" に差し出される農業

　食料は国民の命を守る安全保障の要（かなめ）であるのに、日本にはそのための国家戦略がない。それどころか、自動車などの輸出を伸ばすために、安易に農業を犠牲にする戦略がとられている。

　農業政策は主に大手町と霞が関と永田町で決められている。ただ、以前は、大手町は全国農業協同組合中央会（JA全中）、霞が関は農水省、永田町は自民党農林族だったのが、今では、大手町は日本経済団体連合会（財界）、霞が関は経産省、永田町は官邸である。「誰が農政を決めるのか」という構図が平成の時代に完全に変わり、農政の本当の当事者が蚊帳の外に置かれるようになってしまったのである。そのため、農業を "いけにえ" に差し出して自動車産業で儲けるという、安易な交渉術がとられやすくなっている。

　また、農業を犠牲にするシナリオをもっと進めやすくするために、「日本の農業は過保護な政策によって弱くなったのだから、規制改革や貿易自由化などのショック療法が必要だ」という「農業過保護論」を国民に刷り込むことも行われてきた。この戦術はメディアをあやつって長年つづけられてきた結果、残念ながら成功しているようで、会議などで農業政策について説明しようとすると、「農業保護はもうやめろ」という議論に矮小化した批判がフロアから飛びかう。

　しかし、本当は「日本農業過保護論」とは事実と異なる間違った議論であり、現在の日本の農業は世界的にみて最も保護度が低く、すでに十分に開かれた産業になっている。この点の詳しい説明は鈴木（2020）などを参照されたい。

　また、TPP交渉でも、最後まで揉めたのは自動車だったのに、「農業のせいで日本の自由化が進まない」という報道が出た。筆者はこれまで多くのFTAの事前交渉に参加してきたので、実態をよく把握している。たとえば、日韓FTA交渉も「農業分野のせいで中断している」と報道されたが、実は日韓FTAの最大の障害は製造業における素材・部品産業だった。というのは、

韓国側が、日本からの輸入が増えて政治問題になることを懸念して、「日本側から技術協力を行うことを表明してほしい。それを協定の中で少しでも触れてくれれば国内的な説明がつくから」と頭を下げたが、日本の担当省と関連団体は、「そこまでして韓国とFTAを締結するつもりは当初からない」と拒否した。これには筆者も驚いたが、韓国側も「FTAを一番やりたいと言っていたのは日本じゃなかったのか」と憤った。つまり、先頭を切って日韓FTAの推進を言っていた人たちが、交渉を止めてしまったのである。にもかかわらず、交渉を止めた経済官庁の張本人が、記者会見では「また農業のせいで中断した」と説明した。

　日マレーシアFTA、日タイFTAでも、農業分野はむしろ先行的に合意し、最後まで難航したのは鉄鋼や自動車であった。日本は品目数で9割の農産物の関税がすでに3％程度という低さだったため、かなりの撤廃を受け入れて、困難な米などについては相手国への農業支援を打ち出し、「自由化と協力のバランス」をとることで例外扱いすることに納得してもらっている。一方、自動車や鉄鋼は、日本側が相手国に徹底した関税撤廃を求めて難航した。チリとのFTAでは銅板が大きな課題だった。日本の銅板の実効税率は1.8％と低いが、国内の銅関連産業の付加価値率、利潤率はきわめて低いため、わずかな価格低下でも産業の存続に甚大な影響があるとして、所管官庁は関税を守り通した。

　このように、日本はアジアの国々との交渉では自らの得になる部分をきわめて強硬に迫るが、産業協力は拒否し、都合の悪い部分は絶対に譲らない傾向がある。総じて交渉相手国から指摘されるのは、日本の産業界はアジアをリードする先進国としての自覚がないということである。

5．FTAの影響試算

（1）政府試算のカラクリ

　TPPの経済効果について、内閣府による2013年の試算では、生産性向上効

表 1-3　TPP による GDP 増加の内訳

	増加率 （%）	増加額 （兆円）
総計	0.662	3.11
関税撤廃	0.059	0.27
生産性向上効果	0.418	1.95
資本蓄積効果	0.189	0.88

資料：東京大学鈴木宣弘研究室による試算値。
注：金額は 1 ドル=100 円で換算。

果として「価格 1 ％下落→生産性 1 ％向上」と見込み、資本蓄積効果として「GDP 1 ％増加→貯蓄 1 ％増加→投資 1 ％増加」と見込むことにより、GDPが3.2兆円（0.66％）増加するとされている。

　そこで筆者らは、この内閣府が用いたGTAPモデルをKawasaki（2010）の記述に基づいて再現し、資本蓄積効果と生産性向上効果を分離して、関税撤廃効果のみ抽出する分析を行った。その結果は表1-3のとおり、TPPの関税撤廃による直接的なGDP増加効果はわずか0.059％、1 年当たりにして2,700億円の増加でしかないことがわかった。つまり、政府試算のGDP増加効果（3.2兆円）の大部分は、生産性向上効果（1.95兆円）と資本蓄積効果（0.88兆円）によるGDPの増加であり、関税撤廃の効果自体は非常に小さいことが明らかとなった。

　政府試算のように、TPPによって競争が促進されて生産性が向上する効果や、所得増加が貯蓄と投資を生み、さらなる所得増加につながる効果などを考慮して試算すること自体は否定しないが、実はそれらの仮定値を調整することによってGDP増加額をかなり水増しできることを見逃してはならない。

　実際に、TPP大筋合意後に出された内閣府の2015年試算では、生産性向上効果として「貿易開放度（GDPに占める輸出入比率）1 ％上昇→生産性0.15％上昇（TPPでは0.1％）」と、生産性上昇率の仮定値を膨らませたことに加えて、生産性向上により実質賃金も上がって労働供給が増える効果として「実質賃金 1 ％上昇により労働供給が0.8％増加する」という仮定を加えることで、GDP増加は13.6兆円（2.6％）と、2013年試算の 4 倍以上に膨らん

表1-4　TPP の影響試算の比較

	発表年・試算者 （分析モデル・手法）	GDP	製造業	雇用	農林水産物
日本	2010 年 農水省	農業派生 ▲7.9 兆円		農業派生 ▲340 万人	農林水産物 ▲4.5 兆円 うち農産物 ▲4.1 兆円
	2013 年 内閣府 （GTAP モデル）	+3.2 兆円 （+0.66%）			▲3 兆円
	2015 年 内閣府 （GTAP モデル）	+13.6 兆円 （+2.6%）		+79.5 万人	▲1,300 〜2,100億円
	2015 年 鈴木宣弘研究室 （GTAP モデル）	+0.5 兆円 （+0.07%）	自動車 ▲0.4 兆円		農林水産物 ▲1.0 兆円 加工食品 ▲1.5 兆円
	2015 年 鈴木宣弘研究室 （100 品目積上げ）	農業派生 ▲17.5 兆円		農業派生 ▲76.1 万人	▲1.6 兆円
	2016 年 タフツ大学	（▲0.12%）		▲7.4 万人	
アメリカ	2016 年 国際貿易委員会（ITC）	+4.7 兆円 （+0.15%）	生産も雇用も 減少		生産も雇用も増加 農産物輸出 +7,920億円 うち日本向け +3,960億円
	2016 年 タフツ大学	（▲0.54%）		▲44.8 万人	

資料：篠原孝衆議院議員事務所と鈴木宣弘により作成。
注：＋はプラス（増加）、▲はマイナス（減少）を表す。

だ（**表1-4**）。

　影響試算とは、このような恣意的な仮定を置かずに、まずは純粋に貿易自由化（関税撤廃など）の直接効果だけを試算してベースラインとして示し、その上で、生産性向上がこの程度であればこう変わる可能性がある、という順序で説明するのが通常である。小さな注記で、「直接効果のみではGDP増加は 1.8兆円（0.34%）」とは書かれてはいるが、決して誠実な示し方ではない。

　これは、TPP推進はGDP増加効果が高いことを政権として示すべき、という上からの要請か忖度により、試算を"改ざん"したのと同じではないか。

重要品目（億円）				関税撤廃品目（億円）			
米	牛肉	豚肉	乳製品	鶏肉	鶏卵	落花生	合板・水産物
▲19,700	▲4,500	▲4,600	▲4,500	▲1,900	▲1,500	▲100	▲4,700
▲10,100	▲3,600	▲4,600	▲2,900	▲990	▲1,100	▲120	▲3,000
ゼロ	▲311~625	▲169~332	▲198~291	▲19~36	▲26~53	ゼロ	▲393~566
▲1,197	▲1,738	▲2,827	▲972				
対日輸出（+23%）	対日輸出+923	対日輸出+231	対日輸出+587				

　まさに、EBPMであるべきものが、PBEMになってしまっている。試算を担当した研究者がこんなことを本当にやりたいわけがなく、やらざるを得なかったとしたら、深く同情する。

（2）農業への本当の影響

　表1-4に示したとおり、日本の農林水産業への影響試算について、農水省は、当初の2010年の試算では4兆円の被害が出ると発表した。しかし、影響が大きすぎるという政府部内の批判に応じて、2013年の内閣府試算では3兆円に下方修正、さらに2015年試算では1,300 ～ 2,100億円程度と、20分の1に

圧縮されている。これは、「価格が1円下落すると生産コストも1円下落するか、1円の追加補助金で価格下落が相殺されるため、生産量・所得は変化しない」と仮定して圧縮した、いわば数字操作によるものである。

このようなやり口はTPP11や日米協定の影響試算でも同じで、政府の試算は「農業生産量は変化しない、農家の実質的な手取り価格も変化しない」ことを事前に決めて試算がなされている。具体的には、「関税削減や輸入枠の増大によって農産物価格が10円下落しても、差額補填によって10円が相殺されるか、生産性向上対策の結果として生産費が10円低下する、つまり実質的な生産者の単位当たり純収益は変わらないから、国内生産量も農業所得も一切変わらない」という理屈である。

本来、価格が下がれば生産量は減るので、「価格下落×生産減少量＝生産額の減少額」を計算し、「これだけの影響があるから、対策はこれだけ必要だ」という手順で検討すべきところだが、政府試算は「影響がないようにこれから対策をとるから、影響がない」としている。これを影響試算と呼ぶのは無理がある。

農水省では、まったく整合性のない数字を出すにあたって内部でも異論はあったし、何とか日本の食料と農業を守るために抵抗しつづけてきたのに、結果的に数字操作までさせられた。これほど意図が明瞭な試算の修正は過去に例がなく、試算の当事者にはむしろ同情する。

筆者らは、このような恣意的な数字操作の余地を排除するため、農林水産物の主要な約100品目の生産減少額を積み上げて試算を行ったところ、影響総額は1.6兆円（**表1-4**）となった。この試算結果も、1,300〜2,100億円程度という政府試算があまりにも無意味な数字であることを非常によく示している。

なお、タフツ大学の試算では、日米両国に失業が発生するメカニズムを組み込んだモデルを使った分析の結果、日本のGDPは0.12％減少し、失業者は日本で7.4万人、日米の合計で52.2万人にものぼることが示されている（**表1-4**）。

6．世銀・IMFの融資条件を利用した自由化戦略

（1）開発援助の名目で進む途上国収奪の構造

　WTO体制に代わって、近年台頭してきたもう一つの自由化推進策は、世銀やIMFの融資条件を利用したアメリカ主導の戦略である。これは、途上国の開発援助や貧困緩和の名目で、穀物メジャーなどが自分の利益を追求するための隠れ蓑になっている。その背景には、途上国の農業・農村発展を目指すFAO（国連食料農業機関）と、アメリカが主導する世銀・IMFとの闘いの歴史がある。

　FAOは、途上国の農業発展と栄養水準・生活水準の向上のために設立された国連機関である。小農の生活を守り、豊かにするinclusive な（あまねく社会全体に行きわたる）経済成長を重視しているため、FAOの重要決議は１国１票主義により、途上国の発言力が強くなっている。

　だが、このFAOの理念は、アメリカが余剰農産物のはけ口を途上国で確保するためには邪魔である。アメリカにとって開発援助は、自身の国益や穀物メジャーなどにとって都合よく遂行できなければやる意味がない。また、多国籍企業が途上国の農地を集めて大規模農業を推進し、輸出事業を展開しやすくするためには、FAOに開発援助の主導権があると途上国の反発が前面に出てやりにくい。

　そこで、「政策介入による市場の歪みさえ取り除けば、途上国の市場は効率的に機能する」という都合のいい市場原理主義のドグマをかかげて、アメリカが主導権を握っている世銀やIMFに開発援助の主導権を移し、援助・投資を行う引き換え条件（conditionality）として、関税撤廃や市場規制の撤廃（補助金撤廃、最低賃金の撤廃、教育無料制の廃止、食料増産政策の廃止、農業技術普及組織の解体、農民組織の解体など）を途上国に押しつけた。その結果、多国籍企業が途上国で大規模プランテーションなどを拡大しやすくなり、途上国は国内消費用の穀物などを輸入に頼るようになった。

今でも飢餓・貧困人口が圧倒的に集中しているのはサハラ以南のアフリカ諸国であるが、これらの地域は世銀・IMFを通じた自由化戦略に最もさらされた地域である。このことからも、「政策介入による歪みさえ取り除けば、途上国の市場は効率的に機能する」というドグマの誤りは証明されたようなものである。

　アジアでも同様のことが起こっている。97年から98年にかけて起こったアジア通貨危機の際、タイ、インドネシア、韓国はIMF勧告に従ったために、極端な民営化、構造改革、外資への門戸開放などを強いられ、結果的にはより大きな経済的損失を被った。とくに韓国は、IMFの直接支配を受けて国内経済を多国籍資本に事実上のっとられてしまい、いまだ抜け出せずにいる。他方、同様の通貨危機に直面したマレーシアでは、マハティール氏（当時の首相）がIMFの救済策を拒否し、国内のグローバル派（BKD）との戦いを制して資本統制策と財政出動を行った結果、短期で危機を脱することに成功した。

　市場原理主義に基づく規制緩和・自由貿易が徹底されて、巨大企業が小農・家族農業を収奪する構造が強まっていく中、世界の貧困や格差問題はますます悪化している。そもそも規制緩和・自由貿易の目的が、実は貧困緩和ではなく、途上国から富を収奪して大企業の利益を増やすことだったのだから、貧困や格差問題の悪化は当然の帰結だともいえる。

（2）対抗軸の必要性

　世銀・IMFは、融資条件として農民組織の解体も指示していたことから明らかなとおり、大企業による市場支配を是正しようとする協同組合の役割を否定している。「農民組織の介入による市場の歪みを取り除く」という名目だが、本当は、市場の歪みを是正するどころか、逆に大企業にとって有利なように市場を歪めることが目的である。

　小農・家族農業が自らの地位と生活を取り戻して改善していくためには、対抗軸としての協同組合の役割を強化することが重要である。そうした認識

から、国連は2012年の「国際協同組合年」、2014年の「国際家族農業年」、2016年の協同組合の「無形文化遺産」登録（ユネスコ）、2017年の「家族農業の10年」、2018年の「小農と農村で働く人びとの権利に関する国連宣言」といった活動に取り組んできた。こうした動きにFAOなども連携して、アメリカや穀物メジャーへの対抗軸を形成していく必要がある。

　現在のFAOは、途上国の立場に立った技術支援活動などを地道につづけてはいるが、基本的には食料サミットなどを主催して「ガス抜き」する場となっている。しかも、FAOは2020年10月にCropLife（バイエル＝モンサントなどの四大GM企業や住友化学によって構成された農薬ロビー団体）との提携強化の覚書きを結んでしまった。今後、FAOの活動が単なる「ガス抜き」ではなく、真に小農・家族農業の権利と存在意義を再評価し、政策的に支援する方向性を本当に具体化できるのかどうかが問われている。

7．総括

　近年、GATT・WTO体制下のラウンド交渉が途上国の反発などによって困難になっている中、FTA交渉が世界中で活発になっている。だが、貿易自由化の本当の目的は、端的にいえばグローバル企業の利益の増大であり、社会全体の利益ではないことは理論的にも明らかである。このことは、自由化や規制緩和が多方面で進む一方、知的財産権だけは規制強化が進んでいることからもよくわかる。RCEPでも、日本が求めた医薬品や種苗に関連した知的財産権の強化に対し、各国の市民や農民から猛反発が起こった。

　今や世界には約360ものFTAが存在している。FTAごとに異なる関税撤廃・削減のルール、原産地規則などが錯綜することによる「スパゲティ・ボウル現象」によって、FTAの恩恵を享受するためにかかる取引コストは非常に大きく、各国の負担になっているのも事実である。FTAの乱立は今や限界に近づきつつある。

　こうした中、「貿易自由化はFTAがいいのかWTOがいいのか」といった

議論もある。また、WTOを見直そうという揺れ戻しの動きが今後出てくる可能性も考えられる。しかし、WTOもFTAも、最終目標はすべての国境措置・国内支持の撤廃である点で、ともに同じ誤ったゴールへと向かっていることを忘れてはならない。FTAかWTOかではなく、いずれも問題は大きい。「自由貿易・規制改革」を錦の御旗にかかげて、「今だけ、金だけ、自分だけ」の企業の利益追求のために、国民の命を守る食料安全保障や農業を犠牲にするような安易な自由化路線には終止符を打つ必要がある。

　また、途上国の開発援助と自由化をめぐる対立の構図は、「保護主義vs自由貿易」の問題ではない。途上国の人々の命と生活を守るか、ごく一部の大企業の利益を増やすのか、の対立軸である。どちらが大事なのかは明らかだ。日本政府が一部の企業の代弁者となりさがって途上国の人々を苦しめる加害者になってはならない。

　しかし、FTAの本当の影響を真摯に議論することなく、ただ風潮に流される短絡的な議論が日本の政治、行政、学界に蔓延している。2008年の食料危機や現在のコロナ禍においても、過度の貿易自由化を進めたために、輸出規制が起こりやすく、品薄や価格高騰が増幅される構造ができてしまっているにもかかわらず、「価格高騰が起こるのは貿易自由化が足りないせいだ」というショック・ドクトリンが展開された。本当の原因は過度の貿易自由化なのに、「解決策は貿易自由化だ。もっと徹底した自由化が必要だ」という論理破綻が起きている。途上国の貧困緩和の名目をかかげて自由化と規制緩和を要求して、その結果貧困が増幅されると、「貧困が緩和しないのは規制緩和が足りないせいだ。もっと徹底した規制撤廃が必要だ」と主張するのも、同様の理論破綻である。

　2021年4月14日のRCEPをめぐる衆議院外務委員会の参考人質疑では、「TPPのような自由化度が高い "ハイスタンダード" にしていくべき」といった発言が飛び交ったが、単に規制をなくせば「ハイレベル」な自由化になるのか。一部企業の利益のために、農家や多くの国民が現実に苦しんでいるという矛盾をどう説明するのか。このことを問い直す必要がある。

　日本の国益にとって本当に重要なことは、WTOの間違った最終ゴールそのものを撤回すること、あるいは改定に向けて力を注ぐことであろう。柔軟性、多様性、互恵性などの観点から、世界の貿易自由化や経済連携のあり方を問い直さなければならない。

引用・参考文献

荏開津典生・鈴木宣弘（2020）『農業経済学（第 5 版）』岩波書店.

生源寺眞一（2017）『完・農業と農政の視野』農林統計出版.

生源寺眞一（2020）「コメ関税化拒否は判断ミス，身勝手な緊急輸入」菅正治『平成農政の真実―キーマンが語る―』筑波書房.

塩飽二郎（2011）「国際化と食料・農産物輸入」『平成22年度 食料・農業・農村白書〈巻末付録〉年次報告50年を振り返って』農林水産省.

鈴木宣弘（2006）「東アジア共通農業政策構築の可能性―自給率・関税率・財政負担・環境負荷―」『農林業問題研究』161，pp.37-44.

鈴木宣弘（2020）「規制緩和で農林水産業が破壊」菅正治『平成農政の真実―キーマンが語る―』筑波書房.

Bhagwati, J.（1995）"U.S. Trade Policy: The Infatuation with Free Trade Areas," J. Bhagwati and Krueger, A.O., *The Dangerous Drift to Preferential Trade Agreements*, The AEI Press.

Kawasaki, K.（2010）"The Macro and Sectoral Significance of an FTAAP," *ESRI Discussion Paper Series No.244*，内閣府経済社会総合研究所.

Kumse, K., Suzuki N. and Sato T.（2020）"Does Oligopsony Power Matter in Price Support Policy Design? Empirical Evidence from the Thai Jasmine Rice Market," *Agricultural Economics,* 51（3），pp.373-385.

（鈴木宣弘）

［最終稿提出日：2022年2月25日］

第2章

農業資材産業とグローバル資本による
市場・技術・資源・規範の包摂

１．再編が続く農業資材産業

　この20年あまり、農薬と種子、そして遺伝子組換え（GM）作物をめぐる
多国籍企業・産業団体と小農・市民社会組織との攻防で常に取り沙汰されて
きたMonsantoの名前が表舞台から消えた。2016〜18年に農業バイオテクノ
ロジー産業界の大きな再編（M&A）が進んだ、その一つの帰結である。
Monsantoを吸収合併したのは化学最大手Bayerだ。買収額は630億ドルとさ
れる。独占禁止法（アメリカ・反トラスト法、EU・競争法）に抵触する可
能性もあったが、Bayerの事業の一部をBASFに売却することを条件に買収
が認められた。他方、Dow ChemicalとDuPontが対等合併し、農業部門会社
Cortevaが設立された。動いた資金は1,300億ドルとされる。Monsantoが
2015年に買収を試みたことのあるSyngentaは、ChemChina（中国化工集
団）に買収された。買収額は430億ドルとされる。ChemChinaはさらに
Sinochem（中国中化集団）の関連部門を統合し、Syngenta Group（2011年
に子会社化したADAMAも含む）として農業関連事業を展開することになっ
ている。こうして、これまでビッグ６と呼ばれてきた巨大農薬・種子企業は
ビッグ３、漁夫の利を得た格好のBASFを含めるとビッグ４に収斂すること
になった（ETC Group 2019）。

　実は、ビッグ6も過去の大きな業界再編の産物だった。1980年代半ばから90年代後半までの第一波は、規制緩和、知的所有権強化、金融自由化といった新自由主義的な産業競争力政策に後押しされながら、化学・医薬品産業を中心とする多国籍企業が農業バイオテクノロジーの商品化を見越して種子・バイテク産業にこぞって参入した時期である（久野 2002）。この時期、約75％のバイテク新興企業が多国籍企業に買収されたという（Fugulie et al. 2011）。

　主要農薬企業が産業再編を経てビッグ6として出揃った1990年代末から2000年代半ばまでの時期が第二波であり、Monsantoだけで40社近くの種子・バイテク企業を買収するなど、市場の寡占化が進んだ（久野 2010）。それはGM作物が世界中に広がった時期でもあり、Monsantoの除草剤耐性品種（Roundup Ready）が登場した1996年から10年後の2005年までに、世界のGM作物作付面積は9,000万haへと拡大し、さらに2019年時点で1.9億haに達している（ISAAA 2019）。各作物の総作付面積に占めるGM品種の割合は、大豆で76.3％、トウモロコシで30.9％、綿花で66.5％、菜種で29.7％に相当する。アメリカでは2019年、大豆の94％、トウモロコシの92％、綿花の98％がGM品種となっている。

　他方、第三波では前述した大型M&Aに注目が集まるが、その背景に何があるのだろうか。結論を先取りするならば、現在進行形の産業再編は、これまで農業バイオテクノロジーの商品化を通じて結合した農薬・種子・バイテク産業から、さらに化学肥料産業と農業機械産業をも巻き込んだ農業資材産業の水平的統合へと展開している。あらゆる農業資源のデジタル化（ビッグデータ化）、すなわち遺伝情報、環境情報、営農情報の収集・解析・加工、そしてこれらデジタル化された農業資源および関連サービスの農業資材商品としての販売を通じて、農業資材産業が相互に結合しつつあるのだ。

　こうした動きはたんに当該技術の発展によって可能になったというだけではない。2015年の国連「持続可能な開発目標（SDGs）」や気候変動枠組み条約・パリ協定をはじめ、気候変動問題や生物多様性問題への対応、持続可能

な発展に向けた課題が国際社会で広く議論されるようになっており、環境危機の影響を受けるとともに、その原因ともなっている農業生産システムの近代化・工業化と食料システムのグローバル化の修正と転換の必要性を、そうした主流モデルの推進者である農業関連産業の当事者たちも否定できなくなっている。しかし、2021年9月に開催された国連フードシステム・サミット（後述）にも如実に表れているように、彼らの言う「軌道修正」は「システム転換」を必ずしも意味しない。むしろ、既存システムと政治経済的覇権を維持したまま「軌道修正」を新たなビジネス機会＝資本蓄積領域として取り込もうとする動きを彼らは見せている。そうした「いつものやり方」を「持続可能性」や類似の標語を多用した言説によって正当化する動き（久野2021）、あるいは自らを正当化するように歪曲された持続可能性規範を農業食料のグローバル・ガバナンスの再編（民営化）を通じて形成・包摂する動きが顕著になっている（久野 2019b）。新たな農業技術とそれをめぐる産業再編は、こうした政治経済的な文脈に位置づけて理解する必要がある。そうしてはじめて、新たな農業技術によって実現するかにみえる「農業生産力」の本質（久野 2018）もまた適切に理解し評価することができるだろう。

　したがって本章は、ひとにぎりの巨大多国籍企業による「種子の支配」への懸念と批判という従来の議論をただ繰り返すだけではなく、近年の業界再編の背景にある、農業関連産業を取り巻く市場と技術と規範の変化に着目しながら、われわれ批判的食農問題研究者が表現するところの「多国籍企業による農業・食料の包摂と支配」の現段階を特徴づけることを課題とする[1]。

　なお、農業関連産業（アグリビジネス）——川下の食品産業を強調する場合は農業食料関連産業（アグリフードビジネス）——には、商品連鎖を通じて相互に関連し合い、時に部門を跨いだ垂直的統合の傾向をともないながらも、それぞれ異なる構造と論理からなる産業諸部門の企業群——農業資材産業、農産物取引加工企業（穀物メジャー、食肉メジャー、青果物メジャー）、加工食品企業、食品小売企業、フードサービス（外食等）企業など——が含まれる（久野 2019a）。多様化する消費者の需要（価値観）と個別化する消

費者の行動に対応するため、農産物原料の生産から流通、加工、販売に至る
フードチェーンの全体にわたって、持続可能性認証も含めた品質管理（サプ
ライチェーン管理）の強化が重視されるようになっており、そうしたアグリ
フードシステムのグローバルな再編と、フードレジーム論で言うところの
「コーポレート＝エンバイロメンタル・フードレジーム[2)]」（フリードマン
2006）の総体を把握する視点が求められている。

　そこでは、圧倒的なデータ収集・管理・分析能力を駆使するMicrosoftや
Apple、IBM、Amazon、Facebook、Google、中国のAlibaba、Tencentといっ
た巨大IT企業（ビッグテック）の存在と役割も無視できなくなっている
（GRAIN 2021）。食農分野の革新的ITビジネスを支援するコンサルタント会
社The Mixing Bowlとその投資部門Better Food Venturesは、2017年からス
マート農業分野の新興企業の動静を可視化するプロジェクト「AgTech
Landscape」に取り組んできたが、これを「Farm Tech Landscape」と「Food
Supply Chain Tech Landscape」の二つのカテゴリーに分けざるを得ないほ
ど、フードチェーンの全体に及ぶアグリフードビジネスのデジタル化が進展
している（Day 2020）。

　とはいえ、本章では農薬・種子を中心とする農業資材産業の動向とその背
景にある政治経済的情勢を分析することに専念し、農産物取引加工企業を中
心とするアグリフードシステムの再編ならびに食品加工（フードテック）や
食品小売（ニューリテール）を含めた技術革新と持続可能性言説による「資
本による食の包摂」については別の機会に委ねたい。

2．農業資材産業の寡占構造

　大規模な業界再編を通じた超巨大企業の出現という現象は、農薬・種子産
業だけでなく、化学肥料や農業機械など他の農業資材産業にも共通して見ら
れる（ETC Group 2019；IPES-Food 2017）。一般に、上位4社の市場占有
率が40％を超えると市場の競争環境（適正な価格形成と需給調整）が阻害さ

れ、売手や買手の利益、社会的な公正性を損なう傾向が強まるとされる（Howard 2016）。その高い市場占有率に加え、主要企業の多くは相互の、あるいは技術革新を主導する新興企業との戦略的提携や合弁企業の設立を通じて実質的な市場影響力を強めている。さらに後述するように、彼らは市場における経済主体としてだけではなく、政治主体としても政策形成過程で多大な影響力を行使し、新たな市場環境や政策展開に柔軟かつ能動的に対応しながら、地球規模で強大な存在感を誇示している（久野 2014，2019b）。

（1）農薬・種子産業

　図2-1に示される通り、2018年の市場占有率は、種子産業ではBayer、Corteva、Syngenta、BASFの上位4社で56.6%、農薬産業では同じ4社で60.6%となっている[3]。国・地域別、作物別、種類別にみれば、つまり農業生産の現場目線で眺めれば、上位企業の市場占有率はさらに高まる。業界再編前の2015年、アメリカではトウモロシ種子市場の36.7%をMonsantoが、34.6%をDuPontが、6.1%をDow AgroSciencesが占めていた。同じく大豆種子市場では、DuPontが31.2%、Monsantoが29.5%、Syngentaが9.6%、Dowが5.4%を、綿花種子市場では、Bayerが38.5%、Monsantoが31.2%、Dowが15.3%をそれぞれ占めていた[4]。この明白な寡占状況の影響はさまざまなかたちで現れている。

　第1に、寡占市場では健全な競争が成立しないため価格上昇を招きやすいとされる。実際、アメリカでは農家の種子費用は農産物価格や他の農業資材費用と比べて上昇幅が大きいこと、公共品種や自家採種がなお優勢な小麦等の種子と寡占企業のGM品種が席巻する作物の種子との小売価格の差が顕著に広がっていることが、農務省の統計でも確認できる（久野 2018）。さらにテキサスA&M大学の研究チームの試算（Maisashvil et al. 2016）によれば、トウモロコシ種子価格はDuPontとDowの合併によって1.6〜6.3%（平均2.3%）、大豆種子価格は同じく1.3〜5.8%（平均1.9%）、綿花の種子価格はBayerとMonsantoの合併によって17.4〜19.2%（平均18.2%）、それぞれ上昇するとされた[5]。1997 〜 2017年の種子価格上昇の要因分析を試みた別の研究

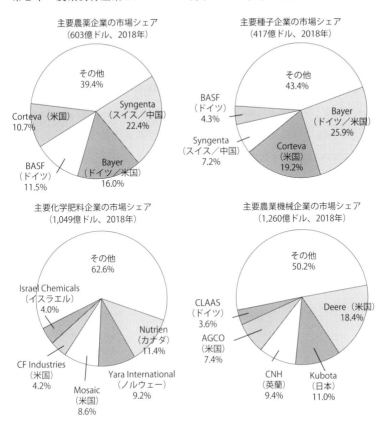

主要農薬企業の市場シェア
（603億ドル、2018年）

その他
39.4%

Syngenta
（スイス／中国）
22.4%

Corteva（米国）
10.7%

BASF
（ドイツ）
11.5%

Bayer
（ドイツ／米国）
16.0%

主要種子企業の市場シェア
（417億ドル、2018年）

その他
43.4%

BASF
（ドイツ）
4.3%

Bayer
（ドイツ／米国）
25.9%

Syngenta
（スイス／中国）
7.2%

Corteva
（米国）
19.2%

主要化学肥料企業の市場シェア
（1,049億ドル、2018年）

その他
62.6%

Israel Chemicals
（イスラエル）
4.0%

Nutrien
（カナダ）
11.4%

CF Industries
（米国）
4.2%

Yara International
（ノルウェー）
9.2%

Mosaic
（米国）
8.6%

主要農業機械企業の市場シェア
（1,260億ドル、2018年）

その他
50.2%

CLAAS
（ドイツ）
3.6%

Deere（米国）
18.4%

AGCO
（米国）
7.4%

CNH
（英蘭）
9.4%

Kubota
（日本）
11.0%

図2-1　農業資材産業における主要企業の市場シェア

資料：ETC Group 2019など。

（Torshizi & Clapp 2021）は、価格上昇の58.2%は自家採種から購入種子（ハイブリッド品種、GM品種）への転換に、13.1%が市場の寡占化に起因していることなどを明らかにしている。企業法務事務所Konkurrenz GroupがBayerのMonsanto買収にともなう反トラスト法審査に関連して実施した農家アンケート調査（Stucke & Grunes 2018）によると、83%が「非常に懸念」、11%が「ある程度懸念」と回答した（N＝647）。より具体的には種子価格の上昇（「非常に懸念」と「ある程度懸念」を併せて79%）、農薬価格の上昇（同56%）、技術革新の停滞（同80%）、種子選択肢の減少（同89%）、

化学農薬に依存した農業への促迫（同89％）などとなっている[6]。

　第2に、開発企業側は「種子の効能を高めた技術革新の対価」として価格上昇を正当化するが、イノベーションの停滞傾向が業界筋でも指摘されている（Moss 2020）。Konkurrentz Groupのアンケート調査からも、農家がその傾向を敏感に嗅ぎ取っていることがわかる。もともと、農薬規制の強化と新規有効成分開発の長期化・コスト増に直面する農薬企業にとって、種子とりわけGM作物は重要な戦略商品に位置づけられてきた。新規農薬の開発には11.3年の期間と2.86億ドルの経費（2010〜14年）を要するが、1995年の8.3年／1.52億ドルからの変化は明らかだ（Phillips McDougall 2016）。他方、GM品種の開発にも11〜16年の歳月を要するものの、研究開発経費は1.36億ドル（2008〜12年）に抑えられている（Phillips McDougall 2011）。1995年に発表された別の研究（Ollinger & Pope 1995）は、GM品種開発に要する期間は6年（従来育種技術では約10年）、研究開発経費は0.1億ドル程度と評価していた。その後の開発期間・開発費の変化をみると、安全規制への対応を含め、当初期待されていたほどGM品種開発のハードルは低くなかったということだろうが、期間と経費の多寡にかかわらず、農薬の新規有効成分の開発自体が難しくなっている（Clapp 2021）。

　それを見越してか、Monsantoは早くから「農薬を通じた作物防除から種子を通じた作物防除へ」の転換を展望していた。実際、農薬を含む農業関連事業に占める種子・バイテク事業の売上高比率は、2002年の33.9％から2017年の74.5％まで高まった（久野 2018）。他のメジャー企業も程度の差はあれ同様の傾向を辿ってきた。しかし、ドル箱商品でありながら2000年を境に世界各地で特許切れを迎えていた、*Roundup*の商品名で知られるグリホサート除草剤の市場延命策も兼ねて、同除草剤に耐性をもつGM品種の商品化と普及に総力を挙げて取り組んできたMonsantoは、その圧倒的な「成功」の必然的帰結として、同除草剤に耐性をもつ雑草の出現、したがって除草剤散布量の増加と当該技術の有効性の喪失を招くこととなった（Clapp 2021；Bonny 2016）。当該GM品種が商業栽培されてから25年が経過したが、**図2-2**

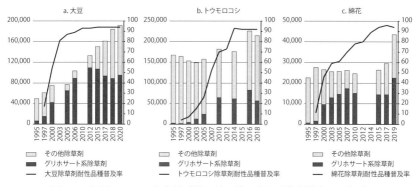

図2-2　米国における除草剤耐性品種の普及率と除草剤散布量の推移

資料：USDA NASS, Agricultural Chemical Use Survey, each year；USDA NASS, Acreage, each year.

に示されるように、当初の宣伝どおりであれば減らせるはずだった除草剤散
布量の増加をもたらしてきた（久野 2018）。現在は廉価なジェネリック除草
剤も加わり、グリホサート除草剤耐性の作物品種への標準装備化との相乗効
果で、その使用量は世界中で拡大を続けている。その結果、2021年8月末ま
でに28カ国53種の雑草がグリホサート除草剤への耐性を獲得したことが確認
されている[7]（Heap 2021）。

（2）耐性雑草問題への対応

　耐性雑草問題への打開策ということでは必ずしもないが、新たな品種開発
に向けて各社ともゲノム編集等[8]の合成生物学の実用化に取り組んでいる。
しかし、成果にはまだ結びついていない[9]。そこで目下、人体や生態系への
影響が懸念されるにもかかわらず、他の強力な除草剤（ジカンバ、2,4-D等）
への耐性を追加したGM品種が次々に投入されている（Gullickson 2020）。
例えば、BayerのGM大豆品種Xtend（2020年度は全米大豆作付けの6割）
はグリホサートとジカンバの2種類の除草剤に耐性をもつが、効果を失いつ
つあるグリホサート耐性はもちろん、規制強化に直面しているジカンバ除草
剤に頼るのも心許ない。ジカンバ除草剤は風で飛散しやすく周辺の通常（非

耐性）作物に影響を及ぼす可能性が当初より指摘されていた。環境保護局（EPA）が2016年に認可したジカンバ混合除草剤の認可無効判断が、2020年6月にサンフランシスコ控訴裁判所（連邦高裁に相当）で下されたことから、同除草剤耐性GM品種を開発した各社は対応に追われた[10]。そこで新しく開発されたXtendFlex（2021年度の作付け予想では2割弱）は、*Basta*や*Liberty*の商品名で知られるグルホシネート除草剤への耐性を追加した。Cortevaはこれに対し、グリホサート耐性、グルホシネート耐性に2,4-D耐性を加えたEnlistという品種（2020年度は2割、2021年度は3割に拡大予想）でXtendの牙城を崩そうと躍起である（Polansek 2021）。他方、除草剤耐性と害虫抵抗性の二つの機能を組み込んだGM品種を「スタック品種」と呼ぶが、さらにそれぞれの機能が複数化し（Bt耐性害虫も出現している）、それらをパッケージ化した種子商品が、各機能の生産現場での必要性と関わりなく農家に押し売りされているのが実情だ[11]。上昇を続ける種子価格を「技術革新の対価」として正当化するのは、あくまでも企業の論理であり、農家からすれば、それは規模拡大と生産性向上をめぐる競争に促迫され、発生するかも分からない雑草・害虫リスクの未然回避という保険の意味も込めて新技術の導入に走らされ、さらにその結果として耐性雑草・耐性害虫を生みだし、さらなる新技術を待望せざるを得ないという悪循環＝「踏み車の論理」でしかない。

（3）その他の農業資材産業

　他方、化学肥料産業は窒素・リン酸・カリの成分ごとに事情は異なる。業界1位のAgriumと4位のPotashCorpの巨大合併で誕生したNutrien、窒素肥料最大手のYara International、リン酸肥料最大手で穀物メジャー Cargillから分社したMosaicなど、上位4社の市場占有率は3割に満たないが（上位10社で50.7％）、北米のカリ肥料市場は2社がほぼ独占し、世界のリン酸肥料市場は3社で4分の1を占める。YaraもMosaicもM&Aを通じて巨大化した経緯がある。後述するように、「地球環境危機（気候変動）下の食料安

全保障」という文脈で焦点の一つとなっている化学肥料産業を代表して、Yaraはグローバルな政治主体としても存在感を誇示している（GRAIN 2015）。

　農業機械産業では、John Deere、Kubota、CNH、AGCOの 4 社で46.2％となっている。CNHやAGCOは過去の大型M&Aで誕生した企業だが、John Deereが頭一つ抜けているため、他の主要企業の間でM&Aが続く可能性も指摘されている。農薬やGM作物の安全性問題で批判されてきた農薬産業や温室効果ガスの主要排出源として矢面に立たされている化学肥料産業とは異なり、農業機械産業は目立たない存在だった。ところが、次節で考察するように、デジタル農業（精密農業）の舞台としてにわかに注目を集めている。気象や土壌、作物（雑草、病虫害）等の情報、経営や市場に関わる情報をビッグデータとして収集・保存・分析・活用するためのデジタル農業技術とその実用化への期待がそこにある。それは合成生物学の実用化を優位に展開するのに必要なゲノム情報と並び、近年の「農業資源のデジタル化・ビックデータ化」と「ビッグデータとしてデジタル化された情報の農業資材商品化」という農業資材産業の特徴的な傾向であり、大型M&Aを通じた業界再編が進んでいる理由の一つと考えられている（ETC Group 2018, 2019；Moss 2020）。

　農業資材産業の大規模な業界再編の背景としてもう一つ忘れてはならないのが、いわゆる「農業・食料の金融化」の影響である（ETC Group 2018；Clapp 2019；Clapp & Purugganan 2020）。典型的には、農地が投機の対象として注目されたり、商品先物取引において食料がインデックス取引など新たな金融派生商品とされたりするなど、農業・食料が本来の事業とは違うかたちで「新たな資本蓄積の領域」に位置づけられる傾向を指す。そこでは、企業の安定的成長より短期的な株主利益を重視する傾向が強い。そのため、食品の品質リスクや労働者、環境などへ負荷が外部化され、経済効率性を最優先した、持続不可能な工業的大規模農業が改めて強化されることも懸念されている（平賀・久野 2019）。同時に、年金基金など超絶的な規模の資金を

金融市場で運用する資産運用会社（機関投資家）の役割も無視できない。2016年の時点で6.3兆ドルもの巨額資産をアグリフードビジネスの株式に投じていたBlackRockや５兆ドルを運用していたVanguard Groupをはじめとする資産運用会社６社は、巨大合併以前からビッグ６の大株主となっていた（2016年末時点で14.65 ～ 33.36％）。水平的株式保有と呼ばれる、この投資行動は、当然ながら対象企業間の競争を妨げることにつながり、寡占価格の維持や既存技術の防衛、大型M&Aや戦略的提携をさらに促迫する傾向がある。短期的利益であれ長期的利益であれ、彼らの投資行動はあくまでも「資本蓄積の論理」に規定されており、公平・公正で持続可能な農業と食料を求める動きとは矛盾せざるを得ない。

３．農業資源のビッグデータ化とビッグデータの農業資材化

　農業のデジタル化（精密農業）は、日本では「スマート農業」として議論されることが多い。農林水産省が「ロボット技術や情報通信技術（ICT）を活用して、省力化・精密化や高品質生産を実現する等を推進している新たな農業」と定義するスマート農業は、①データ収集のための農業用ドローン、衛星リモートセンシング、農機搭載センサー、②データ管理のためのクラウドサーバーとIoT、③ビッグデータ解析のためのAI・機械学習、④データ利用のための携帯端末・アプリや自動運転農機など一連の革新的技術で構成される。その関連市場規模は、2016年の51億ドルから2020年の89億ドル、2026年には228億ドルへと急成長するものと見込まれている。GPS搭載農機を早くも2001年に開発した農機最大手John Deereが、自らの「農機企業からスマート技術企業への転換」（Bedord 2019）を誇示し、Future Technology Zone事業を通じて農業機械の電化・自走化・AI化を推進しているように、デジタル農業は農業機械産業の守備範囲と思われがちだ。しかし実際にはMonsantoが 2012年にPrecision Planting、2013年にClimate Corporationを買収したのを皮切りに、農薬・種子・バイオ企業がこぞってデジタル農業技術

第2章　農業資材産業とグローバル資本による市場・技術・資源・規範の包摂

分野の新興企業を買収したり、農業機械企業と戦略的提携を進めたりと、業界を跨いだ再編の舞台となっている（ETC Group 2016, 2019）。

　Monsantoはさらに2015年、AI技術を使った圃場スキャンと雑草同定技術を開発したBlue River Technologyや、各種データに基づいて作物の灌水効率向上と収量最大化を支援する技術を開発したHydroBioなど複数の有力新興企業に出資し、傘下に収めた。その後、Precision PlantingをAGCOに、Blue River TechnologyをJohn Deereにそれぞれ売却したが、それでも最有力企業のClimate Corporationを保持していたことが、Bayerによる買収の動機の一つだったとされる（Moss 2020；Gullickson 2016）。そのBayerも2015年頃から衛星航空画像をもとに土壌分析・作物診断・気象解析を行う技術企業を次々と買収し、Monsanto買収とともに獲得したClimate Corporationの情報解析プラットフォームClimate FieldViewを軸にデジタル農業ビジネスを優位に展開している。

　Syngentaは2015年に買収したAg Connectionsを軸に圃場データ管理のためのソフトウェアLand.dbを開発し、衛星画像による土壌・作物診断、コンピュータ端末によるデータ処理と生産者へのリアルタイム・サービスの提供などを通じて農場管理の効率化を図るデジタル農業ビジネスを展開している。その後も数々の買収を続け、現在はアメリカでAgriEdge、ブラジルでCropwise、中国でMAP、そして東欧ではCropioのブランドでプラットフォームの普及を進めている。

　Cortevaは各種データを総合的に分析して的確な栽培指導や収量予測を提案するソフトウェアを開発したGranularを2017年に買収し、同社の技術をもとにGranular Insights（圃場データ管理）、Granular Business（経営管理）、Granular Agronomy（土壌管理・作物管理）という三つのシステムを構築している。他方、BASFは農家による圃場情報の分析・管理を支援するオンライン・プラットフォームMaglisを2016年に独自開発していたが、2017年にZedXを買収し、さらにBayerから継承したデジタル農業技術をもとにxarvio Digital Farming Solutionsを2019年に立ち上げた。圃場予察を行うxarvio

Scouting、土壌管理と施肥支援を行うxarvio Field Manager、作物管理と防除支援を行うxarvio Healthy Fieldsという三つのシステムで構成される[12]。

IT最大手IBMもこの機会を逃していない。同社は自前でWatson Decision Platform for Agricultureを立ち上げ、気象・土壌・営農データを衛星・ドローン・航空画像として収集・処理し、それをAIと機械学習により解析しながら農業生産者の営農上の意思決定を支援するデジタル農業プラットフォームを、化学肥料大手Yaraとの事業提携を通じて構築している（Bedord 2018；Southery 2019）。そのYaraも、土壌分析と施肥管理のためのスマートフォン・アプリYaralrixや土壌管理と作物管理のための衛星画像分析システムAtfarmを農家に提供している。他方、農機企業の側でも、AGCOがFuse、CNHがAdvanced Farming Systems、KubotaがKubota Smart Agri System（KSAS）を各社のスマート農業ビジネスの基盤システムとして事業化している。

このように各社がデジタル農業技術の開発と実用化を競い、百花繚乱の如く独自のプラットフォームが提供されている状況だが、部門を跨いだ連携を通じて、自社プラットフォームの標準化・汎用化をめざす動きも生まれている。とくにSyngentaはLand.dbのように他社のデジタル農業技術と統合可能なプラットフォームを開発することによって、接続して利用できるデジタル農業技術を増やし、各種データを統合し、利用可能地域を拡大することを重視している。2019年にSonyのSmart Agriculture Solution事業、化学肥料最大手NutrienのAg Solution事業、ポテトの生産・加工で有名なSimplotのGrower Solutions事業と、2020年には米大手農協企業系Land O'LakesのTruttera事業とそれぞれ提携し、各事業の技術やデータ、プラットフォームとの統合を図っている。BASFもNutrienのAg Solution事業や自動車部品大手BoschのIntelligent Planting Solution事業と提携しながら、スマート農業技術の実用化を進めている。Bayerは2019年にドイツ農機大手CLAASと、2020年にはLand O'Lakesと提携し、それぞれが蓄積する圃場データや市場（資材販売業者）データとの結合を図っている。他方、John Deereは統一したプラッ

第2章　農業資材産業とグローバル資本による市場・技術・資源・規範の包摂

トフォームを構築していないものの、他の農業資材企業のプラットフォーム
と接続することで、ハード面での優位性を維持する構えのようだ。

4．気候スマート農業という言説

　限られた資源から持続的に食料を生産すること、気候変動への強靱性と適
応力を高めること、そして温室効果ガスを削減・除去すること、という三つ
の柱から構成される「Climate Smart Agriculture（気候スマート農業；
CSA）」という考え方が国際社会で主流化してきた（久野 2019b）。2014年に
は国連気候変動サミットの開催に合わせて官民連携プラットフォーム「CSA
のためのグローバル・アライアンス（GACSA）」が設立されたが、実際に
はYaraやMosaic、国際肥料産業協会（IFA）、国際植物栄養協会（IPNI）な
どの化学肥料業界が主導的に準備したものだ。ビッグ6の面々やCoca-Cola、
PepsiCo、Tyson Foods、Kellogg's、Walmartなど加工食品・小売部門の多
国籍企業も名を連ねた。IPCC（2020）によると「農林業その他の土地利用」
は温室効果ガス（GHG）排出量の23％（フードシステムで捉えた場合は21
～37％）を占めるとされる。二酸化炭素では13％にとどまるものの、化学
肥料が採掘・製造工程も含めて相当量の排出に責任を負うメタンガスでは
44％、亜酸化窒素では81％を占めており、施肥に伴う土壌有機物の喪失と土
壌炭素貯留能力の低下にも加担している化学肥料産業への風当たりはとくに
強い。彼らがCSAにとくに積極的である理由は、気候変動と農業に関する
国際社会の対応と議論を主導しながら自らの利害に沿ったフレーミングと正
当化言説をつくり出し、厳しい規制を予め回避するために、大学・研究機関
や国際NGOを巻き込んだフロント団体を組織する必要があったからではな
いかとされる（GRAIN 2015）。そこでつくり出される言説は、例えば化学
肥料による生産性向上と生産力増大のおかげで、農地確保のため森林破壊が
進むのを防ぐことができる、といった類いのものだ。
　当然ながら農業の工業化を推進してきた農薬・種子産業も気候変動への責

任を免れず、したがって強い利害と関心を持ってCSAに取り組んでいる。Monsantoは当初より、GM作物を「農薬を減らし、土壌を保全し、食料を増産し、農家の経営を安定させるのに不可欠な技術」として喧伝していたが（Scanlan 2013）、さらにCSAの文脈でも、GM技術による品種改良を通じて「温室効果ガスを増加させない作物生産システム」の構築を目指すとしてきた。除草剤耐性品種の開発と普及で容易になった不耕起栽培も、土壌流亡を防ぐとともに土壌への炭素貯留を促すとの理屈から気候変動問題への解決策と位置づけられている。農薬企業は「再生農業（regenerative agriculture）」の概念をも取り込み、持続可能性概念がそうであったように、本来は土壌の改善と健全性の維持に込められた社会的・倫理的・生態的な意味を含む同概念を社会的文脈から切り離し、炭素貯留という技術的実践に矮小化する言説を弄している（Kelly & Rankin 2020a）。それは除草剤や化学肥料を削減するかもしれないが、その継続的利用を前提している。ある調査によれば、不耕起栽培実践農家の9割以上がグリホサート除草剤（GM耐性作物）による雑草防除を行うと回答している（Wonziacka 2019）。この農業生産体系が耐性雑草の蔓延を引き起こし、除草剤散布量の増大と高リスク除草剤への再依存をもたらしていることは、第2節で考察したとおりだ。

　それでも除草剤耐性品種を主力商品と位置づけるBayerは、「生物多様性の保全、気候変動への対応、自然資源の効率的利用を重視し、2030年までに環境負荷を30％削減する」ために、10年間で56億ドルの予算を投じて「新しい雑草防除システム」を構築する計画を発表している（Gullickson 2019）。これには総合的雑草管理（雑草の生態解明に基づく合理的で効果的な除草剤利用技術に加えて、作付け体系や耕耘方法等の耕種的管理、カバークロップ利用等の生物的雑草抑制技術などを組合せた総合管理体系）による耐性雑草対策が含まれる。既存の除草剤耐性品種路線と矛盾するわけではないが、その実現には圃場ごと・作物ごとの緻密な管理が求められ（Begemann 2020）、それゆえデジタル農業技術による営農支援サービスが欠かせない。こうして農業資材産業が一様に強調し始めているのが「持続可能な農業のためのソ

リューション事業」であり、その橋頭堡と位置づけられているのがデジタル農業（精密農業）というわけだ[13]。

前節で各社の動向を紹介したように、それは圃場情報・気象情報・営農情報をデジテル化（ビッグデータ化）することにより、化学肥料の施肥量や農薬の散布量、それにともなう農機の稼働量を最適化し、したがってGHG排出量の削減に貢献するというのが、彼らの正当化言説である。それはすでに事業化されている。Bayerが自らのデジタル技術（Climate FieldView）を用いて農家のCSA実践を支援し、そこで発生した炭素クレジットの取引を通じて経済的利益を農家に還元するという「Bayer Global Carbon Initiative」はその典型であり、すでに2020年からアメリカとブラジルで、2021年から欧州で始動している。他方、Syngentaは圃場管理ソフトLand.dbを携えて、GHG排出削減・生物多様性保全・水資源保全など環境負荷低減に資する営農支援技術の開発と利用を進めるための連携事業「Cool Farm Alliance」（2010年〜）で中心的役割を果たしている[14]。BayerやCorteva、John Deere、Nutrienをはじめとする農業資材企業が他の多国籍アグリフード企業や業界団体、国際NGO、大学研究機関、生産者団体等とともに、農業食料システムの全体を通じた持続可能性を担保するための技術とビジネスモデルの開発・利用を進めるために立ち上げた産官学連携プラットホーム「Field to Market: The Alliance for Sustainable Agriculture」（2006年〜）でも、デジタル農業が中心課題の一つに位置づけられている。

しかし、農業のデジタル化が農業食料セクターに様々な否定的影響を及ぼす可能性も指摘されている（Carbonell 2016；Zundel & Ribeiro 2018；Filardi & Prato 2018；Clapp & Ruder 2020）。第一に、デジタル農業技術の導入には多額の投資と維持経費が必要であり、すべての農家がこれに対応できるわけではないことは言うまでもない。これにともなって農家のデジタル農業システムへの統合と排除（選別淘汰）が進むとともに、統合された農家の自立性の喪失も懸念されている。それはまず、ローカル知・農民知の標準化・陳腐化と農民の脱スキル化（農場労働者化、データ分益小作農化）として表れる。さ

らに、企業がビッグデータとして集めた営農情報に対する所有権・利用権や従来から問題視されてきた機械修繕権に対する制限となって表れる。第二に、アルゴリズム自体の内在的問題も指摘されている。すなわち、除草剤耐性作物を軸とした圃場管理支援にみられるように、デジタル農業では農薬・化学肥料の削減を標榜しつつ、その継続的利用を前提に土壌・作物管理システムが設計され、作物市況情報や資材販売業者のネットワークとも連動した営農支援サービスが提供されるしくみとなっている。それは企業的・工業的な農業システムに埋め込まれており、本来めざすべきアグロエコロジカルで持続可能な農業システムへの転換に資する技術体系とはなっていない。第三に、すでに進行しているように、現在の農業デジタル化は情報と技術を支配する企業への集中と集積をいっそう強め、食料主権とは真逆の方向で農業食料システムを再編するものである。

5．対抗の論理と求められるイノベーションの再定義

　筆者は以前、2007/08年以降の断続的な食料価格危機下の「食料安全保障ガバナンスの新自由主義的転回」という文脈で、官民連携／マルチステークホルダーの体裁をとった「ガバナンスの民営化」が進んでいることを明らかにした（久野 2019b）。それは気候変動問題や生物多様性問題といった地球環境危機への対応という側面も併せ持っており、食料安全保障（食料生産を20％増やす）、環境的持続可能性（GHGを20％削減する）、経済成長機会（農村の貧困を10年毎に20％削減する）という三つの大きな目標を設定していた世界経済フォーラム（WEF）の「農業ニュービジョン・イニシアチブ」や、前述した「CSAのためのグローバル・アライアンス（GACSA）」に代表されるように、持続可能性を看板に掲げた「グローバル食農ガバナンスの民営化」の動きも顕著である。

（1）国連フードシステム・サミットへの批判

　2021年9月に開催された「国連フードシステム・サミット（UN Food Systems Summit）」の特使に任命され、その経歴ゆえ批判を浴びたAgnes Kalibata氏（註16参照）は「私たちは、健全で持続可能で包摂的なフードシステムにより、人と地球が繁栄できる世界を信じている。それは貧困や飢餓のない世界であり、包摂的な成長、環境の持続可能性、社会正義の世界であり、誰も取り残されない強靱な世界である」と語っている。2030年までに国連「持続可能な開発目標（SDGs）」を達成するために、食料の生産・加工・流通・消費のあり方を持続可能で効率的・健康的なものへとシステム転換する必要性が国際社会で認識されるに及んだ、と考えることもできよう。小農・市民社会組織の間でも、新型コロナ禍でその限界を露呈した現在の食料システムを抜本的に転換する機会となることへの期待は小さくない。しかし同時に、彼らは同サミットの提案が本質的な欠陥を抱えていることを見抜き、厳しく批判している（TWN 2020；Langrand 2021；Vidal 2021；Fakhri et al. 2021）。

　第1に、世界各地で実践され、市民社会組織や農民組織だけでなく多くの科学者からも支持を集めているアグロエコロジーへの言及がないことである。アグロエコロジーは「生態系を利用した多様な農業実践とそれを支える科学と運動」として定義されるが、それは農業生産の環境面だけでなく、経済、社会、文化の多様性、生産者と消費者の関係性と主体性の向上を目指すものであり、現在の農業食料システムで破壊されてきたものを取り戻すための営みを包括する概念である。FAOも2014年に「食料安全保障と栄養のためのアグロエコロジー国際シンポジウム」を主催し、2018年には「アグロエコロジーの10要素」を発表している（FAO 2018）。しかし、同サミットの関心はむしろ、本章で取り上げてきたGM技術・ゲノム編集技術やデジタル技術による気候スマート農業・食料システムに注がれている。第2に、国際小農連帯組織La Via Campesinaを中心に提唱されてきた、その意味では運動論

的・政治的な概念である食料主権はおろか、数々の国際条約にも反映される
など国際人権規範の重要な構成部分となっている「適切な食への権利」や、
2018年12月の国連総会で121カ国の賛成で採択されたばかりの「農民と農村
で働く人々の権利に関する国連宣言」が参照点とされていないことである。
第3に、2008年の組織改革以来、市民社会組織・社会運動組織の対等な立場
での参加を制度化するなど、農業・食料をめぐる民主的ガバナンスの仕組み
として広く認知され、数々の成果を上げてきたFAO世界食料安全保障委員
会（CFS）での議論を経ていないことである。それらの結果として、主要な
食料生産者であり農村社会の担い手でありながら、これまで政策形成過程か
ら疎外されてきた広範な人々の実質的な参加も保障されていない[15]。

　他方、国連フードシステム・サミットが提案される過程で、国連と世界経
済フォーラム（WEF）が戦略的パートナーシップを締結しており、今後も
WEFの積極的関与が予想されている[16]（ETC Group 2020）。WEFはこれま
でも前述した「農業ニュービジョン・イニシアチブ」をはじめ、食料安全保障と
途上国農業開発に関わる官民連携プラットフォームを構築しながら、多国籍企
業の多方面での資本蓄積領域の確保・拡大に努めてきた（久野2019b）。
2019年には新たに「Food Action Alliance」を起ち上げ、多国籍企業（Bayer、
Syngenta、Cargill、PepsiCo、Unilever等）を中心に国際機関や主流農業団
体、一部の国際NGOとも連携し、SDGs達成に向けた「フードシステム改革」
のための経験交流と事業支援を、国連フードシステム・サミットとも連動し
ながら進めている。La Via Campesina（2020）はこれをもって「多国籍企
業による国連サミットの包囲（A Summit under Siege）」と表現して論難し
たが、そうした多国籍企業の影響力——市場における経済的主体としての影
響力にとどまらず、政策形成過程で縦横に行使する政治的主体としての影響
力——を軽視してはならない。

（2）多国籍企業の言説的権力

　Fuchs（2007；2013）は、グローバル企業の政治的な権力行使を理論的に

把握するために、次の三つの権力形態を概念化した。①「道具的権力」——
これはロビー活動や政治献金、回転ドア等の人事交流にみられるように、必
要な政策アウトプットを獲得するために、アクター間の直接的・直線的な関
係（インプット）を通じて政策決定に影響力を行使する権力形態である。②
「構造的権力」——これは政策過程に関わるアクターの選択肢を制約するこ
とによって、政策決定を先制的に方向付ける権力形態である。圧倒的な資金
力や技術力、情報力を有するグローバル企業の直接投資や撤退の判断が当該
国政府の環境規制や労働規制をめぐる判断に大きく影響するし、市場開拓や
技術開発の牽引者であるグローバル企業が主導する民間ルールに政府の規制
政策が左右される事態も起こりうる。多国籍企業が主導する各種の産官学連
携プログラムはそうした権力行使の舞台となっているが、そこで行使される
のは物質的源泉に由来する権力だけではない。すなわち③「言説的権力」
——政策課題や政策手段、政策決定のプロセスやガバナンスに関するアイデ
アや規範を有利に形成・伝播し、自らの正当性や信頼性、有能性といった社
会的認識を構築することも重要な権力源泉となりうる。そこで繰り出される
宣伝文句の数々を「greenwashing」や「grainwashing」、「healthwashing」
として批判することも重要だが（久野 2021）、彼らの言説は巧妙さを増して
いる。Friends of the Earth InternationalやTransnational Instituteが共同で
作成した報告書「ジャンク・アグロエコロジー」（Alonso-Fradejas et al.
2020）は、その副題にあるように、本来は社会変革的なオルタナティブ農業
を志向するアグロエコロジーの考え方を企業が選択的に取り込み、その根幹
であるべき社会正義の側面を顧みることなく、部分的・技術的にエコロジカ
ルな改良を加えるだけで「いつものやり方」を正当化しようとする戦略を批
判的に分析している。

　2020年5月、欧州委員会が「農場から食卓まで戦略（F2F）」を発表した。
これは欧州グリーンディール（2019年）の中核をなすもので、農家・企業・
消費者・自然環境が一体となり、公平で健康的で持続可能な食料システムを
構築することを企図している。2030年までに農薬使用量を50％削減、化学肥

料を20％削減、畜産や水耕栽培で用いられる抗菌剤を50％削減、農地の25％を有機農業に転換、といった目標値も示されている。欧州の市民社会組織・小農運動組織は、目標値がまだ甘いこと、小農・家族経営を中心に据えた食料主権の考え方が十分に反映されていないことなどを批判しつつ、総じて肯定的に受け止めているようだ（Ané 2020）。こうした目標がどこまで達成されるかは未知数だが、欧州に限らず、持続可能な農業食料システムへの転換は大きな流れとなっている。その具体的中身をめぐって、つまり持続可能性規範の具体化をめぐって、既存のシステムを前提とし、したがって現在の社会関係（格差構造）の再生産を放置したままの「技術的な弥縫策」に終わらせるのか、それともアグロエコロジーの実践ならびに食料主権や国連人権規範の考え方に基づいて農業食料システムを抜本的に変革するのかが、いま問われている。

　だが、二つの路線を対置し、後者から前者を批判して済むほど、規範とイデオロギーをめぐる闘いは単純ではない（Clapp & Ruder 2020）。多国籍企業が「持続可能性」を掲げて推進する技術革新や商品開発や市場開拓は、彼らが推進してきた農業の工業化とグローバル化が社会と自然と健康に大きな負荷をもたらしてきたこと、それが気候変動や生物多様性喪失、世界食料不安といった地球的危機の大きな要因の一つとなってきたことに対する「彼らなりの対応策」である。それが彼らの企業利害・産業利害のグローバル規範化を企図した巧みな「正当化言説」（久野 2017）に支えられていることを丁寧に解き明かしていく必要がある。

（3）オルタナティブな農業技術の可能性

　同時に、オルタナティブな農業技術の可能性とそれを実現するための政策やガバナンスのあり方を検討することも必要だろう。FAOは2019年頃から他の国際機関や加盟国代表も交えて農業のデジタル化に関する国際理事会（International Digital Council for Food and Agriculture）の設立に向けた議論を重ねてきた。その有効性と必要性を前提にしつつ、デジタル化にとも

なう経済的・社会的・倫理的な課題とリスクに対応する必要性も含めてオープンに議論されている様子が会議資料等から読み取れる。欧州議会が2016年に実施した「精密農業と欧州農業の将来」に関するフォーサイト研究（STOA 2016）では、精密農業はその経済的・社会的・環境的目的や政策の方向性によって異なる形態をとり、異なる主体によって異なる仕方で利用され、したがって異なる影響をもたらしうること、とくに欧州では国や地域により農業構造が大きく異なるため、丁寧な議論と多様性を含んだ政策立案が必要であることが論じられている。欧州グリーンディールでは「持続可能性目標の達成手段としてのデジタル農業」が謳われ、加盟国による「欧州農業・農村地域のデジタル化に関する共同宣言」でも「農業食料セクターと農村地域が直面する経済的・社会的・気候的・環境的に重要で喫緊の諸課題に対処する上で期待されるデジタル技術の可能性」が指摘されている。

　こうした政策論の先に、持続可能で公正な食農システムへの転換と発展に資するオルタナティブな農業技術の可能性を（デジタル技術を含めて）展望するためには、多国籍企業による持続可能性言説や気候スマート農業路線、あるいはアグロエコロジー概念の包摂（つまみ食い的な解釈と正当化言説への利用）といった策略をはねのけるような、食農イノベーションの積極的な再定義が必要だ。Friends of the Earth International（2018）は、アグロエコロジーを持続可能な農業食料システムのためのイノベーションと位置づけるとともに、飢餓の根絶と持続可能な農業の実現に資するイノベーションのあり方を、3つの次元（社会的・経済的・制度的次元、環境的次元、および実施過程の諸側面）、13の基準（参加型ガバナンス、社会的・経済的正義、飢餓の根絶、健康・栄養・安全性、小規模生産者と労働者の利益、ジェンダー的正義と多様性、環境効率性、エネルギー的正義、環境的正義、気候的正義、物理的入手可能性と経済的取得可能性、利用可能性と時間的継続性、適用や裨益の範囲）、51の指標に整理して論じている（**表2-1**）。イノベーションというのは決して高価なGM作物種子や最先端の大型デジタル農機といったハード技術に限定されるものではなく、複雑で多様な農業生態系に関

表 2-1　飢餓を根絶し持続可能な農業を達成するために必要なイノベーション

評価の次元	鍵となる基準	指標
社会、経済、制度	参加型ガバナンス	①説明責任、透明性、予測可能性、情報、法の支配。②意思決定への市民の参加、公平で持続可能な方法での自然資源の管理方法、監視・評価プロセス。③知識の創造のためのボトムアップのアプローチとプロセスの組み込み。④小規模生産者、労働者、先住民、都市貧困層、女性、若者など最も脆弱で周縁化された人々に与えられる重要な役割。
	社会的・経済的正義	①経済的包摂と社会的結束の強化。②暮らしの改善と不平等の積極的是正。③とくに農村部と都市部、世代間の関係性と連帯を促進し強固にする。④すべての人に利益をもたらす社会的・公共的な所有モデルを支援し、共同で保有するオープンソースの知的財産権を奨励する。⑤公平で持続可能な市場を通じて連帯経済と生産者と消費者のつながりを促進する；文化遺産を保存し促進する。
	飢餓の根絶	①世界人口の需要を満たすために、将来にわたる十分な食料供給と平等なアクセスを確保する。②食料自給率を高める。
	健康、栄養、安全性	①健康で多様化した文化的に適切で持続可能な食生活のための、多様で栄養価の高い安全な食の消費。②様々な種類の食料や消費パターンに関連する健康リスクと利益に関する透明な情報。③非伝染性の食生活関連疾患の減少。④伝統的医薬品の認知（正当な評価）。
	小規模生産者と労働者の利益	①とくに農村部における適正な雇用機会の新規創出、尊厳のある安全な労働。②尊厳のある生活条件；労働者の権利の改善と尊重。③適正な収入。④自然資源・インフラ・市場・情報へのアクセス。⑤意思決定への効果的な参加。⑥地域社会への正の効果。⑦知識の認知（正当な評価）と保存。⑧若者の雇用。⑨農村からの流出の抑制または逆転。
	ジェンダー的正義・多様性	①女性の生産的・生殖的な仕事の正当な評価と価値化。②諸資源に対する平等な権利とアクセス。③意思決定への効果的な参加と女性のリーダーシップへの支援。④女性に対するあらゆる形態の暴力と抑圧の根絶。⑤性と生殖に関する健康権の尊重。
環境	環境効率性	①食料の損失と廃棄を最小限に抑える。②フードシステムを地域化・再地域化することによって、食料の生産と流通に関わる輸送と付随する環境への影響を最小限に抑える。
	エネルギー的正義	①イノベーションを創出・展開・運用するために、エネルギーの生産・流通・消費のシステムと種類を考慮する。②エネルギーの社会的・環境的影響を最小限に抑える。③潜在的な出力を他の目的のために再利用する。④最も脆弱で周縁化された人々のために、持続可能な方法で生産されるエネルギーへの公平で十分なアクセスを確保する。⑤エネルギーのコミュニティおよび社会的な所有権を確保する。
	環境的正義	①イノベーションの使用による環境（土壌、水、大気、土地、森林、その他の自然資源）への短期的・長期的な影響を考慮する。②生物多様性と水を保全する能力。③食料生産におけるイノベーションの労働面および移民農業従事者の問題を考慮する。
	気候的正義	①農業モデルに基づく気候変動の根本原因への対処。②気候変動への適応。③将来のショックに対する回復力の強化とコミュニティへの支援。④ショック後の復興のための自律性の強化。⑤現在の農業食料システムモデルからの温室効果ガス排出量の削減による気候変動の緩和。
実施過程	物理的入手可能性と経済的取得可能性	①規模や地域を問わず、すべての個人や機関がアクセスできること。②イノベーションの創出・促進・普及・複製・購入・参加・利用に必要な金銭的・非金銭的資源を考慮し低減させる。③利用者に不当な金銭的負担をかけない。
	利用可能性と時間的持続性	①イノベーションの採用・利用・複製に資する単純さ、容易さ、期間の長さ。②末端利用者がイノベーションを効果的に利用するのに必要かつ十分なトレーニングや情報伝達。③意図されたタスクを短期的・長期的に達成するための有効性、および利用者が外部の支援なしにイノベーションを維持する能力。④小規模食料生産者とそのコミュニティのニーズ・状況・文化への対応。
	適用や裨益の範囲	規模や地域を問わず広く採用され、ポジティブな影響を与える能力。

資料：Friends of the Earth International (2018, p.6).

する、伝統的・農民的なそれを含めた知識や技能や実践（社会的イノベーション）にも適用されるべき概念である。そのように捉えられた広義のイノベーションでは、伝統的・農民的な知識・技能・実践と、科学的な知識やデジタル技術を含む最先端の技術とは必ずしも相互排他的な対立関係にあるとは限らない。Rotzら（2019）は、デジタル農業技術がアグロエコロジーを実践する小規模農家にも裨益する可能性とその条件や政策について検討を加えている。決して楽観的な議論がされているわけではなく、多国籍企業が市場と技術、研究開発と食農政策に圧倒的な影響力を及ぼしている構造を転換する必要性も認識されている。その上でなお、デジタル農業分野は技術的参入障壁が比較的低く、すでに少なくないスタートアップ企業や市民的・公共的なイニシアチブがデータとソフト技術のオープン化やハード技術のローカル化、機械修繕の自由を掲げて事業を展開していること、そうした事業と親和的なローカル・フードポリシーの取り組みも各地で生まれていることに目が向けられている。

　農業の近代化・工業化・グローバル化が農業生産と食料消費に大きな社会的・経済的・文化的・環境的な負荷を与えてきたという現在進行形の趨勢を前に、農業技術をめぐる議論は「推進」と「反対」という両極からの批判の応酬に陥る傾向にある（Clapp & Ruder 2020）。しかし、筆者がかつて農業バイオテクノロジーを広義で捉えた上で、そのオルタナティブな発展と利用の可能性を論じたように（久野 2004）、デジタル農業技術についてもオルタナティブなイノベーションとガバナンスのあり方を検討する余地は残されているように思う。その要諦は「技術の社会構築性（社会経済的被規定性）」にある。主流の技術モデルとその設計思想の「主流」性が、それを形成してきた社会経済構造によって規定されている（埋め込まれている）とすれば、それとは異なる理念・規範・目的に導かれた異なる社会経済的な環境（権力関係を含む社会的諸関係）に置かれることによって、主流とは異なる技術を再構築することも理論的には可能であるはずだ。それは同種の技術の異なる使い方かもしれないし、主流のそれとは似ても似つかぬ技術のかたちをして

いるかもしれない。それをニッチ・イノベーションの枠内で追求するにとどめるのか、それとも主流のシステム（社会経済的構造）の転換を見据えた主流化を目指すのかによっても、技術のかたちは異なることになるだろう。

6．農業技術・農業生産力をめぐる対抗関係の農業市場論的把握

　筆者はかつて、農業生産資材市場では「（資本と農民との）対抗関係はたんに流通部面にとどまらず、試験研究や普及活動にまで及ぶ」ことを踏まえ、農業技術・農業生産力をめぐる対抗関係──「独占資本主導の農業技術開発、農業生産力の跛行的発展」の道と「農民的技術開発、農業生産力の自生的発展」の道との対抗関係──を、1990年代末までの国内外農薬市場の再編過程において考察した（久野 1998）。その時点では「現場レベルの普及活動までがアグリビジネスの活動領域となっている」ことの萌芽を指摘するにとどまったが、その12年後、改めて農薬・種子・化学肥料・農業機械の各産業で進む技術革新と市場再編の動きを具体的に考察しながら、「農業技術の高度化はバイオ技術や情報技術の利用（パッケージ化）をともなって進められており、農薬商品が防除技術情報だけでなく種子を介して栽培技術情報を提供する営農支援サービスを含み、肥料商品が土壌改良技術情報を提供する営農支援サービスを含み、そして農業機械商品が精密農業技術情報を提供する営農支援サービスを含むなど、商品化の対象が財からサービスへと拡大・深化している」ことを明らかにした（久野 2010）。さらにその12年後となる本章では、より一層の技術の高度化──「農業資源のデジタル化（ビックデータ化）」＋「デジタル化された情報の農業資材商品化」──と更なる業界再編や業界を横断した戦略的提携が進み、彼らの事業戦略が農業・食料・環境・開発をめぐるグローバル・ガバナンスの政治過程と持続可能性規範を含む言説空間にも及んでいる現段階における「資本による農業生産力の掌握と農業生産の包摂」の実態、そうした局面における新たな対抗関係の所在を見定める必要性を、多少なりとも明らかにすることができたのではないだろうか。

注

1）本章では農業資材産業を対象とする関係で、考察は「資本による農業生産過程の包摂」の側面に限られるが、批判的食農研究の問題意識は本来、加工食品企業や食品小売・外食企業による「食および消費者の意識や行動の変容」を通じた「資本による食料消費過程の包摂」にも向けられなければならない（久野 2021）。

2）これは資本主義的世界経済における資本蓄積体制の形成・発展・変容の核心部に農業と食料を位置づけ、農業生産・食料調達をめぐるグローバルな政治経済構造（国際分業体制）を歴史的に捉えるために提唱されたフードレジーム（FR）論の、第一次フードレジーム（1870〜1914年、ディアスポリック＝コロニアルFR）と第二次フードレジーム（1947〜1973年、マーカンタイル＝インダストリアルFR）に続く、現在進行形の第三次フードレジームをめぐる一つの考え方である。グリーン・キャピタリズムと表現されることもあるが、環境問題（環境保護、食品安全性、動物福祉、倫理的調達など）に対処しようとする資本主義の大規模な、しかし体制内的な再編のプロセスを言い表したもので、社会運動と国家と多国籍企業との間の対抗と調整（妥協）の態様をうまく捉えている。そこで新たに追求される「品質」を反映した「food from somewhere」は、これまでの大量生産・大量流通・大量消費によって追求されてきた「food from nowhere」をそっくり置き換えるのではなく（Campbell 2009）、消費者の社会的・経済的な階級に応じて市場をグローバルに分断するかたちで農業生産・食料調達システムが再編されている（磯田 2019）。本章では取り上げられないが、第三次FRの構成部分・促進要因として「農業のデジタル化」を位置づける議論もある（Prause et al. 2021）。

3）ETC Groupは2016年の報告書で、3つの巨大合併の結果、上位4社の市場占有率を農薬で8割、種子で6割に達すると予測していたが、独占禁止法の適用を回避するため大規模な事業売却があったことに加え、分母となる世界市場規模にどのデータを用いるかによって市場占有率は大きく異なってくることに留意する必要がある。とくに種子市場については公的機関が廉価配布する種子やインフォーマル市場が占める割合も大きく、それらの扱いを含め先進国でさえ市場統計が未整備であるため、正確な把握は困難である。広く参照されているPhillips McDougall（現在はIHS Markit）をはじめ、数々の市場調査会社が独自のデータを集計し、法人や団体に向けて高額で販売しているが、2015〜16年前後の世界市場規模は250億ドルから600億ドルまで大きな開きがある。Bonny（2017）によれば、種子市場規模は過小に評価され、したがって主要企業の市場占有率は過大に評価される傾向にあるという。

4）Bayerの種子事業がBASFに売却されたため、アメリカ綿花種子市場の「1社

70％」は回避され、2016年のデータで58％となった。なお、GM作物品種はゼロから作出されるわけではない。GM技術で作出した遺伝子（組換え形質）が、傘下もしくは他の種子企業が開発・保有する既存の優良品種系統に組み込まれて初めて実用化され、通常はその種子企業のブランドと品種系統名を付されて農家に販売される。例えば、MonsantoはDeKalb（トウモロコシ）、Asgrow（大豆）、Deltapine（綿花）等、CortevaはDuPontのPioneer及びDowのMycogenに代替する新ブランドBrevant、SyngentaはNK、GoldenHarvest、S&G等、各社が買収してきた種子企業の有力ブランドを作物や地域によって使い分けている。近年は、異なる開発企業の複数の組換え形質が一つの品種系統に導入された品種が増えている。後述するように、耐性雑草や耐性害虫の相次ぐ出現によって既存GM品種の効果が失効してきたことから、複数の除草剤や複数の害虫に対応するため複数の組換え形質を導入せざるを得ないのだが、自社の技術と資源だけでは太刀打ちできないため、企業を跨いだクロスライセンスが主流になっている（久野 2018）。

5）この試算には独禁法回避のための事業売却分は考慮されていない。

6）約1,000戸を対象とした同調査では、2017年に有機農業基準に従って生産（移行期間を含む）を行った農家375戸にも別途質問されており、除草剤耐性作物品種の拡大、とくにジカンバのようなドリフトしやすい除草剤の利用拡大（90％）やGM品種との交雑（86％）が有機認証取得の妨げになることへの懸念が表明されている。

7）グリホサート除草剤をめぐる問題は耐性雑草だけではない。2015年に国際癌研究機関（IARC）によって発癌性物質に分類されたグリホサートをめぐり既に多くの国で使用規制が強められており、アメリカでも健康被害を訴える農家から５万件を超える訴訟を起こされている。

8）ゲノム編集の手法としてCRISPR-Cas9が注目されているが、精度も安全性も前評判通りではないことが徐々に明らかになってきている。

9）GM技術と同様、それによっていきなり目的とする品種を作出できるわけではない。その土台となる優良系統を従来育種技術で育成した上で特定機能の操作を行うものである。また、日本で商品化が認可された「GABA高蓄積トマト」のような高機能性作物品種であればゲノム編集で完結するかもしれないが、大豆やトウモロコシなど主要作物であれば、今や汎用化した除草剤耐性や害虫抵抗性などの機能をGM技術によって組み込むことになるだろう。Bayerは短茎化トウモロコシの開発を、Cortevaは高収量ワキシーコーン（澱粉高含有）の開発を進めているが、それだけではビッグビジネスにならないのは明らかだ。とはいえ、当面はベンチャー系技術企業や研究機関が耳目を集めやすい高機能性品種の開発を急ぐと思われ、規制措置の緩和圧力を含めその動向を注視する必要がある。

10) 同年10月、EPAがドリフト防止措置など規制強化を条件に5年間の使用を改めて許可している。

11) 例えば、CortevaのEnlist綿花品種は2,4-D耐性、グルホシネート耐性、グリホサート耐性に3種類の害虫抵抗性Btを、Enlistトウモロコシ品種は2,4-D耐性、グリホサート耐性、キザロホップエチル耐性にやはり複数の害虫抵抗性Btをそれぞれ組み込んだスタック品種である。

12) 同社によると、2019年にxarvio Field Managerの利用登録農家は1.7万戸（200万ha）だったが、2022年末までに18カ国10戸（1,500万ha）以上へと拡大した。xarvio Scoutingに至っては、すでに120カ国700万戸以上の農家やコンサルタントが利用（ダウンロード）している。

13) 農薬企業は他方で微生物を用いた種子処理や作物防除、土壌改良にも力を入れており、植物の窒素固定能力に益する土壌微生物や病害への抵抗性を高める微生物の開発、微生物由来の殺菌剤・殺虫剤の開発を進めている。

14) 「Cool Farm Alliance」は、主流フードシステムの持続可能性に資するイノベーションに取り組むためUnileverやGeneral Mills等の多国籍アグリフード企業とRainforest Alliance等のNGO（当初はWWFとOxfamも参加していた）および国際農業研究センター（CIAT等）が2004年に設立した「Sustainable Food Lab」のGHG削減支援ツール開発プロジェクトから生まれた連携プログラムで、2010年に設立された。現在、74の企業、NGO、大学、コンサルタント会社が参加し、PepsiCo、Syngenta、Unilever、肥料産業団体、大学研究者で執行部を構成している。パートナー組織に、2002年にNestlé、Unilever、Danoneが設立し、現在は120を超えるアグリフードビジネス企業が参加する「SAI Platform」、2009年にWalmart等が設立し、現在は100以上の企業、NPO、大学・研究機関が参加する「Sustainability Consortium」などが含まれる。

15) こうした批判や懸念の声は、例えば550を超える市民社会組織等から賛同署名が集まった、Olivier De Schutter元国連「食への権利」特別報告者らの論説（2020年3月）、Michael Fakhri現国連「食への権利」特別報告者がさまざまな機会を捉えて行った発言、そして2021年7月下旬に同サミットのボイコットを訴えるため300を超える市民社会組織や小農組織、先住民組織のメンバー、研究者や政府・国連等の高官ら、あわせて約9,000名が参加・視聴したプレサミット集会（オンライン）での議論や声明文などから読み取れる。

16) サミットの特使に「アフリカ緑の革命のためのアライアンス（AGRA）」前総裁であるAgnes Kalibata氏が任命されたことも警戒されている。AGRAはBill & Melinda Gates財団が主導し、Monsanto等とも連携しながら、土地改良（化学肥料産業の利害）と品種改良（農薬・種子産業の利害）を中心とした農業開発事業を推進してきた組織である（久野 2019b）。

引用・参考文献

磯田宏（2019）「新自由主義グローバリゼーションと国際農業食料諸関係再編」田代洋一・田畑保編『食料・農業・農村の政策課題』筑波書房，pp.41-82.

久野秀二（1998）「農業技術の高度化と農薬市場の再編」『農業市場研究』7(1)，pp.30-42.

久野秀二（2002）『アグリビジネスと遺伝子組換え作物——政治経済学アプローチ』日本経済評論社.

久野秀二（2004）「世界の食料問題と遺伝子組換え作物」大塚茂・松原豊彦編『現代の食とアグリビジネス』有斐閣，pp.223-250.

久野秀二（2010）「農業資材産業における多国籍アグリビジネスのグローバル戦略」『農業市場研究』19(3)，pp.4-17.

久野秀二（2014）「多国籍アグリビジネス——農業・食料・種子の支配」桝潟俊子・谷口吉光・立川雅司編著『食と農の社会学——生命と地域の視点から』ミネルヴァ書房，pp.41-67.

久野秀二（2017）「遺伝子組換え作物の正当化言説とその批判的検証」『農業と経済』83(2)，2017年3月臨時増刊号，pp.62-74.

久野秀二（2018）「種子をめぐる攻防——農業バイオテクノロジーの政治経済学」京都大学大学院経済学研究科ディスカッションペーパーシリーズ，J-18-001.

久野秀二（2019a）「多国籍企業と農業」日本農業経済学会編『農業経済学事典』丸善出版，pp.562-565.

久野秀二（2019b）「世界食料安全保障の政治経済学」田代洋一・田畑保編『食料・農業・農村の政策課題』筑波書房，pp.83-127.

久野秀二［2021］「持続可能な消費と言説的権力——『資本による食の包摂』論への一考察」『立命館食科学研究』3，pp.35-47.

平賀緑・久野秀二（2019）「資本主義的食料システムに組み込まれるとき——フードレジーム論から農業・食料の金融化論まで」『国際開発研究』28(1)，pp.19-36.

ハリエット・フリードマン（渡辺雅男・記田路子訳）（2006）『フード・レジーム——食料の政治経済学』こぶし書房.

Alonso-Fradejas, A., Forero, L.F., Ortega-Espés, D., Drago, M., and Chandrasekaran, K. (2020) 'Junk Agroecology' : The Corporate Capture of Agroecology for a Partial Ecological Transition without Social Justice. Friends of the Earth International, Transnational Institute and Crocevia, April 2020.

Ané, K. (2020) "Environmental Justice Activists React to EU Farm to Fork Strategy". *EcoWatch*, 6 August 2020.

Bedord, L. (2018) "IBM Develops Platform to Fulfill on the Promise of Digital Agriculture". *Successful Farming*, 26 October 2018.

Bedord, L. (2019) "John Deere Transforming from a Machinery Company to a Smart Technology Company". *Successful Farming*, 10 November 2019.

Begemann, S. (2020) "Seed Empowers Every Input Decision". *Farm Journal AgWeb*, 30 July 2020.

Bonny, S. (2017) "Corporate Concentration and Technological Change in the Global Seed Industry". *Sustainability*, 9, 1632; doi:10.3390/su9091632.

Bonny, S. (2016) "Genetically Modified Herbicide-Tolerant Crops, Weeds, and Herbicides: Overview and Impact". *Environmental Management*, 57, pp.31-48.

Campbell, H. (2009) "Breaking New Ground in Food Regime Theory: Corporate Environmen-talism, Ecological Feedbacks and the 'Food from Somewhere' Regime?" *Agriculture and Human Values*, 26 (4), pp.309-319.

Carbonell, I. M. (2016) "The Ethics of Big Data in Big Agriculture". *Internet Policy Review*, 5 (1), pp.1-13.

Clapp, J. (2021) "Explaining Growing Glyphosate Use: The Political Economy of Herbicide-Dependent Agriculture". *Global Environmental Change*, 67: 102239.

Clapp, J. (2019) "The Rise of Financial Investment and Common Ownership in Global Agrifood Firms". *Review of International Political Economy*, 26 (4), pp.604-629.

Clapp, J. and Purugganan, J. (2020) "Contextualizing Corporate Power in the Agrifood and Extractive sectors". *Globalization*, 17 (7), pp.1265-1275.

Clapp, J. and Ruder, S-L. (2020) "Precision Technologies for Agriculture: Digital Farming, Gene-Edited Crops, and the Politics of Sustainability". *Global Environmental Politics*, 20 (3), pp.49-69.

Day, S. (2020) "Farm Tech Market Map: Why it's time to distinguish farm tech from the messy supply chain". *AgFunder News*, June 9, 2020.

ETC Group (2016) Software vs. Hardware vs. Nowhere. ETC Group Briefing, December 2016.

ETC Group (2018) Blocking the Chain: Industrial Food Chain Concentration, Big Data Platforms and Food Sovereignty Solutions. October 2018.

ETC Group (2019) Plate Tech-Tonics: Mapping Corporate Power in Big Food. November 2019.

ETC Group (2020) The Next Agribusiness Takeover: Multilateral Food Agencies - Stakeholders vs. Stake-eaters? Communiqué #117, February 2020.

Fakhri, M., Elver, H. and De Schutter, O. (2021) "The UN Food Systems Summit: How Not to Respond to the Urgency of Reform". *IPS News*, 22 March 2021.

FAO (2018) The 10 elements of agroecology: Guiding the transition to sustainable food and agricultural systems. Rome: FAO.

Filardi, M.E. and Prato, S. (2018) "Reclaiming the Future of Food: Challenging the Dematerialization of Food Systems". *Right to Food and Nutrition Watch*, Issue 10, pp.6-13.

Friends of the Earth Europe (2020) Digital Farming: Can Digital Farming Really Address the Systemic Causes of Agriculture's Impact on the Environment and Society, or Will It Entrench Them? February 2020.

Friends of the Earth International (2018) Agroecology: Innovating for Sustainable Agriculture & Food Systems. November 2018.

Fuchs, D. (2013) "Sustainable Consumption". In: Falkner, R., ed., *The Handbook of Global Climate and Environmental Policy*. Hoboken, NJ: Wiley-Blackwell, pp.215-230.

Fuchs, D. (2007) *Business Power in Global Governance*. Boulder, CO: Lynne Rienner.

Fuglie, K. O., P. W. Heisey, J. L. King, C. E. Pray, K. Day-Rubenstein, D. Schimmelpfennig, S. L. Wang, and R. Karmarkar-Deshmukh (2011) Research Investments and Market Structure in the Food Processing, Agricultural Input, and Biofuel Industries Worldwide. ERR-130. USDA-ERS.

GRAIN (2021) Digital Control: How Big Tech Moves into Food and Farming (and What It Means). GRAIN, January 2021.

GRAIN (2015) The Exxons of Agriculture. GRAIN, September 2015.

Gullickson, G. (2016) "How Digital Ag Is Helping to Drive the Proposed Bayer-Monsanto Deal". *Successful Farming*, 7 September 2016.

Gullickson, G. (2019) "Bayer Earmarks Over $5 Billion for New Weed-Management Strategies in the Next Decade". *Successful Farming*, 14 June 2019.

Gullickson, G. (2020) "What's next for dicamba-tolerant technology?" *Successful Farming*, 28 April 2020.

Gustin, G. (2019) "Industrial Agriculture, an Extraction Industry Like Fossil Fuels, a Growing Driver of Climate Change". *Inside Climate News*, 25 January 2019.

Gustin, G. (2020) "Think Covid-19 Disrupted the Food Chain? Wait and See What Climate Change Will Do". *Inside Climate News*, 7 July 2020.

Heap, I. (2021) The International Herbicide-Resistant Weed Database. Online. Wednesday, September 1, 2021. (Accessed on www.weedscience.org) .

Howard, P. H. (2016) *Concentration and Power in the Food System: Who Controls What We Eat?* Bloomsbury Academic.

IPCC (2019) Summary for Policymakers. In: *Climate Change and Land: An IPCC Special Report on Climate Change, Desertification, Land Degradation,*

Sustainable Land Management, Food Security, and Greenhouse Gas Fluxes in Terrestrial Ecosystems. In press.

IPES-Food（2017）Too Big to Feed: Exploring the Impacts of Mega-mergers, Consolidation and Concentration of Power in the Agri-food Sector. International Panel of Experts on Sustainable Food Systems.

ISAAA（2019）Global Status of Commercialized Biotech/GM Crops in 2019. ISAAA Brief No. 55. ISAAA: Ithaca, NY.

Kelly, S. and Rankin, F.（2020a）"Investigation: How Pesticide Companies Are Marketing Themselves as a Solution to Climate Change". *DeSmog*, 18 November 2020.

Kelly, S. and Rankin, F.（2020b）"The Pesticide Industry's Response to *DeSmog*'s Investigation". *DeSmog*, 16 November 2020.

La Via Campesina（2020）A Summit under Siege: Position Paper on UN Food Systems Summit 2021. December 2020.

Langrand, M.（2021）"Human Rights Overshadowed by Big Business in UN Food Summit, Says UN Expert". *Geneva Solutions*, 26 February 2021.

Maisashvili, A., H. Bryant, J. M. Raulston, G. Knapek, J. Outlaw, and J. Richard（2016）"Seed Prices, Proposed Mergers and Acquisitions Among Biotech Firms". *Choices*, 31(4), pp.1-10.

Moss, D. L.（2020）"Consolidation and Concentration in Agricultural Biotechnology: Next Generation Competition Issues". *CPI Antitrust Chronicle*, January 2020, pp.1-7.

Ollinger, M. and Pope, L.（1995）"Strategic Research Interests, Organizational Behavior, and the Emerging Market for the Products of Plant Biotechnology". *Technological Forecasting and Social Change*, 50, pp.55-68.

Phillips McDougall（2016）Agrochemical Research and Development: The Cost of New Product Discovery, Development and Registration. A Consultancy Study for Crop Life America and the European Crop Protection Association, March 2016.

Phillips McDougall（2011）The Cost and Time Involved in the Discovery, Development and Authorisation of a New Plant Biotechnology Derived Trait. A Consultancy Study for Crop Life International, September 2011.

Polansek, T.（2021）"Bayer, Corteva in 'Two-dog Battle' over U.S. Soy Market". *Reuters*, April 9, 2021.

Prause, L., Hackfort, S., and Lindgren, M.（2021）"Digitalization and the Third Food Regime". *Agriculture and Human Values*, 38, pp.641-655.

Rotz, S., Duncan, E., Small, M., Botschner, J., Dara, R., Mosby, I., Reed, M., and

Graser, E.D.G. (2019) "The Politics of Digital Agricultural Technologies: A Preliminary Review". *Sociologia Ruralis*, 59 (2), pp.203-229.

Scanlan, S. J. (2013) "Feeding the Planet or Feeding Us a Line? Agribusiness, 'Grainwashing' and Hunger in the World Food System". *International Journal of the Sociology of Agriculture and Food*, 20 (3), pp.357-382.

Southey, F. (2019) "IBM and Yara Take Guesswork out of Farming: 'We Want to Drive Quality and Sustainability in Food Production'". *FoodNavigator*, 29 April 2019.

STOA: Scientific Foresight Unit - European Parliamentary Research Service (2016) Precision Agriculture and the Future of Farming in Europe: Scientific Foresight Study, December 2016.

Stucke, M.E. and Grunes, A.P. (2018) An Updated Antitrust Review of the Bayer-Monsanto Merger. The Konkurrenz Group, March 2018.

Torshizi, M. and J. Clapp (2021) "Price Effects of Common Ownership in the Seed Sector". *The Antitrust Bulletin*, 66 (1), pp.39-67.

TWN: Third World Network (2020) "The 2021 Food Systems Summit Has Started on the Wrong Foot: But it Could Still Be Transformational". Op-Ed, 20 March 2020.

Vidal, J. (2021) "Farmers and Rights Groups Boycott Food Summit over Big Business Links". *The Guardian*, 4 March 2021.

Wonziacka, G. (2019) "With Regenerative Agriculture Booming, the Question of Pesticide Use Looms Large." *Civil Eats*, September 5, 2019.

Zundel, T. and Ribeiro, S. (2018) "Let Them Eat Data". *Right to Food and Nutrition Watch*, Issue 10, pp.26-31.

追記

　最終稿を提出してから1年あまりが経過したが、この間に世界の食農システムを取り巻く情勢は激変した。2020年来、世界を震撼し続けている新型コロナ禍とそれに伴うサプライチェーンの混乱や、それ以前から異常気象を頻発させている気候変動危機の影響に加えて、2022年2月に始まったロシアによるウクライナへの軍事侵攻が、穀物等の生産と貿易の世界的混乱に拍車をかけている。他方、2020～21年に世界エネルギー価格が上昇し、その影響が各方面に及びつつあったが、化学肥料輸出（2017～19年平均）で窒素の16.0％（1位）、カリの17.7％（3位）、リンの13.0％（3位）を占めるロシアと、カリの18.4％（2位）を占めるベラルーシ、総じて23.1％を占める両国に対する経済制裁によって、2020年比で3倍近くも化学肥料価格が高騰するに至っている。国際NGOのGRAINによると、G20諸国では化学肥料の輸入コストが

2021年に2020年比で189％増、2022年に同じく288％増（218億ドル）となった。アフリカと南アジアの調査対象9ヵ国ではそれぞれ186％増、295％増（29億ドル）となった。

　化学肥料に大きく依存する現在の農業生産を前提するかぎり、生産者は肥料コストをそのまま被るか、施肥量を減らして収量低下に甘んじるか、作付面積を減らして対応するかしか選択肢はなく、それゆえ各国政府に化学肥料の購入助成を要求することになる。主要国政府はすでに対応を始めているが、財政に余力がなければそれも困難だ。2022年9月の国連総会に合わせて開催された「グローバル食料安全保障リーダーズサミット」の宣言文では、「不足を補うために、可能な限り、また必要に応じて、肥料の増産を支援し、肥料の技術革新を加速し、そのマーケティングを支援し、肥料利用の効率を最大化する方法を促進する」ことが謳われた。しかし、もとより寡占化によって市場影響力を強めていた化学肥料業界はこの間の価格高騰で空前の利益をあげており、政府による化学肥料の増産支援や技術開発支援は彼らをさらに利することにならないだろうか。国際社会は化学肥料がGHGの主要排出源の一つであることをすでに認識しており、欧州でも米国や日本でも、化学肥料の大幅削減を政策目標に掲げてきたところである。化学肥料はまた、土壌劣化や大気汚染、水質汚染、生物多様性喪失などの環境影響も引き起こしており、その大幅削減は喫緊の課題であるはずだ。それにもかかわらず、主要国政府や化学肥料業界は食料安全保障の観点から化学肥料の正当性を主張し続けており、それでも否定できない環境問題への対応としては、本章の中で論じた「気候スマート農業」など技術開発による「効率化」やそれに付随する新たな「持続可能性ビジネス」の開拓に躍起となるばかりである。

　しかし、アグロエコロジー的な農法転換を通じた、化学肥料に依存せずとも収量を落とさない（真の意味で）持続可能な農業の可能性は広がっている。その可能性が現実性に転じていないとすれば、それは政策的支援がそこに向けられてこなかったからであり、それゆえアグロエコロジー的農業に十分な投資が向けられてこなかったからである。資源賦存量が地理的に大きく偏るがゆえに地政学的危機に翻弄され、市場の寡占化ゆえに莫大な利益を企業にもたらす一方で食料生産の担い手の経済的負担を膨らませ、気候変動危機その他の環境破壊の要因ともなっている化学肥料への中毒的依存から構造的に脱却することが求められている。（2023年2月末日）

（久野秀二）

［最終稿提出日：2022年2月2日］

第3章

グローバル・アグリフードビジネスによる
包摂と市民社会の抵抗
―持続可能な農と食の規範をめぐる攻防―

1．農と食の価値規範をめぐる対抗関係

　私たち人類が、現代社会における危機を克服し持続可能な社会へ移行するための鍵は、農と食のシステムを変革することにある。地球上では人口78.8億人を養える量の食料が生産されているが、その3分の1は廃棄され、30億人が健康的な食事を摂れず、9.3億人（全人口の12%、2020年）が食料不足に直面している（SOFI 2021）。また、グローバルな農と食のシステムが人間由来の温室効果ガスの3分の1を排出し、気候危機の主要な原因となっている（IPCC 2021）。さらに、陸の生物多様性の8割、海の生物多様性の7割が農林漁業によって失われた（UNFSS 2021）。グローバル化や都市化、大規模な農業開発が進む中で、世界各国の小規模・家族農林漁業が困難に直面し、地域のコミュニティや資源、経済の持続可能性が浸食されている（HLPE 2013）。これは、農と食のシステムの崩壊と呼ぶべき状況である（World Food Forum 2021）。

　2020年からの新型コロナウイルス禍（以下、コロナ禍）、および2022年2月からのロシアによるウクライナ侵攻は、食料の輸出規制やサプライチェーンの寸断、食料価格の高騰等によって人びとの食料安全保障への意識を高めただけでなく、既存の農と食のシステム、ひいては社会のあり方、文明のあ

り方を問い直す機運を高めた。過去30年余りにわたって支配的だった新自由主義的パラダイム（価値規範）が相対化され、持続可能性を追求する新たなパラダイムへの移行が始まるなか、そのためのルールメーキングの主導権をめぐる攻防が各国・地域間、主体間で繰り広げられている。

　マルクスは、19世紀後半に資本主義的生産様式が農業のあり方を変え、「人間と土地のあいだの物質代謝を（中略）攪乱する」（マルクス1997［1867］, pp.863-864）こと、および「大土地所有は（中略）物質代謝の連関のなかに取り返しのつかない裂け目を生じさせる」（マルクス 1997［1894］, p.1426）ことをすでに指摘していた。さらに、生産物が交換される商品となることで、人と人の社会的関係が物と物の社会的関係として現れる物象化が起きることを看破していた（マルクス1997［1867］, pp.121-129）。マルクスが指摘した「物質代謝の亀裂」論は、21世紀前半の今日において、左派の環境運動、特に気候正義（climate justice）を求める人びとの間で影響力を持ち続けている（斎藤 2019）。農と食のシステムにおいても、グローバルに事業を展開するアグリフードビジネス（多国籍企業）は人間と自然の間の物質代謝を攪乱し、農と食のシステムの持続可能性を掘り崩している（関根 2021a）。一方で、グローバル・アグリフードビジネスの操業に対する批判や規制の要求が高まっているが、他方で、彼らはそれをかわすためにブランド戦略や第三者認証制度等を巧みに活用して、環境保護や社会的公正性に貢献する商品を積極的にアピールし、新たな装いで市場と投資マネーの獲得を目指している（関根 2007）。

　グローバル資本のこうした動きに対して、市民社会（農業生産者、消費者、環境・人権団体等）は、「食の民主主義」（food democracy）や「食の公正性（正義）」（food justice）を求める国際的な草の根の抵抗運動を展開してきた（Gottlieb & Joshi 2010；White & Middendorf 2007）。例えば、市民社会は「よい食」（good foods）という概念を形成して、農と食を私的な経済活動の領域から公的な社会活動の領域へ位置づけ直す運動を展開している（Good Food Purchasing 2021）。さらに、左派の農民運動は食料主権を掲げ

てWTO貿易交渉等に反対し、地球という惑星（自然、およびコモンとして
の農と食）の商品化に反対している（Bové & Dufour 2000＝2001）。

　国家は、ときに資本による包摂を受けてグローバル・アグリフードビジネ
スの資本蓄積に適合的な規制緩和や制度的優遇を行い、ときに市民社会に背
中を押されて資本に対する規制の強化や市場制度の見直しを行う。このよう
な文脈において、資本と市民社会、国家の間では食の新たな品質、すなわち
新たな価値規範が形成されつつある。その過程は農と食の新たな規範をめぐ
る主体間の攻防としてとらえることができる。多様な農と食の品質認証制度
の登場は、まさにそうした攻防の表出形態である。

　こうした状況をふまえて、本章は、農産物・食品、特に青果物をめぐって
21世紀以降に展開されているグローバル・アグリフードビジネスと市民社会
の間の価値規範をめぐる対抗関係の新たな局面を明らかにし、農と食の規範
制度（品質認証制度）が持つ可能性と課題を明らかにすることを課題とする。
第2節では、持続可能な農と食のシステムへの転換をめぐる国際動向を俯瞰
し、第3節では、筆者のフィールド調査（2003～2018年）および資料にも
とづいて4つの事例研究から課題に迫る。

2．持続可能な農と食のシステム構築にむけた政策転換

（1）工業的農業からの脱却：小規模・家族農業とアグロエコロジーへ

　国連・国際機関は、2008年の世界経済危機と同時期に発生した世界食料危
機をひとつの契機として、それまで支配的だった農と食の近代化政策および
経営規模の拡大政策を大きく見直している。2009年に世界銀行や国連諸機関
が共同で発表した報告書は、化学農薬・化学肥料に依存した工業的農業の推
進から生物多様性と地域コミュニティを重視するアグロエコロジー推進へ早
急に方向転換することを求めている（IAASTD 2009）。2013年には国連貿易
開発会議（UNCTAD）が報告書を発表し、「緑の革命」型の慣行農法、単
一栽培（モノカルチャー）、農場外資源への高依存を伴う工業的農業から、

持続的で再生可能、かつ生産性が高い[1]アグロエコロジーへ移行する必要性を訴えた（UNCTAD 2013）。さらに、農業を食料生産だけでなく多様な公共財・サービス（多面的価値）提供の視点から評価することも求めている。同年、世界食料保障委員会専門家ハイレベル・パネルは、持続可能な農と食のシステムへの転換にむけて小規模・家族農業を支援するよう国連加盟国に勧告した（HLPE 2013＝2014）。国連総会が2014年を国際家族農業年、2019～2028年を国連「家族農業の10年」と定めたのは、以上のような政策転換があったためである（小規模・家族農業ネットワーク・ジャパン 2019）。その後、各国では農と食の政策のあり方を見直し、小規模・家族農業への支援や農業の環境対策を強化する動きが相次いでいる（関根 2020a, 2021b）。

（2）持続可能で健康的な食事の規範をめぐる攻防

こうした政策転換にもかかわらず、コロナ禍以前から世界の栄養不足人口は増加傾向にあり、2030年までに国連の持続可能な開発目標（SDGs）の目標「飢餓をゼロに」の達成は絶望視されている（SOFI 2020）。北の国、南の国の別を問わず、栄養不足だけでなく肥満やそれにともなう慢性疾患も増加している。栄養バランスのとれた健康的な食事（乳製品、果物、野菜、植物性・動物性タンパク質を含む）は、炭水化物のみの食事の最低5倍の費用がかかる。しかし、健康的な食事を全ての人びとに保障すれば、不健康な食事に由来する医療費1.3兆米ドル（143兆円）を節約でき、同時に環境負荷の高い工業的な農と食のシステムから排出される温室効果ガスによる社会的費用1.7兆米ドル（187兆円）の4分の3を削減できるため、地球規模で費用はほぼ相殺されると国連は推計している（SOFI 2020）。そして、そのために各国・地域の政府は農と食のシステムに介入し、貿易や公共調達、投資政策のあり方を変え、小規模農家を支援するべきだと勧告している。しかし、国連によると、2020年現在でも世界全体の農業補助金額（年間5,400億米ドル、59.4兆円）の87%は大規模な工業的農業に対して支払われており、環境や人間の健康を損なっている（FAO, UNDP and UNEP 2021）。もし、この補助

金が持続可能な農業の支援に振り向けられれば、国連のSDGsやパリ協定、生物多様性条約の目標実現に大きく近づくことになる。

　持続可能な農と食のシステムへの転換にむけた機運が高まるなかで、食料の生産だけでなく消費のあり方を変えようとする啓発活動も展開されている。国連は2021年を「国際果実野菜年」と定め、果実・野菜の適切な量の摂取を促進して免疫力を高め、健康的な食事とライフスタイルを実現し、小規模・家族農家の生計の改善とコミュニティの発展を目指している（FAO 2021）。さらに、食料の公正な配分によって食料保障を達成し、農と食のシステムによる環境負荷を軽減するためのオルタナティブな食習慣として、国連は菜食主義[2]を提案している（SOFI 2020）。1960〜70年代には反体制文化運動の支持者等のものだった菜食主義やオーガニック消費は、21世紀に入って国連が推奨する持続可能な食習慣になった。さらに、コロナ禍以降、世界保健機関（WHO）は従来から唱えていた「ワンヘルス」（One Health）という概念に言及し、人と動植物の健康、および環境の健全性は不可分のものであり、それを実現するために関係者は協力しなければならないと強調している（WHO 2017）。

　小規模・家族農業やアグロエコロジーを支持する国際社会の機運は、草の根の市民社会運動とそれを取り入れる国連の市民社会メカニズム（CSM）[3]の発展により実現された（関根 2020b）。EUでは、学校の児童・生徒に軽食として果物を配布するための補助金制度（スクール・フルーツ・スキーム）を導入して、子ども達の健康と食育、果物の市場隔離による価格下落の防止と将来にわたる需要の創出を図っている（李ら 2019）。これに対して、グローバル・アグリフードビジネスは民間主導の栄養キャンペーン活動を展開して、業界のよいイメージや社会貢献をアピールしつつ、資本蓄積を行っている。例えば、1日に5皿以上の野菜と200g以上の果物の摂取を呼びかける「5ア・デイ」運動は、多国籍企業のドール・フード社が積極的に展開している。また、アメリカ政府が学校教育等で健康的な食事を指導するための栄養バランスガイドや食生活に関するガイドラインを構築する際には、グ

ローバル・アグリフードビジネスが巧みにロビー活動を展開し、事実上これを骨抜きにした（ネスル 2005）。このように、健康的な食事の規範をめぐって主体間の攻防が展開されている。

（3）問い直される自由な市場経済の正当性

　新自由主義的パラダイムでは、貧困や飢餓、環境問題等は自由な市場取引を通じた資源の最適配分によって解消されると考えられ、GATT・WTO体制の下で自由貿易協定や経済連携協定の締結が推し進められてきた（本書第1章）。WTO農業交渉は食料主権を掲げる国際的な農民団体ビア・カンペシーナ等による激しい反対運動に直面し、WTO交渉自体も市民社会の反グローバリゼーション運動や各国の利害の不一致により合意形成に至っていないが（真嶋 2011）、TPPやRCEP等の広域経済連携協定の発効によって各国・地域の農家、特に小規模・家族農家は苦境に立たされている（関根 2018a）。

　一連の貿易自由化政策が本当に持続可能な農と食のシステムを人類にもたらすのか、国連でも懐疑的な意見が出されている。国連の食料への権利に関する特別報告者M. ファクリは、2020年7月の中間報告書で、これまでの貿易政策が食料安全保障、気候変動対策、人権上の懸念等に有効な結果を残せなかったと批判し、WTO農業協定の段階的廃止と食料への権利にもとづく新たな国際的食料協定への移行を提案している（Fakhri 2020）。気候危機とコロナ禍を受けて、過去30年余りにわたって支配的であった新自由主義的価値観が大きく見直されつつある。

　こうした文脈の中でEUは、総合的な環境政策「欧州グリーンディール」（2019年）とその一環としての「農場から食卓までの戦略」（2020年）を導入して、小規模農業や有機農業、アグロエコロジー等の環境保全型農業への支援を強化している（関根 2020a）。また、コーデックス委員会の基準を上回る厳しい水準の農薬規制を行うとともに、環境負荷の高い商品に対して新たに国境炭素税を課す等、既存のWTOルールを超えた枠組みを独自に打ち出し、これを、貿易協定等を通じて国際標準化することを目指している。

（4）持続可能な農と食のシステムをめぐる規範制度

　農と食をめぐる価値規範の変遷は、「よい食」、すなわち望ましい食、あるべき食の概念の変化に表れている。第二次世界大戦の直後は日本を含む世界各地で食料が量的に不足し、飢餓状態を脱することが最優先課題であった。しかし、量的な充足が達成されると、次第に五感で知覚できる味や鮮度等の品質、および栄養価や安全性といった科学的に計測できる品質が重視されるようになった。例えば、栄養バランスガイドに代表される食品群・栄養素の分類にもとづく「バランスのとれた食事」の指導は、そうした品質を重視したものである。

　やがて農と食の工業化の弊害が社会的に認知されるようになると、こうした流れを変革しようと、環境的、社会的、経済的持続可能性を担保するような食こそ「よい食」と呼ぶにふさわしいという考え方が発展してきた。例えば、食の公正さ、すなわち価値の再配分、人権、労働環境、および文化的適切さは、五感で知覚することも数値化することも容易ではないが、明らかに「よい食」を構成する広義の品質である。今や「よい食」は、気候危機対策、生物多様性の維持、格差の是正、地域における循環型経済の構築に資するものでなければならないと認識されている。そのため、「よい食」の具体的な選択肢としてあげられているのは、地元産であり、小規模・家族農業や中小零細の事業者が生産・製造・販売したものであること、そして有機農産物・食品または無農薬・無化学肥料で栽培されたアグロエコロジカルな農産物・食品である（Good Food Purchasing 2021）。

　しかし、望ましい農産物・食品であることを示すための公的または民間の品質認証制度は増加の一途をたどり、グローバル・アグリフードビジネス、市民社会、および国家がそれぞれ多様な価値規範を提示して、その正当性を主張している。以下では、4つの事例研究から農と食の規範制度をめぐる主体間の対抗関係をみていこう。

3．グローバル・アグリフードビジネスと農と食の規範制度

(1) 日本におけるドールの自社ブランド構築と撤退

　1960年代から2010年代にかけてアメリカ系アグリフードビジネスのドール・フード社の100%子会社であった日本法人ドール社は、バナナやパイナップル等の輸入果実やその加工品を日本市場に販売することを主な事業としていた。日本政府による規制緩和の流れの中で、同社は2000年から2008年にかけて外資系企業として初めて北海道から九州まで10社のフランチャイズ農場を組織化した（Sekine & Bonanno 2016）。

　これらの農場は、ブロッコリーを中心とした露地野菜やパプリカ等の施設野菜を生産し、契約農家から調達した野菜とともに、ドール社独自の国産野菜ブランド「I LOVE」（I Live on Vegetables、野菜とともに生きるの意）を付して、スーパーマーケットや生活協同組合等へ販売していた（Sekine & Bonanno 2016）。このブランドは適地適作や農薬基準の順守による安全性、トレーサビリティ、高品質を謳い、消費者が野菜のパッケージに付されたQRコードを読み取ると栽培履歴を確認できるシステムを導入していた。その結果、通常のブロッコリーの価格が150円/個程であった当時、I LOVEのブロッコリー価格は298 〜 398円/個であった。しかし、第三者認証制度ではないため、消費者にとってはドール社の野菜がどのように高品質なのかを客観的に評価することは困難であったと言える。また、同社は停滞している日本農業に直接参入することでその活性化に貢献しているとアピールしたが、実際には収益の上がらない農場は参入後まもなく閉鎖し、より条件のよい地域へ農場を移転していた。

　このようなドール社の農業生産事業への参入は、地域の農業関係者の抵抗に直面した。東京に本社を置く外資系企業の子会社ということもあり、北海道や九州では農業委員会がドール社のフランチャイズ農園に対して農地の利用権を設定することに難色を示し、九州では地元農協と手数料をめぐる対立

を起こした（Sekine & Bonanno 2016）。東北や九州では積極的に同社の農場を誘致した自治体もあるが、地域住民の警戒心は根強かった。また、既存のブロッコリー産地の農協は、同社による全国規模のブロッコリーのリレー出荷体制の構築を警戒し、対抗姿勢を示して同社へのブロッコリーの出荷を拒否した。

　その後、親会社のドール・フード社は2008年の世界経済危機の際に経営を悪化させ、2013年に加工食品部門とアジアの生鮮果実部門を伊藤忠商事に売却した（Sekine & Bonanno 2016）。2021年現在、ドール社はもう国産の野菜もI LOVEブランド野菜も取り扱っていない。グローバル・アグリフードビジネスのドール社は、日本市場における独自ブランドを通じた規範の構築から道半ばで撤退したことになる。

（2）フィリピンにおけるドールの環境認証の活用と実態

　フィリピン南部のミンダナオ島は、日本市場に供給されるバナナの主要な産地である。鶴見（1982）がそのバナナ産地における農薬禍や過酷な労働環境、多国籍企業による支配、農地改革の問題等を告発して以降、日本では消費者によるバナナの不買運動や無農薬バナナを民衆交易（多国籍企業を媒介しない貿易）で輸入する試みが展開されてきた（石井 2020）。

　しかし、グローバル・アグリフードビジネスのドールやユニフルーティ（旧チキータ）、デルモンテ、住友商事の子会社のスミフル（旧住商フルーツ）は、多様な自社ブランドを構築するとともに、ISOやレインフォレストアライアンス等の第三者認証制度を活用して、自社商品の安全性と環境保全への取り組みを積極的に広報するようになった（関根 2007）。しかし、第三者認証を取得しているからといって、必ずしもその基準が現場で順守されているとは限らないことが、NGO等の調査によって明らかになっている。さらに、市場では多様な品質認証ロゴを付された様々な選択肢が提供されるようになったが、そのことが逆に対抗軸を覆い隠している。

　ミンダナオ島のアポ山麓のマキララ町では、2000年代からドール系のスタ

ンフィルコ農園が高地栽培バナナの生産のために進出している（Sekine 2017；関根 2018b）。そのバナナ農園は、フィリピン政府天然資源環境省（DENR）による環境保全型農業の認証を取得しているが、近隣住民は農薬散布による悪臭や皮膚のかゆみ等を訴えており、下流域では川の魚の減少や水量の減少による稲作への影響が訴えられている。こうした事態を強く懸念した流域の住民は、対話のためのシンポジウムを開催してスタンフィルコに参加を求めたが、拒否された。マキララのNGOは、地域住民にオルタナティブな生計の手段を提供するために、2012年から日本の生協等で販売される無農薬のバランゴンバナナの栽培に乗り出しており、自治体もこれを歓迎して支援している。スタンフィルコ農園では2010年代からフザリウム萎凋病がバナナに蔓延し、皆伐を迫られているが、無農薬のバランゴンバナナの農園ではフザリウム菌による被害はほとんど出ていない。環境的持続可能性や社会的公正性を求めて、グローバル・アグリフードビジネスと市民社会の間で価値規範の攻防が続いている。

（3）イタリアにおけるユニリーバやネスレのOEMと第三者認証制度

イタリアは世界有数のトマト生産国であり、その生産量の9割を加工し、EU内外へ輸出している（関根 2020c）。イタリア北部では南部に比べてトマト生産の規模拡大が進んでおり、シンジェンタ等のバイオメジャーが提供する機械化に対応したハイブリッド品種（F1）を中心に栽培している。エミリア・ロマーニャ州は、北イタリアを代表するトマト産地である。この州を拠点とするカザラスコ農協は、北部のエミリア・ロマーニャ州、ロンバルディア州、ピエモンテ州、ヴェネト州に立地する350戸の大規模トマト生産農家が加盟しており、イタリア最大の原料トマト供給量（年間55万t）を誇る（2018年）。

同農協は大型のトマト加工工場をエミリア・ロマーニャ州のクレモナに有しており、イタリア国内だけでなく世界市場に製品を輸出している（関根 2020c）。数年前に国内で知名度の高いトマト加工品ブランド「ポミ」を買い

取り、トマト缶（ホール、ダイス、ピューレ、濃縮）、トマトソース、トマトジュースなどを製造するほか、OEM[4]でユニリーバやネスレ等のグローバル・アグリフードビジネスの商品も供給している。同農協が採用しているのは、多様な第三者認証制度である。ISO、GLOBALG.A.P.、BRC（イギリスの食品小売店主導の民間認証）、JAS（日本農林規格）、EUの有機認証、ハラル、コーシャなどの国際的な認証の他にも、地域のイニシアティブで始められた品質管理（クアリタ・コントロラータ）、社会的フットプリント（就業者に占める女性比率、働きやすさなどを指標化した認証）を活用し、国際市場における地位を着実に確立している。

　このようにグローバル・アグリフードビジネスは、第三者認証制度を活用して環境的および社会的品質の管理をアウトソーシングしながら、価格競争力がある大規模なトマト産地を巧みに包摂している。政治的には左派に属するカザラスコ農協であるが、今や第三者認証制度を多数取得して積極的にグローバルなサプライチェーンに包摂されている。今日、グローバル・アグリフードビジネスによる包摂に抵抗してオルタナティブを追求しているのは、地域の伝統的な品種や農法、加工法を守り、地理的表示制度やスローフード協会の認証制度プレシディオを活用する小規模・家族農業や零細規模の食品事業者である（関根 2020c）。

（4）タイソン・フーズを撤退させたアメリカの公共調達基準

　アメリカでは、2000年代から西海岸のワシントン州やカリフォルニア州の都市で有機食材を学校給食に取り入れ始め、その後、同様の取り組みが全米の主要都市に波及している（関根 2022）。2010年代には、遺伝子組み換え食品の表示や除草剤グリホサートの禁止を求める市民運動が、カリフォルニア州を中心に全米に広がった（ハニーカット 2019）。2012年にはカリフォルニア州で遺伝子組み換え食品の表示義務化を求める住民投票が行われ、成立はしなかったものの意識啓発につながった。

　さらに、同年、ロサンゼルス市の学区が「よい食購入政策」を開始し、学

校給食の食材の公共調達の基礎要件として、(1) 地域経済の支援、(2) 健康
推進、(3) 安全で健康的な職場環境と公正な賃金の支払い、(4) 動物福祉の
保護、(5) 環境的持続可能性の推進をスコア化して納入業者に課したところ、
多国籍アグリビジネスのタイソン・フーズ社は2015年の契約更新時に入札か
ら撤退した（Lappé 2016）。この取り組みは、オルタナティブな農と食のシ
ステムのビジョンを示すこととなり、全米に同様の取り組みが波及する契機
となった。2016年にはサンフランシスコとオークランドの学区で同様の取り
組みが導入されている。

　2013年には、子どもの健康のために遺伝子組み換え食品や農薬の使用に反
対する母親たちの団体「マムズ・アクロス・アメリカ」（MAA）が設立され、
その後数年で日本を含む世界各地で関連団体が設立されている（ハニーカッ
ト 2019）。同年、全米の400を超える都市で、遺伝子組み換え作物やグリホ
サートを生産・販売するモンサント社（現バイエル社）に反対する大行進に
200万人が参加した。

　2018 〜 2019年には、カリフォルニア州の3つの学校が連邦政府の支援を
受けて、有機食材100%の学校給食の提供を試験的に開始した（Foodtank
2021）。しかも、食材は有機であるだけでなく、地元産、小規模・家族農家
産を優先的に調達することとしており、調理済み食品ではなく手作りで、食
品ロスを抑制し、植物性タンパク質を増やしている。この取り組みによって、
特に有色人種の子ども達に多く見られる低栄養と食生活に起因する疾病の発
生を抑制することが目指されている。これにより、給食の調理室の改善のた
めの投資や調理職員の追加的雇用が必要になったが、地域に安定的な常雇の
雇用を新たに生み出し、経済的発展につながったと評価されている。必要な
費用は、学区の予算や寄付、ボランティアによる支援でまかなっている。
2019年に、カリフォルニア州は有機学校給食の試験事業に予算（2019-2020
年）をつけ、地元産の有機農産物を調達するための支援を開始した。

　学校給食の有機化が進められる中、2018年にはサンフランシスコの裁判所
で発癌性があるグリホサートを販売したとして提訴されていたモンサント社

（現バイエル）が敗訴し、賠償命令が下された（ハニーカット 2019）。その後、全米の複数の州がグリホサートの使用を禁止し、同社に対する訴訟の数も増加した。2020年にモンサント社を買収したバイエルが5万人の原告と和解したが、最大1兆円超の和解金を支払うことになった（新聞農民 2020年8月10日付）。同年、農務省は「農業イノヴェーション・アジェンダ」を発表して、2050年までに農業の生産量を4割拡大しつつ、環境フットプリントを50%削減する目標を発表した（USDA 2020）。アメリカではグローバル・アグリフードビジネスの影響力が依然として強いものの、市民社会が新たな価値規範を形成して、州政府および連邦政府を動かす運動を展開している。

4．農と食の民主主義を求めて

　本章では、国際動向と4つの事例研究から、21世紀以降に展開されているグローバル・アグリフードビジネスと市民社会の間の持続可能な農と食の規範をめぐる攻防の新たな局面を明らかにした。すなわち、グローバル・アグリフードビジネスは既存の農と食の規範（近代化、規模拡大、コスト削減、貿易自由化等）を可能な限り温存しつつ、独自のブランドや第三者認証制度を通して安全性や環境保護、労働環境の改善等を積極的にアピールし、「持続可能性」という新たな装いのビジネスを手に入れようとしている。しかし、こうした試みは市民社会や地域住民等のステークホルダーによる抵抗（レジスタンス）に直面している。その抵抗の形態は、グローバル・アグリフードビジネスとの取引の拒否として現われることもあれば、「よい食」購入運動を通じて政治や公共政策を動かすこともある。

　持続可能な農と食の規範をめぐるこの対抗関係（矛盾とその止揚に向かうエネルギー）は、今や社会システムのあり方を問い直し、新自由主義的モデルから福祉国家モデルへの転換、あるいは資本主義社会から未来社会への移行の道を切り拓く政治的力学を生み出しつつある。持続可能な農と食の規範とは、単に環境にやさしいことでも、労働者にやさしいことでもない。巨大

IT企業GAFAへの権力の集中が民主主義の問題だと認識されているように、グローバル・アグリフードビジネスへの権力の集中が農と食の民主主義を脅かしていることが問題視されているのであり、持続可能な農と食の規範の構築はその問題をいかにのり越えるかという課題を抱えている。

　多様な農と食の規範制度（品質認証制度）は、市場取引を前提とする商品としての農産物・食品を前提とする以上、現行の市場制度の下で環境問題や人権問題等を部分的に修正することはできても、本質的に農産物・食品の脱商品化や物象化の止揚を実現することは困難である。しかし、農と食の規範制度の構築は、グローバル・アグリフードビジネスや市民社会、そして両者に突き動かされる国家の間の「闘争の場」（Contested Terrain）であり続けるだろう。

注
1 ）Pretty et al.（2006）は、南の国57ヵ国、286の比較研究プロジェクト（126万農場、3,700万ha）のデータをもとに、アグロエコロジーの実践によって多様な地域と作目の平均で1.8倍も単収が増加したことを発表し、「環境保全型農業は土地生産性が低い」という見方を一新した。さらに、Pretty（2006）は、土壌の有機物が増加することにより炭素を固定するとともに、直接・間接の温室効果ガス排出を抑制し、石油等の枯渇性資源からバイオマス等の再生可能エネルギーへの移行を促進したと発表した。加えて、労働集約型のアグロエコロジーは地域の雇用創出に貢献したため人口流出を抑制し、コミュニティの生活条件を改善する効果もみられた。Pretty（2006）は、持続可能な農業を実現し食料問題を克服するために、地域市場や国内市場と結びついた小規模農業を発展させることを提言している。
2 ）具体的には、植物由来の食品を主体としながら少量の食肉も摂取する「フレキシタリアン」、食肉は避けるが魚介類は摂取する「ペスカタリアン」、食肉や魚介類は避けるが卵・乳製品を摂取する「ヴェジタリアン」、蜂蜜を含む一切の動物性食品を避ける「ヴィーガン（完全菜食主義）」の４つを提案している。
3 ）2008年の世界食料危機を受けて行われた国連改革、特に世界食料保障委員会の改革において設置された。
4 ）製造を発注した相手先のブランドで販売される製品を製造することをいう。

引用・参考文献

石井正子編（2020）『甘いバナナの苦い現実』コモンズ.

斎藤幸平（2019）『大洪水の前に―マルクスと惑星の物質代謝―』堀之内出版.

小規模・家族農業ネットワーク・ジャパン編（2019）『よく分かる国連「家族農業」と「小農の権利宣言」』農文協.

新聞農民「グリホサートの規制・禁止は世界の流れ」『新聞農民』2021年8月10日付.

関根佳恵（2007）「多国籍アグリビジネスの新たな経営戦略―グリーン・キャピタリズムを掲げるドール社」『クォータリーあっと』2007年9月号, pp.18-30.

関根佳恵（2018a）「食料の貿易と日本農業, 日本の食」新山陽子編『フードシステムと日本農業』NHK出版, pp.237-251.

関根佳恵（2018b）「ミンダナオ島における民衆交易の事業拡大とその課題―コタバト州マキララ町を事例として―」石井正子・関根佳恵・市橋秀夫『バナナとフィリピン小規模零細農民―バランゴンバナナ民衆交易の現状と課題―』埼玉大学教養学部・大学院人文社会科学研究科.

関根佳恵（2020a）「持続可能な社会に資する農業経営体とその多面的価値―2040年にむけたシナリオ・プランニングの試み―」『農業経済研究』92（3）, pp.238-252.

関根佳恵（2020b）『13歳からの食と農―家族農業が世界を変える―』かもがわ出版.

関根佳恵（2020c）「農と食の規範制度を活用したイタリア産トマトの新たな挑戦―SDGs時代への対応―」『野菜情報』（190）, pp.61-70.

関根佳恵（2021a）「食料危機の打開と持続可能な農林漁業への転換」『経済』（310）, pp.52-60.

関根佳恵（2021b）「小規模・家族農業の優位性：新たな経営指標の構築と農政転換へ」『有機農業研究』13（2）, pp.39-48.

関根佳恵（2022）「世界における有機食材の公共調達政策の展開―ブラジル, アメリカ, 韓国, フランスを事例として―」『有機農業研究』14（1）, pp.7-17.

鶴見良行（1982）『バナナと日本人―フィリピン農園と食卓のあいだ―』岩波新書.

マリオン・ネスル（三宅真季子・鈴木眞理子訳）（2005）『フード・ポリティクス―肥満社会と食品産業―』新曜社.

ゼン・ハニーカット（松田紗奈訳）（2019）『あきらめない―愛する子どもの「健康」を取り戻し, アメリカの「食」を動かした母親たちの軌跡―』現代書館.

真嶋良孝（2011）「食料危機・食料主権と『ビア・カンペシーナ』」村田武編『食料主権のグランドデザイン―自由貿易に抗する日本と世界の新たな潮流―』農山漁村文化協会.

カール・マルクス（社会科学研究所監修, 資本論翻訳委員会訳）（1997［1867］）『資本論』第1巻b, 新日本出版社.

カール・マルクス（社会科学研究所監修, 資本論翻訳委員会訳）（1997［1894］）

『資本論』第 3 巻b，新日本出版社.

李哉汯・森嶋輝也・清野誠喜（2019）『EU青果農協の組織と戦略』日本経済評論社.

Bové, J. & Dufour, F.（2000）*Le Monde N'est Pas Une Marchandise : Des Paysans Contre La Malbouffe.* Paris : Edition La Découverte（新谷淳一訳（2001）『地球は売り物じゃない！―ジャンクフードと闘う農民たち―』紀伊国屋書店）.

Fakhri, M.（2020）*Interim Report of the Special Rapporteur on the Right to Food.* The United Nations General Assembly.

FAO（2021）*International Year of Fruits and Vegetables.* Rome: FAO（https://www.fao.org/fruits-vegetables-2021/en/, 2021年12月12日参照）.

FAO, UNDP and UNEP（2021）*A Multi-billion-dollar Opportunity – Repurposing Agricultural Support to Transform Food Systems.* Rome: FAO.

Foodtank（2021）*New Report Finds 100 Percent Organic, Plant-Forward School Meals Produce More Than Just Health Benefits*（https://foodtank.com/news/2021/04/conscious-kitchen-school-meal-program/, 2021年 6 月20日参照）.

Good Food Purchasing（2021）*The Good Food Purchasing Values*（https://goodfoodpurchasing.org/program-overview/, 2021年 6 月20日参照）.

Gottlieb, R. and Joshi, A.（2010）*Food Justice.* Cambridge: The MIT Press.

HLPE（2013）*Investing in Smallholder Agriculture for Food Security : A Report by the High-Level Panel of Experts on Food Security and Nutrition of the Committee on World Food Security,* Rome（家族農業研究会・農林中金総合研究所訳（2014）『家族農業が世界の未来を拓く』農文協）.

IAASTD（2009）*Agriculture at a Crossroads: International Assessment of Agricultural Knowledge,* Science and Technology for Development. IAASTD.

IPCC（2021）*Special Report on Climate Change and Land.* IPCC.

Lappé, A.（2016）*School Food Across the U.S. May Be Turning Towards Healthy Organic Food*（https://goodfoodpurchasing.org/school-food-lunches-across-the-u-s-may-be-moving-towards-healthy-organic-food/, 2021年 6 月20日参照）.

Pretty, J.（2006）*Agroecological Approaches to Agricultural Development. Background Paper for the World Development Report 2008,* RIMISP.

Pretty, J., A. Noble, D. Bossio, J. Dixon, R. E. Hine, P. Penning de Vries, and J. I. L. Morison（2006）"Resource Conserving Agriculture Increases Yields in Developing Countries," *Environmental Science and Technology* 40(4), pp.1114-1119.

Sekine, K.（2017）"Resistance to and in the Neoliberal Agri-Food Regime: A Case of Natural Bananas Trade between the Philippines and Japan"『地域分析』55(3), pp.15–33.

Sekine, K. & Bonanno, A.（2016）*The Contradictions of Neoliberal Agri-Food:*

Corporations, Resistance, and Disasters in Japan. WV: West Virginia University Press.

SOFI（2020）*The State of Food Security and Nutrition in the World 2020.* Rome: SOFI.

SOFI（2021）*The State of Food Security and Nutrition in the World 2021.* Rome: SOFI.

UNFSS（2021）*The Food System Summit 2021*（https://www.un.org/en/food-systems-summit, 2021年8月20日参照）.

UNCTAD（2013）*Trade and Environment Review 2013: Wake Up Before It Is Too Late, Make Agriculture Truly Sustainable Now for Food Security in a Changing Climate.* UNCTAD.

USDA（2020）*2020 Agriculture Innovation Agenda: Year One Status Report.* USDA.

White, W. and Middendorf G.（2007）*The Fight over Food: Producers, Consumers, and Activists Challenge the Global Food System.* PS: The Pennsylvania State University Press.

WHO（2017）*One Health*（https://www.who.int/news-room/questions-and-answers/item/one-health, 2021年12月12日参照）.

World Food Forum（2021）*Youth Action for a Better Food Future*（http://www.world-food-forum.org/youth-action/en/, 2021年8月20日参照）.

（関根佳恵）

［最終稿提出日：2021年12月14日］

第4章

アメリカ農業食料貿易の構造と政策の現局面

1．問題の起点と本章の目的

21世紀、とりわけ2010年代以降の世界農業食料貿易において注目すべき巨大な変化の一つが、アメリカの農畜産物・魚介類（以下、農魚介類）貿易の世界最大の輸入国かつ純輸入国化である（**図4-1**）。もう一つは、中国の農魚介類輸入の激増とその世界第2位への台頭ならびに世界第2位の純輸入国化である（農畜産物だけなら第1位の純輸入国。順位は米中ともに2018年時点）。

農業食料の貿易依存度上昇は少なくとも1990年代以降の世界規模の趨勢であり、多くの国・地域単位で見ても生産以上に輸出・輸入の両方を増加させている。筆者はこれを「世界農業」化（漁業も含む）と呼称しているが[1]、アメリカでもまさに「世界農業」化が進展しているのである。

本章は、かかるアメリカ的「世界農業」化の現局面的特質と問題を、(1)同国食料消費・食生活の総体的かつ階層的変化（階級的食生活の進行）との関連、および (2)貿易相手国（ひいては世界農業食料市場）に対する構造的影響との関連で把握し、(3)その歴史的位置と政策的背景に一定の見通しを与えることを目的とする。次の2．でフードレジーム（FR）論と「食生活の政治経済学」を摘要し、両者の結合的継承を図る本章の分析視角と実証課題を示す。3．でアメリカ食料消費の変化と階層性を、4．で農業食料輸

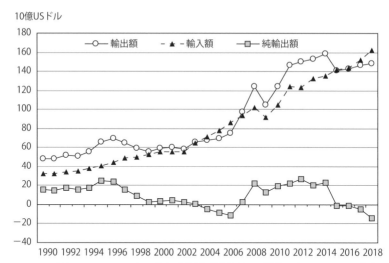

10億USドル

図4-1　アメリカの農魚介類全体貿易額の推移　（1990～2018年）

資料：FAO, *FAOSTAT, and FAO, FishStatJ: Global fishery commodities data.*
注：ここでの魚介類には粕・水生植物等を含まない。

出入構造の現局面的特質を析出する。５．でそうした構造の背景にある政策的要因とそれらがはらむ諸問題の若干について指摘し、展望の手がかりを得たい。

２．農業食料貿易構造の政治経済学的分析視角：
FR論と食生活の政治経済学

（１）フードレジーム論

1）フードレジームの概念とその段階移行、ポスト第２FRをめぐって

　国際アカデミアにおけるFR論の展開について、筆者はこれまで比較的詳細なサーベイを行っているので[2)]、ここでは概略と直近の議論の摘要にとどめる。

　FR論を最初に体系的に提示したのがFriedmann and McMichael（1989）で、それを補強したのがFriedmann（1991）、McMichael（1991）などであ

る。FRとは農業・食料の生産と消費の体系を構成する国際分業の歴史的存在形態であり、それを世界規模の資本主義的発展の時代を画する蓄積諸様式に結びつけた概念で、イギリス覇権照応型の第1FR（1870〜1914年）、「第一次大戦による貿易の中断、戦後農業不況・大恐慌による第1FRの危機と世界農産物（小麦）市場の崩壊」という「移行」期を挟んで（Friedmann 2014）、アメリカ覇権照応型の第2FR（1945〜1973年）、という段階をたどった。この第2FRまでの画期区分は、別の角度から世界（史）的規模での資本蓄積と農業の関係を問うBernstein（2009, 2010）や農業と農村労働力をめぐる価値の生産、移転、分配としてグローバル・フードレジームを論じるAraghi（2009）とも、大筋一致している。

　しかし第2FR後をめぐっては、FR論の積極的継承を図る論者の中でも議論が収斂していない。主な主張を列挙すると、Friedmann（2005a）の「企業－環境FR」台頭説、それとほぼ同義の「出所判明（Food from somewhere）FR」の優位性を説くCampbell（2009）、Burch and Lawrence（2007）の「第3FR＝グローバル・スーパーマーケットFR」説、Burch and Lawrence（2009）の「第3FR＝金融化FR」説、「FRの金融化」論の援用と豊富化（日本語論文として磯田2016、平賀・久野2019など）がある。

　他方McMichael（2005, 2009, 2013, 2016）は、諸国家が資本に奉仕する新自由主義下で第3FR＝「企業FR（Corporate Food Regime）」の成立とそれへの必然的な対抗軌道として小農民主導の「食料主権」を主張した。そこに含まれる企業FRの「ブラックホール化」、それと対である小農民主体の食料主権運動の「オールマイティ化」とも呼びうるFR概念の広大な拡張傾向（磯田2019, p.57）に対し、Bernstein（2010, 2014, 2016）が「資本対小農民の（矛盾論なき）二項対立論」「近代資本主義史で繰り返し登場した農業ポピュリズム」「農民ポピュリズム、チャヤノフの遺産への転回」等と批判し、Otero（2018）は、新自由主義は国家の後退ではなく国家・国際機関による新規制の強制だから、「企業FR」ではなく「新自由主義FR」と規定すべきとした。

２）FRの現局面：台頭する中国の位置づけも含めて

　以上に素描したFR論の展開をふまえて、磯田（2021a）はポスト第２FR
について、以下のような仮説的理解を提示した。すなわち、①先進資本主義
諸国の高度成長の終焉とブレトンウッズ体制の崩壊を契機とし、1970年代を
移行期として第３FRが形成されている、②それは1980年代からの新自由主
義グローバリゼーションとそれによって促進された経済の金融化ならびに
「生産（製造業）のアジア化・中国化」という新しい蓄積体制への移行に照
応した新たなFRであり、③その第１局面（1980〜90年代）は、多国籍企業
（機能資本）の事業活動世界化と、それを支援するために国家や超国家機関
が冷戦体制下の国家独占資本主義的・ケインズ主義福祉国家的な諸政策・諸
制度をことごとく改廃して、多国籍企業の営業の自由と最大利潤の追求に最
適な市場と制度を世界化する過程に照応しており、④第２局面（2000年代以
降）は、世界資本主義の基軸的蓄積体制として「金融化」と「生産の中国
化」が全面展開する過程に照応している、と。

　これと前後して、国際農業食料諸関係における中国のプレゼンスの巨大化
という事態をとらえて、FRのさらなる新段階の到来可能性を示唆する議論
が提示されている。

　すなわちBelesky and Lawrence（2019）が、（ア）中国国家資本主義は自
由主義的レッセフェールとは異形の資本主義で、（イ）農業食料セクターや
エネルギー部門などで国家が枢要な指令・制御機能を担う新重商主義戦略を
とり、FRにおけるパワー諸関係を再形成しつつある、（ウ）その結果「新自
由主義・企業FR」との規定は不適確になり、「今日のFR」は流動化して多
極化へと向かう「移行期」「空位期間」を迎えている、とした。また
McMichael（2020）は、（i）中国中心型農業輸入複合体が21世紀に深化し、
（ii）対外投融資、対外大規模農業農地投資、一帯一路プロジェクトなどをつ
うじた食料安保追求は「国家中心型新自由主義」モデルとなっているが、
（iii）これらが次のFRモデルを予兆しているかはなお不明だ、とした[3]。

　このように把握・提示された「国家・国有企業主導型中国食料輸入複合体

の台頭」を、本章では第 3 FR 第 2 局面における最新の動向と位置づけておきたい。その理由は、（A）国家の強力な介入は第 2 FR でも第 3 FR でも不可欠であったことをふまえれば、中国資本主義の国家介入と新自由主義の両面追求は必ずしも新奇で異形とは言えない、（B）「生産の中国化」とそれにともなう「消費市場化」は第 3 FR 第 2 局面規定に包含可能ではないか、という点にある（付言すると、上述の「中国」論は、現局面世界農業食料貿易のいまひとつの重大な特徴＝アメリカの巨大輸入国化・純輸入国化に触れることなく「FR の移行」いかんを論じようとしている）。

（2）食生活の政治経済学

1）FR と食生活の政治経済学的分析結合の提起と食生活レジームへの展開

　近現代諸 FR が固有の食生活の創出、深化、展開を通じて、いかに資本による食の包摂をトータルに進めたかという問題の所在は、例えば Friedmann（2005b）が比較的早い時期に提起し、第 1 FR での「小麦－牛肉－砂糖・紅茶・ココア補完型」食生活への単純化と国際化、第 2 FR におけるその途上国、日本などへの増進と多くの代替可能農業原料や代替化学合成物質から構成される新たな工業製品可食商品の増殖などで例証した。また Dixon（2009）は、「栄養科学」が「望ましい食生活」の「指針」のために動員され、各 FR とそれに照応する食生活の構築・広域化・深化に寄与している関係を明らかにした。

　これらをふまえつつ Winson（2013）が、資本による食・食生活の包摂と変質・劣化による健康被害の近現代世界史的な展開と打開方途を探る、食生活の一つの政治経済学体系を提示した。

　食環境とそれが事実上強いる食生活の歴史的展開をとらえる枠組みとして、食生活レジーム（Diet Regime、以下 DR）概念が打ち出され、その 3 段階が提示された。第 1 DR（1870 ～ 1949 年）で、機械制大工業型食品諸産業が成立して「白製粉パン・朝食シリアル－食肉（牛肉）－缶詰型」の工業的食生活が大衆化したが、第 2 DR（1950 ～ 1980 年）では、先進諸国における工

業的食生活の強度化と、それらの途上国への広く深い浸透が生じた。これらの原動力は寡占的市場支配力にもとづく独占利潤を原資とする大規模マーケティングとチェーンスーパー（後に外食店やコンビニ）における売場および店舗立地の「空間的植民地化」による食料購買環境の掌握だった[4]。第3DR（1980年代以降）では、工業的・アメリカ的食生活がグローバル企業の進化に担われて真にグローバル規模に拡延し、「病的肥満流行病」をこうむる人口も地球規模で急増している。しかしこれらは栄養的健康、環境的持続可能性、食の安全のいずれとも両立できなくなっており、抵抗運動の政治レベルでの推進力になっている。その意味で第3DRは不安定化しているとした。

2）新自由主義食生活、国内・国際階級的食生活と農業食料貿易構造

Otero（2018）は、工業的食生活とDRという議論を第3＝新自由主義FRに引きつけて発展的に継承し、新自由主義食生活（以下NLD）が分化・格差化、つまり国内・国際的な階級的食生活として進行し、それらが農業食料貿易の構造・動態と表裏一体であることを明らかにした。

第1に、NLDとは熱量濃密、低栄養価、高脂質（しばしば不飽和脂肪酸）、砂糖・甘味料過多であり、具体的には高度に加工された簡便食品である（p.12，p.14，pp.80-81）。

第2に、アメリカ国内で所得下層・中層諸階級はNLDにいっそう偏って肥満が増殖しているが、所得上層は食肉、輸入果実・野菜、ワインなどの「高品質・高付加価値・ラグジュアリー」で多様性のある食生活を増進させている（p.23，p.81）。他方メキシコでは伝統的基礎食料からNLDへの収斂が明瞭だが、階級的差異を内包している（p.103，pp.110-111，p.123）。

第3に、両国とも食料輸入依存度を高めているが、アメリカが輸入依存しているのは「高品質・高付加価値・ラグジュラリー」食料なのに対し、メキシコが対外依存度をますます高めているのはカロリー上重要部分をなす基礎食料である。これは新自由主義FR下の食料安全保障の特質たる「不均等で結合した依存」である（p.151，p.157，p.165など）。

　Oteroの議論は、鋭さを増す階級的食生活の変化が農業食料貿易構造と表裏一体性を持っていること、それが生む食料の対外依存性・食料安全保障は相互対応性がありつつ非対称・不均衡であることを、理論的および統計実証的に提示している点に大きな意義がある。

　しかしその分析は、①対象が基本的にNAFTA加盟3ヵ国に限定されていること、②著作時期ゆえにやむを得ないが、その後アメリカがさらに急激に農業食料輸入を拡大してついには純輸入国化するという事態をどう取り込むかといった点で、我々に課題を残している。

3．アメリカにおける食料消費の変化と階級的食生活の動向

（1）アメリカの食料消費変化の方向：FAO食料需給表から

　FR分析と食生活の政治経済学的分析を援用する観点から、まずアメリカの食生活変化の方向をFAOSTAT食料需給表（2014年に計算方法変更があったので1990年と2013年を比較。表出略）の1人当たり国内消費向け供給量に限定してだが、析出する。

　この20年余り（第3FR第2局面ないし第3DR）にもなお供給熱量総量を増やしているが、うち動物性食料は絶対量でも比率でも微減させている。

　まず穀物（米だけは増加）と澱粉性根茎類（圧倒的にジャガイモ）という基礎的熱量食料が、供給量・熱量比率ともに減少している。また食肉では脂肪を多く含み非健康的と概念されている牛肉が大幅に、次いで豚肉が減少し、逆に健康的と概念される家禽肉が著増している。しかし同じく不飽和脂肪酸、その融点を上げて固形性を高めるための水素化で生じるトランス脂肪酸が問題視されているはずの植物油脂（大豆油が大宗）、動物油脂（特にバター）が増えており、砂糖も増えている。ますます増える高度加工・調理食品や中食・外食品（工業化食料）に含有されているため、「避けがたく」摂取が増えている可能性が示唆される。他方で牛乳・乳製品は微減である。

　いっぽう極めて大ぐくりには「高品質・高付加価値・ラグジュアリー」食

料に分類される品目群のうち、果実は顕著に減少し（国内生産が強いオレンジ、グレープフルーツ、リンゴが著減し、各種エスニック果実を含む「その他果実」が著増）、野菜も若干減少している。魚介類は全体としてほぼ横這いだが、うち海底魚（ヒラメ、カレイなど）と遠洋漁が減り、淡水魚（養殖ナマズ等）と甲殻類（エビ、カニ等）が増えている。アルコール飲料はビールが大幅に減少して全体を減らしているが、ワイン、蒸留酒（ウィスキー、ブランデー等）は増えているのが注目される。

　以上の１人当たり平均の次元で、第１に、米以外の穀物とその大量給餌型畜産の産物である牛肉、豚肉、牛乳・乳製品、すなわち供給の担い手から見ると「穀物複合体」食料の消費需要が減少傾向にあること[5]、第２に、「高度工業化可食商品」の普遍的原料である油脂・砂糖の消費需要の増加が続き、第３に、「高品質・ラグジュアリー」食料群のうち果実は減少しつつ多様化、野菜は微減、魚介類はほぼ横這いだが自給率がほぼ100％ないしそれ以上の漁獲魚類から養殖型・低自給率型の淡水魚・甲殻類へのシフト、が観察された。

　しかしこの間にもアメリカ総人口は２億5,200万人から３億1,600万人へ25.5％増えているから（年平均増加率0.992％）、需給全体の動向を同じくFAOSTAT食料需給表で総括的に見る。「穀物複合体」食料の多くでは、１人当たり消費量停滞・減少を反映して国内食料消費総量が人口増加以下に停滞したが生産量を大幅に増やし、両者のギャップを輸出の劇的な増加あるいはアグロフュエル需要の人為的・強制的創出によって埋める構図になっている。ただし小麦はトウモロコシと大豆作付け膨張のために生産量が著減したが輸出量は増やし、大豆と家禽肉は大増産が国内食料消費量と輸出量両方の増大を支えた。

　これに対し「ラグジュアリー」食料にくくった野菜、果実、魚介類では、国内消費量の若干増あるいは著増に対して生産量が停滞ないし減少したため、輸入量を著増あるいは激増させている。

（2）アメリカにおける階級的食生活の動態：家計調査による所得階級別食料支出から

　表4-1は、階級的食生活の動向を部分的にせよ把握すべく、アメリカ家計支出調査統計から、所得5分位階級別の世帯員1人当たり税引前貨幣所得、消費支出、および主な食料品目別支出（全て実質価格）の1990年から2019年への変化および階級間格差の動きをまとめたものである。なお日本の家計調査統計のように購入数量は（労働省サイトには）集計公表されていない。

　まず所得は全世帯平均でこの20年間に実質38％増加して3万3,141ドルになっており、基本的に所得が高い階級ほどより大幅に増やしている。この中でもっとも富裕な第5分位は46％増となっており、したがってまた階級間格差も拡大している（最富裕層は最貧困層の9倍以上となった）。このような大ぐくりの統計でもアメリカは格差社会化が確実に進んだことが確認できる。ただし消費支出総額の格差は絶対的には大きいが縮小しており、富裕層では大幅に増大した所得を資産形成等に回したこと（所得格差→資産格差→資産収入格差のスパイラル）が示唆される。

　上述の食料需給表ベースで注目された品目を中心に食料消費支出を見ると、まず1人当たり供給量が微減した穀物にほぼ対応する穀物・ベーカリー製品への支出は概ね全階級で減少しているが、最貧困層の減り方が他よりかなり小さいことが目立つ。なおこのうち穀物・同製品とベーカリー製品の支出絶対額は概ね後者が前者の2倍程度だが、階級間格差を見ると前者（つまりパン系以外の穀物性食品）で富裕層と貧困層との格差が広がっている。富裕層の方が、パスタや、小麦以外の穀物性食品消費を相対的に増やしていることが示唆される。

　次に砂糖類・甘味類だが、先のFAO食料需給表がSugar and Sweetenersというくくりでほぼ横這いだったのに対して、この家計支出調査はSugar and other sweetsなので甘味菓子を含んでいるから比較ができない。その上で後者を見ると、まず貧困＝下位階層は支出を減らしているが、第3、第5

表4-1 アメリカ家計の実質1人当たり年間食料消費支出額（2019年価格）とその所得階級差の変化

(貨幣単位：2019年価格)

				税引前貨幣所得階級別					
				全世帯	第1分位	第2分位	第3分位	第4分位	第5分位
世帯員1人当たり税引前貨幣所得（US ドル）			1990	23,998	6,128	12,554	18,438	25,893	46,874
			2019	33,141	7,518	14,895	22,709	33,354	68,334
世帯員1人当たり税引前貨幣所得		1990年＝100	2019	138	123	119	123	129	146
		第1分位＝100	1990	392	100	205	301	423	765
			2019	441	100	198	302	444	909
消費支出総額		1990年＝100	2019	138	123	119	123	129	146
		第1分位＝100	1990	152	100	114	132	165	242
			2019	141	100	103	118	142	212
食料・酒類消費支出合計		1990年＝100	2019	101	105	96	102	91	101
		第1分位＝100	1990	126	100	107	113	139	171
			2019	121	100	98	110	121	165
穀物・ベーカリー製品		1990年＝100	2019	84	92	78	87	80	82
		第1分位＝100	1990	110	100	108	101	117	130
			2019	100	100	91	94	101	116
食肉計		1990年＝100	2019	74	67	71	75	70	80
		第1分位＝100	1990	97	100	94	94	104	101
			2019	106	100	100	105	109	120
	牛肉	1990年＝100	2019	66	56	59	63	66	73
		第1分位＝100	1990	94	100	85	95	106	99
			2019	111	100	90	106	125	129
	豚肉	1990年＝100	2019	75	76	75	81	67	81
		第1分位＝100	1990	92	100	95	89	96	89
			2019	91	100	94	94	84	95
	家禽肉	1990年＝100	2019	93	81	97	98	87	98
		第1分位＝100	1990	100	100	97	90	108	110
			2019	114	100	116	108	115	132
牛乳・乳製品計		1990年＝100	2019	82	82	70	80	72	91
		第1分位＝100	1990	106	100	109	104	118	117
			2019	106	100	93	101	104	130
	生乳・クリーム	1990年＝100	2019	53	55	43	51	48	63
		第1分位＝100	1990	94	100	107	95	103	88
			2019	91	100	84	87	89	101
	その他乳製品	1990年＝100	2019	108	112	101	108	93	110
		第1分位＝100	1990	119	100	110	114	135	149
			2019	115	100	98	109	112	146
生鮮果実		1990年＝100	2019	135	124	123	141	130	136
		第1分位＝100	1990	107	100	107	97	110	132
			2019	116	100	106	110	115	145
生鮮野菜		1990年＝100	2019	133	121	117	138	131	139
		第1分位＝100	1990	103	100	108	96	106	120
			2019	114	100	105	109	115	138
油脂		1990年＝100	2019	90	89	81	91	79	103
		第1分位＝100	1990	98	100	99	92	107	101
			2019	99	100	95	96	96	118
アルコール飲料		1990年＝100	2019	105	95	86	83	90	116
		第1分位＝100	1990	160	100	126	153	188	245
			2019	177	100	115	135	180	300
外食		1990年＝100	2019	103	117	106	107	93	97
		第1分位＝100	1990	158	100	108	134	174	257
			2019	140	100	99	123	138	213

資料：US Department of Labor, Bureau of Labor Statistics, *Consumer Expenditure Survey*, 1990 and 2019,
IMF, *World Economic Outlook Database*, Agpri 2021.
注:1990年の値はIMFの小売価格指数を用いて2019年価格に換算したものから算出している。

分位の中・富裕層は増やしている。その結果、階級間格差も同じ分位で開いた。つまり砂糖・甘味料そのものは横這いだとしても、甘味菓子類は貧困層とは違って中間・富裕層は消費を増やしているのである。

　1人当たり供給量では合計で微増だった食肉を見ると、生鮮と加工の区別ができないが、食肉計の支出はいずれの階級も減らしている。階級差はやや不規則を含むが、富裕層ほど減らし方が小さい。したがって階級格差は拡大した。肉種別に見ると、まず全世帯平均で牛肉がもっとも減り、次いで豚肉、減り方がわずかなのが家禽肉である。牛肉、豚肉は1人当たり供給量も減っていたが、家禽肉は11％増えていたので、後者は実質価格が18％程度低下したことを示唆している（年次がずれているが）。各階級でも支出減の序列は変わらず、また階級格差は全体的に不規則だが、どの肉種でも最富裕層の減らし方が最も小幅である。ここから同じ肉種でも、特に最富裕層は単価の高い高級肉を購入している可能性がある。

　同様に1人当たり供給量を微減させていた牛乳・乳製品の場合、どの階級も支出額を減らしているが、最富裕層は減少幅がもっとも小さく、次いで最貧困層が小さい。これを生乳・クリームとその他乳製品（チーズ、ヨーグルト、アイスクリーム等を含む）に分けると、全体として前者から後者へのシフトが起きている。これらを総合的に見て、牛乳・乳製品消費支出は、最富裕層とその他階層との階級間格差が広がり、最富裕層は牛乳・クリームからその他乳製品（概ね高付加価値で高栄養価的）へのシフトが大きかった。

　「ラグジュアリー」食料と見なされる生鮮果実・野菜を見ると、全階級的に増やしているが、階層性がかなり明瞭で富裕層ほど増加幅が大きく、階級間格差が拡大している。先行研究や一般的認識と合致した結果である。なお魚介類は生鮮・加工別にも、魚種別にも見られない。

　同じく「ラグジュアリー」食料にくくったアルコール飲料は1人当たり供給量では度数が低く数量単価は安いビールが大幅に減少し、度数・単価が高いワインと蒸留酒は増加していた。家計調査では合計しか見られないが、それでも支出額は富裕層ほど増やしており、そのため階級間格差が広がってお

り、しかもその格差はここでの品目分類で最大である。

外食支出については、全世帯平均で微増、そのうち下位３階層で増加、上位２階層で減少している。しかし階級間格差は依然として大きく、アルコール飲料に次ぐ。ここでも外食の内容に立ち入って分析されるべきだが、この格差から見て「ラグジュアリー」食生活要素と言えよう。

最後に油脂だが、ここでのそれは世帯内での調理用や調味料用である。その支出額で最上層付近とそれ以下の階層差があることから、富裕層ではより高単価の「ラグジュアリー」的油脂（例えば大豆油よりオリーブ油）を消費している可能性もある。

４．アメリカ農業食料輸出入構造の現局面：
主要品目別・相手別マトリクス分析

（１）「穀物複合体」食料の輸出と「ラグジュラリー」食料・「高度工業化可食商品」の輸入

本節でアメリカにおける工業的食生活の進展とその階級的分岐・差異化が、同国農業食料貿易構造との相互規定的な関係にあるかについて、後者の主要品目別輸出入マトリクス分析から接近するが、これはFR分析としては著しく限定された第一歩に過ぎない。

というのはFR概念を「資本主義の世界史的諸段階における基軸的蓄積体制に照応して編制され、かつそれを担う諸資本（農業食料複合体）の蓄積機会をもつくりだすところの、国際農業食料諸関係」と考えれば、農業食料貿易構造自体は「国際農業食料諸関係」の結果としての国際的な財フローを示すだけであり、それが支える資本主義の基軸的蓄積体制との照応性も、さらにそれを担う主体（農業食料複合体）や諸制度の内実を直接に明らかにするものでもないからである。

データは、国連のUN Comtrade Databaseが与える国別・国際統一商品分類別（Harmonized Commodity Description and Coding System、HS1992と

表 4-2　アメリカの相手地域別農業食料輸出入総額構成の変化（1992 年と 2020 年）

（単位：2019 年価格 100 万 US ドル）

	1992 年			2020 年		
	輸出額	輸入額	純輸出額	輸出額	輸入額	純輸出額
世界総計	74,771	54,402	20,368	143,366	158,752	▲15,387
アフリカ合計	4,284	966	3,318	4,530	3,332	1,198
アジア総計	31,012	10,404	20,607	67,637	31,741	35,896
東アジア小計	22,200	2,629	19,571	45,755	7,151	38,604
中国（本土）	647	1,357	▲710	24,113	4,878	19,235
香港	1,368	252	1,116	2,130	131	1,998
日本	17,700	681	17,019	11,779	1,041	10,738
韓国	2,484	329	2,155	7,725	1,099	6,626
その他アジア小計	3,077	580	2,498	3,153	621	2,532
東南アジア小計	1,900	5,819	▲3,919	11,349	17,354	▲6,005
南アジア小計	1,185	888	297	2,979	5,045	▲2,066
西アジア小計	2,649	489	2,161	4,402	1,570	2,832
カリブ海・中米合計	8,783	9,009	▲226	25,335	40,148	▲14,814
メキシコ	6,108	4,546	1,561	17,539	32,635	▲15,096
欧州合計	12,902	12,340	562	11,572	29,113	▲17,541
欧州ＥＵ諸国小計	10,860	10,034	826	9,576	23,930	▲14,354
欧州非ＥＵ諸国小計	2,043	2,306	▲264	1,996	5,183	▲3,187
旧ソ連欧州小計	3,887	151	3,736	483	1,419	▲936
カナダ	10,053	8,237	1,816	24,693	26,172	▲1,479
オーストラリア	490	2,343	▲1,852	1,475	3,360	▲1,885
ニュージーランド	110	1,653	▲1,543	516	2,580	▲2,064
南米合計	2,266	9,174	▲6,908	6,745	20,440	▲13,695
アルゼンチン	191	992	▲801	106	1,658	▲1,552
ブラジル	221	2,479	▲2,259	897	3,773	▲2,876
チリ	155	1,504	▲1,349	994	5,403	▲4,409

資料：United Nations, *Comtrade*, and IMF, *International Monetary Fund, World Economic Outlook Database, April 2021*.
注：1 ）品目分類は、「国際統一商品分類」（Hermonized Commodity Discription and Coding System, HS 1992と HS 2012）による。
　　2 ）「品目合計」には「食肉・同可食内蔵（02）」、「魚介類（水生植物除く，03）」、「乳製品・卵等（04）」、「観賞用切花・花芽（0603）」、「野菜・根茎類（07）」、「果実（08）」、「コーヒー・茶・マテ茶・香辛料（09）」、「穀物（10）」、「穀類製粉産品（11）」、「油糧作物（12）」、「動植物油脂（15）」、「食肉・魚介類調整加工品（16）」、「砂糖類・同菓子（17）」、「ココア・同調整品（18）」、「穀物・穀類製粉品・澱粉ないし牛乳の調整加工品（19）」、「野菜・果実・ナッツ等調整加工品（20）」、「その他調整加工可食品（21）」、「食品産業残渣・飼料（23）」の合計である。
　　3 ）欧州・アジアの旧ソ連諸国は「旧ソ連」に分類している。
　　4 ）本表ではＥＵの加盟・非加盟の分類は2021年時点のそれにもとづいている。
　　5 ）IMF の小売価格指数を用いて 2019 年価格に換算した。

HS2012）の輸出入統計を用いる。

　表4-2の1992年と2020年の実質価格ベースの総額変化を比較すると、輸出額が1.92倍に大幅増加したのに対し輸入額が2.92倍に激増したために、巨大な純輸出から巨大な純輸入へ反転したことがわかる。地域・国別に見ると、対東アジアでは純輸出額が1.97倍へ大幅増加した。対日本が経済停滞とその下での食料消費萎縮で輸出額を減らしたが（磯田2021b，pp.18-20）、対中国が若干の純輸入から膨大な純輸出に転じ、対韓国の純輸出額も3.07倍に激増

表 4-3　アメリカの「穀物複合体」食料の相手地域別輸出入額構成（2020 年）

（単位：2019 年価格 100 万 US ドル）

	穀物(10)	小麦(1001)	トウモロコシ(1005)	油糧作物・同粕等(12)	牛肉（生鮮・冷蔵＋冷凍）(0201〜0202)		豚肉(0203)	家禽肉・同内臓(0207)	牛乳・乳製品(0401〜0406)	
	輸出額	輸出額	輸出額	輸出額	輸出額	輸入額	輸出額	輸出額	輸出額	輸入額
世界総計	19,104	6,240	9,457	30,721	6,473	6,351	5,912	3,790	4,785	2,135
アフリカ合計	718	465	100	1,803	4	3	1	349	133	4
アジア総計	9,765	3,656	4,115	22,547	4,892	43	3,716	1,447	2,285	37
東アジア小計	6,759	1,531	3,580	17,324	4,043	43	3,560	878	892	1
中国（本土）	2,895	563	1,191	14,845	279	0	1,628	755	324	1
香港	19	1	9	40	567	0	50	94	19	0
日本	2,788	628	1,831	1,746	1,556	43	1,484		237	0
韓国	1,057	339	548	693	1,641		398	5	311	0
東南アジア小計	1,634	1,508	83	3,054	204		110	222	1,105	1
メキシコ	3,806	769	2,709	2,267	616	1,373	911	830	1,285	146
欧州 EU 諸国小計	299	249	12	2,442	149	58	4	4	26	1,161
カナダ	710	30	433	666	538	1,655	476	241	222	164
オーストラリア	14	0	1	53		1,494	222	0	118	16
ニュージーランド	18	0	7	8	2	900	29	0	69	287
南米合計	1,885	599	1,142	500	88	459	242	166	302	67

資料と注：表 4-2 に同じ。

したためである。世界的に見て純輸出を増やしたのはほとんどこの対東アジアだけだが、その品目内訳では（**表4-3**）米を除く穀物、大豆を筆頭とする油糧種子、飼料、食肉（とくに対韓国・香港・中国の牛肉、対中国・日本の豚肉）、対中国・韓国・日本の乳製品である。つまり「アメリカ的」食料、あるいは「穀物複合体」食料の東アジア向け輸出へと、アメリカにとっての黒字領域がいっそう限定されてきている。

　いっぽう同じアジアでも対東南アジアでは純輸入額が1.53倍に膨らんだ。これは「その他調整加工可食品」「魚介類調整加工品」「魚介類」、これらより金額桁が落ちるが「野菜・果実・ナッツ等調整加工品」の純輸入が激増したからである。国別には、インドネシア（とくに魚介類と魚介類調製加工品）、タイ（とくに魚介類調整加工品、野菜・果実・ナッツ等調整加工品）、ベトナム（とくに魚介類と魚介類調整加工品）が大きい[6]。アメリカにおける富裕層ほど消費を増やしているであろう「ラグジュアリー」食料である生鮮的魚介類と、貧困・中間層が消費を増やしているであろう加工度の高い魚介類（「高度工業化可食商品」）という、2つのパターンの階級的食生活を支える上で、東南アジアが重大な役割を果たすようになっている（生鮮的魚介類ではインドも重大）。

　地域別の貿易収支に戻って輸出額の地域別構成比を見ると、香港、日本、韓国の 3 国を除くアジア32.1％、カリブ海・中米17.7％（うちメキシコ12.2％）、南米4.7％、アフリカ3.2％の合計57.7％に対し、カナダ17.2％、上記東アジア 3 国15.1％、欧州8.1％、オセアニア1.5％の合計41.9％である。また輸入額の構成比は、カリブ海・中米25.3％（うちメキシコ20.6％）、上記東アジア 3 国を除くアジア18.5％、南米12.9％、アフリカ2.1％の合計で58.8％に対し、欧州18.3％、カナダ16.5％、オセアニア4.0％、上記東アジア 3 国1.5％の合計40.3％である。

　純輸入額が激増して巨大化した相手地域は、欧州（とりわけ欧州EU）、メキシコ、南米である。品目別に見ると、これらの地域でも穀物・油糧種子については総じて純輸出となっている。同じ「アメリカ的」ないし「穀物複合体」食料でも畜産物になると、対メキシコの豚肉・家禽肉・乳製品を除くとおおむね純輸入となっている。

　また食肉の中でも階級間消費格差が相対的に大きい牛肉でカナダ、オーストラリアとニュージーランド、乳製品で欧州EU（主体はチーズ）、「高度工業化可食商品」の一般的原料である動植物油脂では東南アジア（インドネシア、マレーシアのパーム油）、欧州EU（菜種油）、カナダ（カノーラ油）、同じく砂糖類ではカリブ海・中米と南米、同じく製品である穀物・製粉品・澱粉ないし牛乳の調整加工品でメキシコ、欧州EU、カナダ、野菜・果実・ナッツ等調整加工品では東南アジア、メキシコ、欧州EU、南米が、大幅な純輸入先となっている。

　「健康的・ラグジュアリー」食料のこの間の実質輸入額は、魚介類が93億ドルから173億ドルへ1.9倍化、野菜・根茎類が24億ドルから127億ドルへ5.3倍化、果実が55億ドルから192億ドルへ3.5倍化、ビールが17億ドルから59億ドルへ3.5倍化、ワインが21億ドルから58億ドルへ2.8倍化、蒸留酒が35億ドルから88億ドルへ2.5倍化となっている。

　これらの輸入先は（**表4-4**）、魚介類では東南アジア・インド以外に南米（チリが過半）、カナダ、欧州非EU（ノルウェー、アイスランド主体）、カリ

表4-4　アメリカの「ラグジュアリー」食料の相手地域別輸出入額構成（2020年）

(単位：2019年価格100万USドル)

	魚介類 (03)	野菜・根茎類 (07)	果実・ナッツ (08)		ビール (2203)	ワイン (2204)	蒸留酒 (2208)	観賞用切花・花芽 (0603)
	輸入額	輸入額	輸出額	輸入額	輸入額	輸入額	輸入額	輸入額
世界総計	17,322	12,629	14,128	19,234	5,904	5,811	8,791	1,517
アフリカ合計	68	72	209	440	1	54	3	7
アジア総計	6,533	580	5,808	1,723	26	34	124	12
東アジア小計	1,702	383	2,828	181	12	1	116	4
中国（本土）	1,414	341	829	143	3	0	10	2
日本	174	11	799	1	5	0	87	2
韓国	102	29	765	37	4	1	19	0
その他アジア小計	121	2	268	3	1	0	1	0
東南アジア小計	2,491	38	617	1,287	10	0	1	4
インドネシア	1,318	1	64	24	0	0	0	0
ベトナム	752	8	279	1,037	8	0	0	0
タイ	268	16	74	102	2	0	0	4
南アジア小計	2,135	89	1,016	58	2	0	3	0
西アジア小計	84	68	1,080	194	0	32	3	4
メキシコ	526	7,930	904	8,156	4,197	3	2,665	29
欧州合計	1,936	442	2,967	196	1,539	4,319	5,258	63
欧州EU諸国小計	696	431	2,672	158	1,521	4,309	3,839	62
欧州非EU諸国小計	1,240	11	296	38	18	10	1,419	1
旧ソ連欧州小計	901	8	88	12	2	1	142	0
カナダ	2,638	2,236	3,498	423	104	39	449	57
南米合計	3,997	662	162	5,053	2	513	35	1,309
チリ	2,250	27	44	2,050	0	243	1	6

資料と注：表4-2に同じ。

ブ海・中米（メキシコが半分強）、野菜・根茎類は輸入額の約3分の2がメキシコ、果実の輸入額は60％がカリブ海・中南米（その7割がメキシコ）、25％が南米（その4割がチリ）、である。またこのグループに分類したビールでは7割がメキシコ、3割が欧州EU、ワインは4分の3が欧州EU、残りがオセアニアと南米（アルゼンチンとチリ）、蒸留酒は60％が欧州（ウイスキーとブランデー）、30％がメキシコ（テキーラ等）である。

（2）階級的食生活、農業食料貿易構造の現局面と資本蓄積

　以上を要約すると、①第1FRでは西欧、第2FRでは日本および東アジアNIEs（韓国、台湾等）、第3FR第1局面では東南アジア新興工業諸国、同第2局面では中国という、それぞれの歴史段階・局面における「世界の工場」向けに、「アメリカ的」ないし「穀物複合体」食料で圧倒的に純輸出を伸ばし、そこへの特化度を高めた。

②いっぽうアメリカ自体の階級的食生活が深化する中で、相対的富裕層が増大させた「高品質・健康的・ラグジュアリー」食料消費とそれを支え演出する「企業－環境」型ないし「出所判明」型農業食料複合体の実需に対応したのは、東南アジア・インドの魚介類、カリブ海・中南米（とりわけメキシコ）の果実、野菜、ビール、テキーラ、魚介類、チリを中心とする果実、魚介類（そして食料ではないがコロンビアの切花）、EUを中心とする欧州のワイン、ウイスキー・ブランデー、ビール、チーズ、魚介類（北欧）だった。

③逆に貧困層が主として消費を増大させたと考えられる「高度工業化可食商品」も輸入額を著増させ、そのうち普遍的原料である動植物油脂はカナダ（カノーラ油）、東南アジア（インドネシア、マレーシアのパーム油）、欧州EU（菜種油）である。またその製品では、穀物・製粉品・澱粉ないし牛乳の調整加工品のカナダ、欧州EU、メキシコ、野菜・果実・ナッツ等調整加工品の欧州EU、東南アジア（タイ、フィリピン、インドネシア、ベトナム）、南米、東アジア（中国）であり（対カナダは輸入額が大きいが輸出額とほぼ同じ）、魚介類調整加工品の東南アジア（タイ、インドネシア、ベトナム）および中国、であった。ここではアメリカもまた東南アジア諸国（タイ、インドネシア、ベトナム。一部は中国）を「世界の台所」と位置づけていることがわかる。

　こうしてアメリカの農業食料貿易構造は、①の側面において世界資本主義の「生産のアジア化・中国化」と地域規模における「メキシコ化」のアメリカ系多国籍企業を含むグローバル資本の蓄積体制を支えつつ「穀物複合体」の蓄積機会を確保し、②と③の側面において、国内資本主義の富裕層と貧困層それぞれの階級的再生産と、それへの食料供給を担う一方のグリーンキャピタリズム型スーパーマーケット・チェーンや外食チェーン資本、他方の高度工業化可食商品関連資本の蓄積活動を支えている。これらをつうじて第2FRにおける突出的な巨大な輸出中心から第3FR第2局面における巨大な輸出入中心の一つへと位置と比重を変えながらも、なおアメリカは世界農業食料貿易構造の旋回基軸の役割を果たしているのである。

5．アメリカにおける「世界農業」化の政策的背景と
国内的・国際的諸矛盾

（1）「世界農業」化の政策的背景：「穀物複合体」食料ダンピング

　数年ごとに制定される農業法によるアメリカ農業政策は、依然として穀物・油糧種子・綿花と酪農（牛乳・乳製品）価格所得支持プログラムを軸に据えている。その中心は、生乳のマーケティングオーダー制度を除くと不足払いを含む各種の直接支払い政策にシフトしている。そこでこの直接支払いがあってこそ対象農業部門はそれぞれの時期の生産規模を維持できたと考えると、その直接支払いの分だけ販売価格がダンピングされているととらえることもできる。さらに酪農以外の畜産部門は直近のトランプ政権による対中国制裁報復補償支払い（Market Facilitation Program：MFP）で肉豚が対象になった以外は直接支払いの対象になってこなかったが、飼料原料穀物・油糧種子への直接支払い（ダンピング）を通じて間接的に価格ダンピングがなされていると理解できる[7]。

　この考え方にもとづいて、食料穀物・飼料作物・油糧種子・綿花（穀物等）と畜産物とに分けて1990 ～ 2021年（2020年と2021年は予測値）についてダンピング率を概算すると[8]、穀物等は不足払いを廃止した1996年農業法の当てが見事にはずれて価格が急落した1999 ～ 2001年に緊急の市場損失支払いを行って30％前後と最高水準に達した（2002年農業法で収入変動補填CCPの名で不足払いを復活）。その他でも2008 ～ 2014年の二波にわたる価格暴騰期と、貿易制裁報復措置中にもかかわらず中国がアメリカ産を含む穀物・大豆輸入を急増させ主要輸出国での供給減が相まって国際価格が再上昇している2020年以降を除けば、ほとんど10％を下回ることがなく、対象期間平均が13.3％である。

　また畜産物の場合[9]、上述の穀物等価格急落期に10％に達したほか3 ～ 5 ％のレンジにあり、期間平均で4.3％である。

（2）「穀物複合体」食料ダンピングがもたらす諸矛盾

　こうしてアメリカはその「穀物複合体」食料を、直接・間接のダンピング
によって人為的に「比較優位」化して輸出依存へますます傾斜させていると
理解できる。このことがアメリカ自体の食料供給とアメリカをめぐる農業食
料貿易諸関係に与える負の影響として、次の諸問題を指摘できる。

　第1に、素材的には健康的・高品質食料としてのポテンシャルを有するが、
今日の新自由主義経済構造下では「ラグジュアリー」食料の性格をともなわ
ざるを得ない（そして富裕層を中心に需要が伸びている）生鮮野菜・果実、
生鮮魚介類は、直接・間接の政府支払いの、したがってダンピングの対象と
なっておらず、「穀物複合体」食料の「比較優位」化の反作用も働いて、「比
較劣位」化せざるを得ない。そのことがこれら食料の輸入依存を深める一因
となっている。

　第2に、「穀物複合体」食料の巨大主産地であるアメリカ中央部（プレー
リーからグレートプレーンズ）は、このダンピングでますます「穀物複合
体」食料生産に特化・専門化しているため、一方でそれを生産する資本集約
的工業化耕種経営・畜産経営のさらなる規模拡大という構造変化が進行して
農村人口減少・コミュニティ衰退が継続している。他方で地域内・国内向け
の野菜・果実など農業生産の多様性は決定的に喪失されている。これらの結
果、都市貧困地区だけでなく大農業地帯・農村部でも多様な農業食料品の入
手が困難になるフードデザート化に歯止めがかからない（薄井2020, 第5章）。

　第3に、アメリカ「穀物複合体」食料のダンピング＝人為的「比較優位」
化は、それらの世界市場価格を引き下げ、他国農業の同分野を「比較劣位」
の方向に追いやる。これは少なくとも二つの相互に関連する側面で当該諸国
への圧迫となる。ひとつは、それら分野での市場開放圧力を高めることであ
る。日本との関係で例示すれば、12ヵ国TPPやトランプ政権による離脱後
の日米貿易協定でとりわけ畜産分野の猛攻勢をかけたことでも明らかである。

　いまひとつは、それら相手国が何らかの農業「振興」を図ろうとすれば、

自国のフードセキュリティ、直接的生産者の所得確保、多面的機能維持など
への影響いかんにかかわらず、半面で相対的に「比較優位」化する分野への
バイアスとその輸出農業化へ向かわされる圧力をこうむる。日本農政における
る「高品質」でグローバル富裕層向け品目分野限定の「輸出成長産業化」戦
略を、こうした文脈でとらえることもできる。

　また当面の日本とは異なり、食料を自給しえず栄養不良まで抱えながらそ
れを輸入でカバーする国際収支状況にもない①低所得食料不足国、②食料純
輸入途上国、③後発途上国ですら、穀物等の基礎食料の輸入依存度を高めな
がら（自給率を下げながら）「非伝統的農産物」の先進諸国・富裕層向け輸
出を増やすという事態が世界規模で生じており（磯田2021a, pp.23-25）、グ
ローバル債務レジーム下で多額の穀物・乳製品・砂糖を輸入しながら切花類、
果実・野菜類のEU諸国や中東産油諸国向け輸出を急増させたケニアを（①
と②の両方に該当）、別種の一事例としてあげることができる（磯田2019,
pp.74-77）。

　こうした負の諸影響・諸矛盾はそれぞれの局面・スケールにおける抵抗と
代替の模索を必然的に生んでおり、例えばアメリカ国内における生鮮野菜・
果実を中心としたローカルフードシステムとそれを担う環境親和型農業の構
築、「穀物複合体」食料輸出圧力を受ける諸国での「国民的農業」路線の対
置、「非伝統的」輸出農業へ強行的再編がなされる途上諸国での食料主権や
経営内・地域内・国内自給重視型アグロエコロジー農業の追求などがあげら
れる。

　同時にマクロ的にはアメリカ国内外にまたがる歪みをもたらすメカニズム
自体を政治的俎上にのせることが欠かせず、それには「世界農業」化のアメ
リカ的形態をもたらす「穀物複合体」食料のダンピング政策（またそれと表
裏・相補的なアグロフュエル政策）[10]、および階級的食生活の鋭角化をも
たらす新自由主義的経済政策・経済構造の転換が含まれなければならない。

注

1）筆者がこれまでFR論の提起を受けて「世界農業」化の概念と実態について触れたものとしては、磯田（2017）（2021a）、磯田・安藤（2019）。

2）磯田（2016）の第1章、磯田（2019，pp.44-60）。

3）薄井（2021）は中国が、アメリカ農産物依存からの脱却という意図・願望とは裏腹に、一方で短期的にはアフリカ豚熱の蔓延、中長期的には国民所得増大下での食肉と油脂およびそれらの飼料・原料消費の激増（という皮肉な食生活の「アメリカ化」）と、他方でのトウモロコシ、大豆、豚肉世界市場におけるアメリカを含む供給寡占化ゆえに、足元でアメリカ依存を強めざるを得ない状況が進行している（それによって米中貿易摩擦戦争が「終戦」していないにもかかわらずアメリカ農業が潤いつつある）こと、さらにバイデン政権はEU等との共同歩調によるWTO等の世界的貿易ルールへの国境炭素税導入によって「ブラジル−中国」（大豆）ラインに掣肘を加えようと企図していることなどを指摘し、「中国的FR」への移行が中国自体の内在要因とアメリカの強烈な逆挑戦によって容易には進まないことを示唆している。

4）さらに今日では巨大プラットフォーマーを介したネット「空間的植民地化」を言うことができよう。

5）「穀物複合体」とは20世紀終盤のアメリカ農業食料セクターにおける広範なM&Aを通じて形成された、穀物油糧種子の流通・加工（飼料生産から畜産物処理加工までを含む）・輸出にまたがる、Cargill、ADM、ConAgra（当時）、Bungeを最上位・最典型とする少数の多角的寡占的垂直統合体のこと。磯田（2001）参照。

6）ベトナムの場合、戦争後のアメリカとの国交回復が1995年だったため1992年には国連Comtrade統計に現れていない。

7）MFPではナッツ類、生鮮ブドウという特産作物も支払い対象になった。

8）概算ダンピング率＝｜飼料穀物・小麦・米の品目別支払いと固定支払い、綿花支払い、ACRE、PLC、ARC、CCP、ローン不足支払い、マーケティングローン差額、証明書交換受取、保全支払い、市場損失支払い、中国制裁報復補償MFPのうち一般作物分（穀物、油糧種子、食用豆、綿花。2020年12月20日までの累積93.75％で計算）の合計額｜÷｜飼料穀物、小麦、米、綿花の販売額合計｜、である。綿花が入っているのは、固定支払いを導入した1996年農業法以降、普通作向け直接支払い額を作物別に区分して抽出するのが困難になったためである。

9）｜酪農支払いとMFPのうち畜産物（牛乳・乳製品と肉豚）分（同上3.97％）の合計に畜産部門の購入飼料費に上述穀物等ダンピング率を乗じた額を加えた合計｜÷｜牛乳・乳製品、肉用家畜、その他家畜、家禽・鶏卵の販売額合計｜、である。

10) アグロフュエル政策と中国の輸入激増によるアメリカ穀物・油糧種子市場の
構造的変容については、磯田（2023）を参照。

引用・参考文献

磯田宏（2001）『アメリカのアグリフードビジネス―現代穀物産業の構造再編―』
日本経済評論社.

磯田宏（2016）『アグロフュエル・ブーム下の米国エタノール産業と穀作農業の構
造変化』筑波書房.

磯田宏（2017）「『農業競争力強化』の本質と狙いをどう読み解くか」『農業と経済』
83（10）（2017年10月臨時増刊号），pp.30-41.

磯田宏（2019）「新自由主義グローバリゼーションと国際農業食料諸関係再編」田
代洋一・田畑保編著『食料・農業・農村の政策課題』筑波書房，pp.41-82.

磯田宏（2021a）「日本におけるメガFTA/EPA路線と『世界農業』化農政の矛盾
と転換方途」『立命館食科学研究』3，pp.15-34.

磯田宏（2021b）「世界農業食料貿易構造の現局面」『農業市場研究』30（3），pp.3-
24.

磯田宏（2023）「米国穀物・油糧種子産業構造および関連政策に関する分析」林瑞穂・
野口敬夫・八木浩平・堀田和彦編『穀物・油糧種子バリューチェーン構造と日
本の食料安全保障―2020年代の諸相―』農林統計出版，pp.61-95.

磯田宏・安藤光義（2019）「グローバリゼーション・メガFTA/EPA局面の主要国
農政対応の位置と性格」『農業問題研究』50（2），pp.1-9.

薄井寛（2020）『アメリカ農業と農村の苦悩』農文協.

薄井寛（2021）「農村部からみるアメリカ」『経済』311（2021年8月号），pp.78-88.

平賀緑・久野秀二（2019）「資本主義的食料システムに組み込まれるとき―フード
レジーム論から農業・食料の金融化論まで―」『国際開発研究』28（1），pp.19-37.

Araghi, F.（2009）"The Invisible Hand and the Visible Foot: Peasants,
Dispossession and Globalization," Akram-Lodhi, H. and Kay, C.（eds.）
*Peasants and Globalization: Political Economy, Rural Transformation and the
Agrarian Question*, Abingdon and New York:Routledge, pp.111-147.

Belesky, P. and Lawrence, G.（2019）"Chinese State Capitalism and
Neomercantilism in the Contemporary Food Regime: Contradictions,
Continuity and Change," *The Journal of Peasant Studies*, 46（6）. pp.1119-1141.

Bernstein, H.（2009）"Agrarian Question from Transition to Globalization,"
Akram-Lodhi, H. and Kay, C.（eds.）*Peasants and Globalization: Political
Economy, Rural Transformation and the Agrarian Question*, Abingdon and
New York:Routledge, 239-261.

Bernstein, H.（2010）*Class Dynamics of Agrarian Change*, Black Point and

Winnipeg：Fernwood Publishing.

Bernstein, H.（2014）"Food Sovereignty via the'Peasant Way': A Skeptical View," *The Journal of Peasant Studies*, 41（6）, pp.1031-1063.

Bernstein, H.（2016）"Agrarian Political Economy and Modern World Capitalism: The Contribution of Food Regime Analysis," *The Journal of Peasant Studies*, 43（3）, pp.611-647.

Burch, D. and Lawrence, G.（2007）"Supermarket Own Brands, New Foods and the Reconfiguration of Agri-food Supply Chains," Burch, D. and Lawrence, G.（eds.）*Supermarkets and Agri-food Supply Chains*, Northampton：Edward Elgar, pp.100-128.

Burch, D. and Lawrence, G.（2009）"Towards a Third Food Regime: Behind the Transformation," *Agriculture and Human Values*, 26（4）, pp.267-279.

Campbell, H.（2009）"Breaking New Ground in Food Regime Theory: Corporate Environmentalism, Ecological Feedbacks and the 'Food from Somewhere' Regime?" *Agriculture and Human Values*, 26（4）, pp.309-319.

Dixon, J.（2009）"From the Imperial to the Empty Calorie: How Nutrition Relations Underpin Food Regime Transitions," *Agriculture and Human Values*, 26（4）, pp.321-333.

Friedmann, H.（1991）"Changes in the International Division of Labor: Agri-food Complexes and Export Agriculture," Friedland, W., Busch, L., Buttel, F., and Rudy, A.（eds.）*Towards a New Political Economy of Agriculture*, Boulder：Westview Press, pp.65-93.

Friedmann, H.（1993）"Distance and Durability: Shaky Foundation of the World Food Economy," *Third World Quarterly*, 13（2）, pp.371-383.

Friedmann, H.（2005a）"From Colonialism to Capitalism: Social Movements and Emergence of Food Regime," Buttel, F. and McMichael, P.（eds.）*New Direction in the Sociology of Global Development*（*Research in Rural Sociology and Development Vol.11*）, Amsterdam：Elsevier, pp.227-264.

Friedmann, H.（2005b）"Feeding the Empire: The Pathologies of Globalized Agriculture," *Socialist Register*, 41, pp.124-143.

Friedmann, H.（2009）"Discussion. Moving Food Regimes Forward: Reflections on Symposium Essays," *Agriculture and Human Values*, 26（4）, pp.335-344.

Friedmann, H.（2014）Food Regimes and Their Transformation, Food Systems Academy-Transcript, Food Systems Academy（http://www.foodsystems academy.org.uk/audio/harriet-freidmann.html, accessed on August 5, 2021）.

Friedmann, H.（2016）"Commentary: Food Regime Analysis and Agrarian Questions: Widening the Conversation," *The Journal of Peasant Studies*, 43（3）, pp.671-692.

Friedmann, H. and McMichael, P. (1989) "Agriculture and the State System: The Rise and Decline of National Agriculture, 1870 to the Present," *Sociologia Ruralis*, 29 (2), pp.93-117.

McMichael, P. (1991) "Food, the State, and the World Economy," *International Journal of Sociology of Agriculture and Food*, 1, pp.71-85.

McMichael, P. (2005) "Global Development and the Corporate Food Regime," Buttel, F. and McMichael, P. (eds.) *New Direction in the Sociology of Global Development (Research in Rural Sociology and Development Vol.11)*, Amsterdam: Elsevier, pp.265-299.

McMichael, P. (2009) "A Food Regime Analysis of the 'World Food Crisis'," *Agriculture and Human Values*, 26 (4), pp.281-295.

McMichael, P. (2013) *Food Regimes and Agrarian Questions*, Black Point and Winnipeg: Fernwood Publishing.

McMichael, P. (2016) "Commentary: Food Regime for Thought," *The Journal of Peasant Studies*, 43 (3), pp.648-670.

McMichael, P. (2020) "Does China's 'Going Out' Strategy Prefigure a New Food Regime?" *The Journal of Peasant Studies*, 47 (1), pp.116-154.

Otero, G. (2018) *The Neoliberal Diet: Healthy Profits, Unhealthy People*, Austin: University of Texas Press.

Winson, A. (2013) *The Industrial Diet: The Degradation of Food and the Struggle for Healthy Eating*, Vancouver: University of British Columbia Press.

付記：本稿はJSPS科研費20H03091、および東京農業大学委託研究（農林水産省・連携研究スキーム）「北米地域における日系商社の穀物フードチェーンと日本の穀物実需産業に関する研究」の助成を受けた研究成果の一部である。

（磯田　宏）

［最終稿提出日：2022年2月8日］

第5章

EU農業
―環境・市場・再分配―

1. 農業者の福祉と再分配

　EUの共通農業政策（以下、CAP）の目的に「農業の生産性を高め、とく
に農業部門で働く人々の個人所得を上げることによって農業者の公正な生活
水準を確保すること」がある。この設立以来の目的は今日においても実質的
な意味を十分に持つ。1992年CAP改革への指針を示した欧州委員会文書「共
通農業政策の展望」では「CAPの目標は経済的側面と社会的側面があり
……、経済的な目標の達成と農業者の公正な生活水準を確保するという社会
的な目的を両立すること」（European Commission 1985）であり、中東欧諸
国の拡大を前にしたアジェンダ2000におけるCAP改革案では「ヨーロッパ
（農業）モデルは、市場組織メカニズムと直接支払いにより農業者の所得と
その安定を維持しなければならない」（European Commission 1998）と表現
した。さらに、直接支払いのデカップリングを導入した2003年改革では
「CAPの基本的な目的は、農業者の公正な生活水準の保証と農業収入の安定
への貢献であり続け……、市場からえる収入だけでは多くの農業世帯にとっ
て受け入れ可能な生活水準の達成には不十分であり、直接支払いが農業者の
公正な生活水準と安定を確保する上で中心的な役割を果たし続ける」
（European Commission 2002）。そして2023-27年期のCAPにおける9つの目
標の筆頭が「農業者の公正な所得を確保」することであり、「新たなCAPは

より高いレベルの環境、気候、アニマルウェルフェアへの配慮と、とくに中小規模の家族経営の農業者や若手農業者に対するより公平な直接支払いの分配の組み合わせ」（European Commission 2021）となる。また、欧州会計検査院は農業者の公正な生活水準を確保するとした設立条約の目標に関する評価にあたって、このことはCAP全体におよぶライトモチーフであると指摘する（European Court of auditors 2003）。所得支持はCAPの誕生以来、今日まで貫かれており、これからのCAPのありようを考察する上でも重要な視点である。

　今日、EU農業をめぐる新たな挑戦は地球温暖化対策への適応である。EUは世論の高い関心を背景に、国際社会において地球温暖化対策に関する議論を先導している。2019年12月に公表された、2050年のカーボンニュートラル達成を目標とする「欧州グリーンディール」はその象徴である。それを受けて農業・食料分野では2020年5月、「Farm to Fork戦略」が副題となる公正で健康で環境に優しい食料システム構築を目標として公表された。

　Knunden（2009）が示したように、EU設立以前に加盟各国の農業政策が福祉国家建設を背景に成立したと同様、CAPも農業者の福祉と再分配の観点からデザインされた点を強調する見方がある。カーボンニュートラルには産業への強い制約を課すことになるため、農業分野においても農業者の所得にマイナスの影響を及ぼしかねない。農業者福祉の側面を強く継承し再分配の機能をもつのがCAPだと捉えることで、EUにおいてカーボンニュートラルと市場に向き合う農業政策の在り方と農業生産の方向をよりよく理解できるように思う。

　以下では、まずEUの代表的な経営における農業所得の構造について確認した後、農業生産物の国際価格化とWTO規律化における所得支持、すなわち直接支払いの骨格についてみてみたい。そして、農業者の所得支持が基調のCAPにあって、その立案決定のプロセスにおいて制度的に農業界以外の声が強く反映されるようになったことや、食料消費の大きな変化の予兆に触れながら、環境と市場に向き合うCAPとEU農業について展望したい。

２．農業所得の構造

　一連のCAP改革を通して、EUにおける農業所得の構造は大きく変わった。
1992年マクシャリー改革は内政的には構造的な農産物の生産過剰の解消を、
対外的にはGATTウルグアイラウンドの交渉妥結を目指した。その目指す改
革の方向は価格支持の廃止であり、域内価格の国際価格化であった。これに
より輸出補助金を撤廃し、飼料穀物をはじめとした域内需要を喚起できた。
以降、20余年の間、いくたびの改革を経て、緊急時に出動できる価格支持の
仕組みを一定程度残しつつ、農産物市場をめぐる一連の農政改革は完了した
と言っていい。これに伴い、国際価格では存立できない農業経営に対して直
接支払いで財政負担する農業所得政策が成立した。**図5-1**、**図5-2**は、フラ
ンスにおける小麦と生乳の生産者価格を、それぞれ国際価格として指標的な
アメリカとニュージーランドのそれらと比較して示した。小麦については
1990年代前半、生乳については2000年代後半に国際価格とほぼ同水準で連動
するようになったことがわかる。また2015 ～ 2017年のEUにおける牛肉価格
はオーストラリアの0.95 ～ 1.03倍であり、豚肉価格はアメリカの1.03 ～ 1.19
倍である（European Union 2018）。
　このことにより、とりわけ土地利用型の畑作経営や畜産経営において直接
支払いの所得依存度が顕著に高まった。例えば、フランス・サントル地方の
畑作経営をみよう[1]。経営面積130ha（小麦42ha、冬大麦17ha、春大麦25ha、
菜種30ha、ヒマワリ８ha、豆類８ha）、フルタイム労働力１人で販売額は12
万4,756ユーロ、直接支払い２万8,725ユーロ、合わせて15万3,481ユーロの収
入がある。ここから、肥料、種苗、農薬等の物財費５万6,562ユーロと、燃
料費、作業委託費、支払地代、保険料等の固定費として５万6,524ユーロ、
計11万3,086ユーロの経費を差し引くと、４万395ユーロが粗所得として残る。
借入金２万6,676ユーロを引いたキャッシュフローは１万3,719ユーロである。
キャッシュフローに占める直接支払いの割合は210％になる。財政負担によ

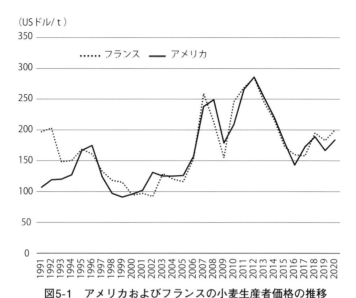

図5-1　アメリカおよびフランスの小麦生産者価格の推移

資料：FAOデータベースより作成。

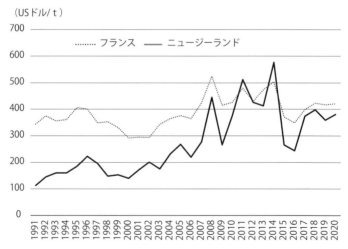

図5-2　ニュージーランドおよびフランスの牛乳生産者価格の推移

資料：FAOデータベースより作成。

る直接支払いが農業経営を支えていることがわかる。この給付単価は全国的に平準化に向かったため、とりわけ穀作を行う経営において給付単価が引き下げられてきた（石井 2011）。なお、この収支計算に用いられた小麦価格は144ユーロ/tである。直接支払いがなければ、1万6,523ユーロの赤字となり、50％価格が上昇したとき4万5,585ユーロの所得が得られる。

　また、ノルマンディ地方の経営面積119ha（うち販売作物15ha、飼料トウモロコシ15ha、草地89ha）、搾乳牛75頭（6,000ℓ/頭）、去勢牛20頭、労働力1.5人（うち雇用労働0.5人）の酪農モデル経営では、販売額24万6,320ユーロ、直接支払い3万5,780ユーロから費用20万6,093ユーロを差し引いた粗所得7万6,007ユーロに対して、借入金返済額3万8,799ユーロを差し引いたキャッシュフローは3万7,208ユーロである（Chambre régionale de l'agriculture en Normandie 2019）。キャッシュフローに占める直接支払いの割合は96％になる。

　農業経営の収益性は著しく財政負担に依存する反面、直接支払いは確実なキャッシュフローの確保に役立ち、ひいては経営継承が成立する前提条件として経営の存立に不可欠なことがわかる。

3．WTO規律下のCAP

（1）農産物価格の変遷：支持価格から国際価格へ

　以上のようにEUにおける農業経営、とりわけ土地利用型の農業経営においては、所得の過半を直接支払いが占めている。その起源にさかのぼってみよう。1958年に6ヵ国からスタートした現在のEUは、当時、域内の食料需要を十分満たせず輸入国の位置にあった。例えば穀物自給率についてみると、フランスでは100％に達していたものの、ドイツでは60％強、オランダでは30％程度であった（農林水産省 2019）。それが今日のような大輸出国にまでになったのは、収量増加をもたらした技術進歩に加え、国境措置や価格支持による保護農政によるところは大きい。

EU設立以前には、加盟国それぞれ固有の農業政策の伝統をもち、異なる農業保護政策を行ってきた。EU設立後の第1の目標は関税同盟の実現である。農業分野を含めた加盟国間の関税撤廃を可能にする農産物市場政策、それが共通農業政策である。EU創立5ヵ国の主要農産物の生産者価格についてみると、例えば小麦価格はフランスで最も低く、フランスの価格を100としたとき、ドイツ、イタリアはそれぞれ141、148、また牛肉価格は同じくフランスの価格を100とすると、両国でそれぞれ115、135であった（Bergmann and, Baudin 1988）。EU設立により域内の農産物の自由流通を達成するにあたって、「加盟国が従来講じてきた生産者の就業と生活水準を補償（上述の設立条約第43条）」できる政策体系が求められた。すなわち、各国農政の継承である。

　域内で自給を達成すると、農産物過剰の時代の到来である。1980年代になると生産調整の手段として、牛乳には生産割当制度が、穀物などには支持価格の引下げや過剰処理費用の生産者への転嫁が、地中海産品として重要なブ

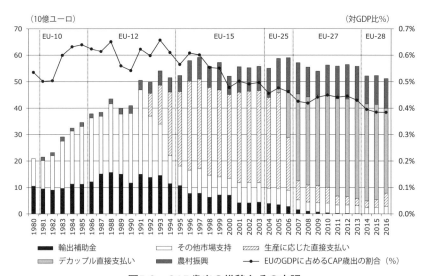

図5-3　CAP歳出の推移とその内訳

資料：European Commission (2020) *CAP Expenditure and CAP Reform Path.* August 2020.

ドウやオリーブについては廃園への奨励金が導入された。さまざまな生産調整策が実施されたにもかかわらず、80年代を通じて過剰問題は一向に解消されることはなかった[2]。その間、過剰農産物の処理のために実施した補助金付きの輸出は農産物の輸入国から一大輸出国に転換させ、世界一の農産物輸出国であったアメリカの市場を侵食した。このことが深刻な米EU貿易摩擦問題に発展する一方、EUの財政負担は膨張し続けた。1986年に始まるガット・ウルグアイラウンドの大きな争点の一つがアメリカとEUの農産物貿易摩擦であり、とくに国際農産物貿易に悪影響を及ぼす輸出補助金や関税以外の国境措置、価格体系をゆがめるような国内の補助金について、それらの廃止や削減が交渉の中心となった。上述の通り、1992年マクシャリー改革以降、WTO規律下における農政改革と農産物の国際価格化が進められた。

　加えて、冷戦後に中東欧諸国が民主化し、EUへの加盟準備が始まったことである。新規加盟国は従来加盟国に比べ経済水準は低く、経済に占める農業部門の割合が高い。農業・食品産業全体の生産性の向上と競争力の強化が求められ、積極的な構造調整を必要とした。農業就業人口で上回る新規加盟国に従来のCAPが適用されれば、EU財政はもたない。新規加盟国を受け入れ可能なCAPに転換せねばならず、先行した穀物や牛肉に限らず、あらゆる生産物において国際価格化を準備していく必要があった（Buckwell 2013）。

（2）農業所得の再分配：GATT/WTO規律下の所得政策

　1992年農政改革に伴う直接支払いの本格導入に続き、2003年農政改革では、過去の直接支払いの給付額を基礎に給付額が定められる単一支払制度が導入された。いわゆる「デカップリング（生産との切離し）」型直接支払いである。当初導入の直接支払いでは面積あたり、もしくは飼養頭数あたりの単価が品目ごとに設定されてきた。耕種作物の場合、品目別の直接支払単価（ユーロ/t）に地域ごとの標準的な収量（t/ha）を乗じて、面積あたり給付単価（ユーロ/ha）が算出される。生産者は作物の市場価格の動向や生育環境、経営の装備や技術とともに直接支払いの単価を念頭において作付を判断

する。補助金が生産者の作付の判断を左右し、結果、生産量に影響を与えることになる。他方、単一支払いは畜産部門も含めた品目横断的な直接支払いで、これにより生産者は作目や飼養頭数に関係なく直接支払いの給付を受ける。生産者からみれば、何を作付しようが、収量をどれだけ引上げようが、補助金の給付額は変わらない。このため、生産者は補助金の有無、多寡にかかわらず市場価格の動向を見て生産する作物や家畜を選択するようになる。こうして、政策により生産が刺激されることもなく、結果、過剰を生み出し、輸出を通じて貿易を歪めることが防げる。これが「デカップリング」のねらいであり、WTO農業協定にて許容された直接支払いへの転換であった。

　単一支払いの給付単価はそれぞれの経営がかつて受け取った受給額を反映するため、経営間の給付単価には大きな格差があり、そのことは経営組織間や地域間に大きな格差を生み出す。この差はかつての政策支援の大きさの反映であり、政策支援を通じた収益性格差であるから、政策変更の過渡期を越えて中長期に耐えうる根拠とはならない。直接支払制度の公平性と正当性をいかに高めるか、財政負担による農業所得政策の根幹である。その再分配の仕組みや程度には加盟国に大きな裁量がある。

　第1は、面積当たりの給付単価の平準化である。デカップリング型の直接支払いは過去実績をもとに経営ごとに給付単価が決められてスタートした。このため、かつての作付け体系に応じた面積当たりの給付単価は、大規模な普通畑作経営と条件不利地域の粗放的な畜産、酪農経営とでは大きく異なる。この格差を解消しようとするのが平準化である。

　しかし、いわゆる過去実績の完全な払拭は一部農業者の大幅な所得減を招くため、政治的には容易ではない。また、大幅な政策価格の引き下げ後に加盟することとなった中東欧諸国と旧加盟国との間でも給付単価の格差が生じた。給付単価の平準化問題は今日でも2023-27年期のCAPの決定プロセスにおいて一つの争点として残っている。1992年マクシャリー改革に始まる一連のCAP改革を完了させるために残された最後の課題である[3]。

　第2は、「リカップリング」である。完全なデカップリングは、フランス

やスペインをはじめ多くの加盟国の反対にあった。完全に生産から切り離されたため、生産者は栽培あるいは飼養をせずに保全管理を行うことで支払いを受けることができる。生産の放棄は川下に波及し地域経済の衰退につながる恐れが出てくるとして、直接支払いの一部を生産面積や飼養頭数に応じた支払いを残すことになった。繁殖メス牛、羊、ヤギに対する頭数当たりの支払いは、条件不利地域における粗放的な畜産の維持奨励策として今日まで残る直接支払いである。

　第3に、環境保全やアニマルウェルフェア等への配慮が直接支払い給付に組み込まれた。上述のように、EUの農業経営の大半、とりわけ土地利用型の農業経営においては直接支払いが経営の存続にとって不可欠である。1992年よりすべての加盟国で実施が義務付けられた農業環境支払い、2003年より本格的に導入された直接支払いの要件化、すなわち、種々の環境保全、動物福祉、家畜衛生等に関する法令順守や特定の環境保全行為の順守を受給要件とすること、そして2014年より実施された直接支払給付総額の30%にさらに付加的な環境保全要件を課したグリーニングのように、直接支払いを通じて営農行為を誘導する政策措置が展開した。さらに、2023年に導入される「エコスキーム」は、上の給付要件やグリーニング要件を強化し直接支払い給付の基礎要件とした上で、有機農業や総合防除（IPM）のほか、アニマルウェルフェア、アグロフォレストリー、精密農業、カーボンファーミング（保全農業など土壌中の炭素貯留を高める農法）、水資源保全、アグロエコロジー等の導入、実施を要件に給付される年次支払いである。環境支払いがより中長期の順守約束に基づき給付されるのに対して、エコスキームは単年の支払いとなる。生産者はいっそう環境やアニマルウェルフェア要件の強化に適応しなければならない。

　第4に、加盟国裁量の増大である。価格支持を通した所得支持を行う際、EUが定める指標価格や介入価格は市場全体に通じるのに対して、上に見るような給付単価の平準化やリカップリング、環境保全等に関する給付要件の詳細は加盟国政府、もしくは州政府の権限のもとに設計、実施される。生産

条件の多様性や地域固有の条件に応じた設計が可能となる一方、裁量の度合いが深まると地域間、加盟国間の公正な競争条件の侵害の懸念が増す。また、裁量のもとで加盟国の財源負担が許容されたり、EU財政の制約からEU負担分が減少するとなれば、域内競争の公平性の確保が大きな課題となる。「共通」を冠したEU農業政策の「renationalization」の進行である。

（3）WTO規律からの解放

　1992年マクシャリー改革以来、CAPはWTO農業協定の規律に適合するように改革を重ねてきた。他方で2000年に開始宣言されたドーハ・ラウンドは、2008年の閣僚会合で交渉の基本的ルールを巡って決裂して以降、事実上膠着した（黒田 2019）。唯一の大きな進展は2015年WTO第10回閣僚会議（開催地ナイロビ）における輸出補助金の撤廃に関する合意である。以降、WTOのもとでの農業をめぐる新たなルール作りがさらに進む気配はない。

　すでに述べたように、EUは輸出補助金の大幅削減を達成した。交渉の場ではEUが行った農政改革を他国も追随すべきとして、貿易歪曲的な国内農業補助金のいっそうの削減を提唱した（European Commission 2017b）。EUが削減すべき国内支持（通称「黄」の政策）の枠（国内支持相当量）は723億ユーロであるが、2018年の通報額は71億ユーロであり、削減を猶予される国内支持（生産調整を伴う国内支持、通称「青」の政策）とリスク対策の金額を加えても150億ユーロに過ぎない[4]。EUの国内支持に関する裁量は巨額であり、もはや国内支持に関するWTO規律がEUの政策設計の制約とはならない（European Court of auditors 2016）。

　WTOの制約から解放される中、二国間交渉を通じて貿易の自由化が進展中である。EUは歴史的にも多国間主義の立場からGATTやWTOの舞台を重視し、1999〜2006年の間には新規の二国間交渉の開始を凍結させた。しかし、ドーハ・ラウンドの停滞や世界の貿易交渉における二国間協定が増加するなかで、2000年代中盤に立場を変更、農業生産に脅威を与えるような国々も含めて二国間交渉が進められてきた（Detang-Dessendre and Guyomard

2019 p.75)。

　平均関税が最も高いセクターは酪農部門（32.3％）で、次いで砂糖と菓子（27.0％）、食肉（19.0％）、穀物および調整品（17.2％）と果物や野菜（13.0％）である。ただし、酪農部門は比較的高い関税が設定されているが、国際価格への接近は進み、2009年以降のOECDによる農業保護指標の一つであるPSE（生産者支持相当量）はゼロ、もはや市場価格に影響を与えることなく関税を引き下げることができる（Matthews 2020）。農産物の域内価格が国際価格に連動する産品については関税引き下げの影響はない（Buteau 2017）。近年、協定が締結、発効したり、交渉中の貿易協定の相手国には日本や東南アジア、メルコスール、オーストラリア、ニュージーランドなどがある。影響があるのは主として畜産物であり、乳製品や豚肉のように輸出を拡大できる品目、牛肉や鶏肉のように輸入の拡大が見通される品目がある。耕種作物では東南アジアからのコメの輸入の増加が見込まれる一方、生産割当制度が2017年に終了した砂糖については、価格下落により世界市場における競争力の向上が期待され、EUは純輸入国から純輸出国に転じることが見込まれる（Ferrari et al. 2021）。

４．EU農業を変える環境圧力と食料消費

（１）環境をめぐるCAPの立案決定のプロセス

　EUの前身となるECが設立され、類例を見ない国家を超えた農業政策や農業市場の構築に挑んでおよそ30年、そして1992年マクシャリー改革や1994年GATTウルグアイラウンド最終合意から30年余り、そこで目指した生産物価格の国際価格化が達成され、WTOにみる農業協定上の制約から解放された。主たるCAP改革の積み残しは、直接支払いに残る加盟国間、地域間、経営間に残る分配の偏りをいかに是正していくかである。そして次なる30年は、2050年を目標年に設定されたカーボンニュートラルをめぐる政策決定が農業市場と農政を方向づけることとなろう。

欧州委員会は2019年12月、欧州グリーンディール（European Green Deal）を公表し、2050年までに温室効果ガスの排出を実質ゼロにする目標を示した（European Commission 2019）。この達成のために2020年5月、農業・食品分野の対策として「農場から食卓へ（Farm to Fork）戦略」、生態系・生物多様性の保全と復元に向けて「生物多様性戦略2030」を発表した。前者については、2030年までに農薬使用とリスクの50％削減、窒素やリンなどの養分喪失を50％削減、肥料使用量の20％削減、畜産・水産の抗菌剤販売を50％削減、有機農業を全農地の25％以上で実施との目標を掲げた。後者については、域内の陸地および海の30％を保護区に指定、悪化した生態系の回復、農地に生息する鳥類や昆虫、とくに花粉媒介昆虫の保護、そして同じく、農薬や肥料の使用削減、有機農業の推進を掲げた（European Commission 2020a）。

EUにおける生物多様性の保全政策は、1979年「鳥類」指令および1992年「生息地」指令[5]の制定に始まる。1992年「生息地」指令は1,000種あまりの動植物、200タイプの生息地の保護を目的とし、それらを保護する区域を「Natura 2000」区域と呼称する。EU域内面積の18.4％、2.7万区域がNatura 2000区域として指定され、このうち約40％が現在もしくはかつて農業利用されている（2016年）[6]。かつて豊かな生物多様性を持つとされた農用地のうち残存するのは15～25％程度といわれ（European Commission 2017b）、欧州委員会が発行する環境の質に関する報告書は、農業、林業、採掘、エネルギー、運輸、都市、採取、外来種侵入、汚染、水利用、気候変動等、生物多様性や生息地に対する種々の圧力要因のうち、最も負の影響の大きいのが農業であり、悪化傾向にあることを常々指摘してきた（European Commission 2020b）。

農業がカーボンニュートラルに取り込まれる上で、政策の立案決定のプロセスは重要である。現在の政策枠組みである2014-20年期のCAPの立案過程にはこれまでにない特徴があり、今後を規定する。第1は、初めて27ヵ国による立案となったことである。2004年に中東欧諸国10ヵ国、2007年にさ

らに２ヵ国が加盟したが、加盟に先立ち新規加盟国における実施の骨格は決定されていた。例えば、重要な決定事項の１つとして挙げられるのは、新規加盟国における直接支払いの水準は加盟後2013年までに、従来加盟国の水準に近づけることである（2002年10月欧州理事会）。中東欧諸国がCAPの立案段階から参加することでとりわけ、加盟国間の支援策の公平性が大きな課題にあがってきた。

　第２は、EUの意思決定システムの改革を進める2009年リスボン条約の発効により、承認や諮問にとどまった欧州議会が加盟国の閣僚で構成される理事会と同等の決定権をもつに至ったことである。従来、CAPにかかる法令の制定や予算の決定は閣僚理事会、すなわち農業分野の場合には加盟国農相が集う農相理事会に主たる決定権があり、CAPはいわば農業問題をめぐる各国間の利害調整という性格が強かった。CAPの決定過程における欧州議会の権限強化により利益団体のロビイングが活発化し、種々の市民運動がEUの意思決定に反映するようになったという。農業団体、欧州委員会高官、各国外交官が意思決定の主たる当事者であった時代の終わりが指摘され（Martin 2014）、CAPの議会化（Parliamentalization）を通してEU市民社会の要求が直接、CAPの決定プロセスに反映しだした（Remacle, Zamburlini 2015）。CAPにおける環境問題の取り込まれ方の局面変化といえる。

　CAPの議会化の過程で環境NGOが果たす役割は大きい。直接支払いの一部に導入されたグリーニングに見るように、2014-2020年期CAPの立案では環境問題が中心課題となった。環境NGOによるCAP決定過程への参加の場面は、第１に、改革案を提示する前に行った市民向けの意見聴取（パブリックコンサルテーション）であり、加えて、欧州委員会の改革案公表の後、種々の影響調査にEEB、バードライフ、WWF/EPO等環境NGOの参加が求められた点である。第２に、このような参加の機会を得た環境NGOが欧州委員会の提案文書に対して、互いの長期的にあり得るべき姿や公共介入かリベラルかの議論は横に置き、具体的な意見を調整し共同行動をとったことである[7]。政策決定プロセスにステークホルダーの参加を促すあり方は2000年

代に入りEU機関全体が目指す新しいガバナンスの方針であったが、ここに具体的にCAPの立案決定プロセスに適用された（Martin 2014）。そして、環境NGOがより長期的にカーボンニュートラルを見据えて主張するのが、食料消費の大幅な変革である。

（2）カーボンニュートラルと食料消費

　食料消費は経済成長とともにその質を変えながら量的に拡大するもので、農業政策や市場を考える際の所与としてあった。しかし、地球温暖化対策にあっては積極的に変えるべき対象である。持続的開発目標やパリ協定目標を達成するには食生活の抜本的な変化が必須とされ、その中で食肉消費の半減が説かれ注目を浴びた（Springmann et al. 2018）。持続可能な食料システムのもとで世界中で健康的な食生活を送ることが地球環境の保全と数十億人の健康改善に資するとして、果物、野菜、豆類、ナッツなどの食品の消費量を現在の２倍以上に、砂糖や食肉の消費量を現在の50％以上削減する提言である。

　これら科学者からの知見をバックボーンに、環境NGOはロビイングを通して農業部門に環境保全圧力をかけるだけでなく、食料消費の転換を唱道する。例えば、フランスの有力な環境NGOの一つである自然と人間のためのニコラ・ユロ財団は、フランス政府が国家低炭素戦略で定めた農業部門の排出量削減の目標（2050年までに46％削減、2030年までに19％削減）を達成するには、フランスでの畜産物の生産と消費を2050年に2020年比で50％削減する必要を説く（Fondation Nicolas-Hulot pour la nature et l'homme 2021）。

　動物性食品を控える菜食主義について、フランス、ドイツ、スペイン、イギリスの４ヵ国を対象とした調査研究によれば（France AgriMer 2019）、乳製品や鶏卵を除く動物性食品を摂取しない菜食主義者（végétarien）はフランス４％、ドイツ４％、スペイン１％、ドイツ５％である。乳製品、鶏卵を含めてすべての動物性食品を摂取しない完全菜食主義者（végétalienおよびvégane）は1.2％、1.9％、1.8％、2.6％と少数であるが、植物性食品を中心

に食べるが時には肉・魚も食べるという柔軟な菜食主義者（flexitarien）は20%、26%、23%、19%に達する。菜食主義者と完全な菜食主義者は65歳以上では２％に過ぎないが、18-24歳では12%、25-34歳では11%である。結婚や子供を持つことで動物性食品との接し方も変わりうるというが、若年世代への浸透は中長期的な食料消費に影響を及ぼす可能性がある。他方、柔軟な菜食主義は受け入れやすい倫理的消費であり支持者が広がりやすい。

　フランスを例に少し掘り下げてみよう。フランスにおける食肉消費はすでに1980年代の初めから、牛肉、ジビエ、内臓肉の消費が落ち始め、かわって豚肉や鶏肉の消費が増加した（Tavoularis, Sauvage 2018）。2007年から2016年の間、畜産物の消費量は約12%減少、なかでも比較的高所得の専門職・上級職のグループでは19%減少した。2018年には健康、環境への影響、動物福祉への配慮から、フランス人の35%が肉の消費を制限しており、専門職・上級職のグループでは43%に上った。

　倫理的消費は地球環境への配慮に起因するだけでなく、アニマルウェルフェアへの配慮が食肉消費に影響を及ぼす。EUが行ったアニマルウェルフェアに関する世論調査では、94%のEU市民が家畜の福祉の保護が重要であると回答、64%が家畜の飼養条件に関する情報がもっと必要だと回答した（European Commission 2017）。また、62%が輸入品にはEUと同等のアニマルウェルフェアの水準を求めるべきとの考えに全く賛成であると答える。59%のEU市民がアニマルウェルフェアに配慮した畜産物であれば追加的な支払いをする用意があり（ただし、追加的な支払い額が５％までとする市民が35%、20%以上とする市民は３％）、52%がアニマルウェルフェア配慮のラベルを見つけて購入するという。

　このように自らの健康への配慮だけでなく環境やアニマルウェルフェアへの配慮を念頭に食肉消費を控える行動が定着しつつある。消費者ニーズの転換は農業生産のあり方にも大きな影響を及ぼすことになろう。

5．グローバル環境制約下のCAPと農業市場に向かって

　農業者の公正な生活水準の確保を謳いながら設立されたEUは、国を超えた範囲で共通の農業政策を打ち立て、域内市場を完成させた。その手段として構築された価格支持は、主要農畜産物の構造的な生産過剰とその処理のための補助金付き輸出が生んだ農産物貿易摩擦を経て、共通農業政策はWTO農業協定の規律下に入った。すなわち、輸出補助金の削減、国内補助金の削減、市場アクセスの改善である。市場介入は今日、ロシアのEU産乳製品の禁輸を契機とする酪農危機や今次のコロナ禍における介入措置など緊急時の措置を例外として、大幅に削減されている（石井 2020）。他方、1992年のCAP改革以降、EUにおける大半の農業経営において、市場価格の国際価格化と同時に導入された直接支払いが経営の存続には欠かせない。

　このため、この直接支払いの給付に付加された種々の環境要件は、生産者にとって義務的である。とくに普通畑作や酪農、肉牛にみるような土地利用型の畜産は、所得に占める財政支援が大きい。農業福祉的観点からすれば、経営への過度の負担を避けつつ転換を促す仕組みである。飼養技術の改善や付加価値化による所得の安定、温室効果ガスの削減による地球環境保全、抗菌剤使用低減による公衆衛生負荷の軽減、適切な草地利用による炭素貯留機能の向上、生物多様性や地域の水環境の保全、アニマルウェルフェアの向上、景観保全などアメニティ供給の向上、畜産部門の労働条件の改善、そしてアグリバッシングなどに見る種々の社会との軋轢の解消と課題は山積する（Detang-Dessendre and Guyomard 2020, p.222）。財政を通じた直接支払いによる誘導は不可欠の手段である。

　他方で、温室効果ガス削減、生物多様性の保全、アニマルウェルフェア等に関する種々の規制の水準と市場における公正な競争条件をめぐる対立は必至である。それぞれ世論を背景に積極的な加盟国と消極的な加盟国、とりわけ西高東低、北高南低の傾向がある。また、ひとたびEUの規制ができれば、

その規制が緩い諸外国産の輸入品との競争条件の差が生まれる。規制により域内生産が縮小し輸入が増えれば、環境負荷を他国に輸出するだけに終わる。消費者保護の観点から、そして公正な競争条件の観点からと、表示の義務化や輸入制限など貿易摩擦の火種は多い。

　さて、農業所得は国際価格に依存する。2000年代後半以降の生産物価格の世界的な上昇はEU域内でも生産増をもたらし、それに伴う投入財の使用が増加した（Detang-Dessendre, Guyomard 2020, p.154）。この経験を踏まえるならば、環境負荷をもたらす農業の集約化や生産増は国際価格の趨勢に大きく依存する一方、生産物価格の上昇とともに環境支払い等財政支出による政策措置の誘導効果は弱まる。もしくは同等の効果を得ようとするならば、給付単価の増額、ひいては財政支出の増大が必要となる。となると、主な手段は直接支払いの給付要件の強化である。さらに国際価格が上昇するならば、やがて生産者は環境制約の強い直接支払いの需給を回避することになろう。このとき規制の強化や投入財への課税が現実的となる。

　他方、国際価格が低迷するならば、環境制約により被る生産者のコスト負担感は大きくなる。市場の力により一定の投入削減が期待されるが、さらなる環境制約の強化を生産者に求めるならば、財政負担による強い誘因が必要となろう。EUにおける生産者価格が国際価格に一致する今日、国際価格の趨勢はカーボンニュートラルや生物多様性の保全を目標とするCAPにおいて大きな試練となる。

　国際市場に連動する域内農業市場に対して、福祉主義を基礎とする調整型CAPがカーボンニュートラル目標をどう達成しようとするか、これからの日本の農政にも示唆的であろう。

注
1）農業会議所が農業経営の経理情報を用いて、主要な経営類型ごとに経営収支モデルを作成、ここではサントル地方における収量中程度、労働力1名、80-180ha相当の経営のそれを示した（Chambre régional de l'agriculture Centre-Val de Loire 2018）。

2 ）牛乳生産割当制度は1984年に導入され、2003年改革において2015年を制度廃止年と定めた（石井 2019）。2008年より割当数量を漸増させ、ソフトランディングをはかった。以降、数量調整は行われていない。

3 ）ドイツ選出欧州議会議員Peter Jahrが語るところ（ARC 2020（2021）Parliament Holds Firm as Council Demands Rejected - for now. May 28, 2021.）。

4 ）WTO農業協定において削減対象となる支持の総額で、市場価格支持（農産物の内外価格差×生産量）+削減対象直接支払（削減対象となる農業補助金等）からなる。

5 ）Council Directive 92/43/EEC of 21 May 1992 on the Conservation of Natural Habitats and of Wild Fauna and Flora.

6 ）European Commission, Natura 2000（https://ec.europa.eu/environment/nature/natura2000/index_en.htm）.

7 ）Ansaloni（2013）によれば、1990年代CAPに対して環境配慮の主張をリードしたのは組織力、資金力、人的資源に秀でた英国王立鳥類保護協会（Royal Society for the Protection of Birds）が主導したバードライフインターナショナル（Birdlife International）であり、農政改革を機会に自然保護へのEU予算の充当を目指した。「公共財源を公共財に」をスローガンに、2000年代まで専門的なデータを示しながら農業分野における環境ロビーの先頭に立った。

引用・参考文献

石井圭一（2011）「EUの直接所得補償制度の評価と課題―フランスを中心に―」国立国会図書館調査及び立法考査局『レファレンス』729.

石井圭一（2019）「EU酪農自由化下のフランスの政策対応と農業構造」『農業問題研究』50（2）.

石井圭一（2021）「ヨーロッパに見るコロナ禍の農業・食料事情」『新基本計画はコロナの時代を見据えているか（日本農業年報66）』農林統計協会.

黒田淳一郎（2019）「WTO改革に向けた わが国の取り組み」『日本貿易会月報』782.

農林水産省（2019）「諸外国の穀物自給率の推移」『食料需給表』.

Ansaloni, M.（2013）La fabrique du consensus politique. Le débat sur la politique agricole commune et ses rapports à l'environnement en Europe. *Revue française de science politique*, Vol. 63.

Bergmann, D.and Baudin P.（1988）Politiques d'avenir pour l'Europe agricole. Economica.

Buckwell, A.（2017）Twenty Years after the CARPE（Buckwell）Report: Impacts and Remaining Challenges? *Agriregionieuropa* anno 13 n° 50, Set 2017.（https://

agriregionieuropa.univpm.it/en/node/9919).

Buteau, J.-C.（2017）Does the WTO Discipline Really Constrain the Design of the CAP, *CAP Reform blog*, October 23, 2017.

Chambre régionale de l'agriculture en Normandie（2019）Les systèmes bovins laitiers en Normandie. Actualisation économique de 7 cas-types en conjoncture 2018.

Détang-Dessendre, C.and Guyomard H.（2020）Quelle politique agricole commune demain ? Edition Quae.

European Commission（1985）, *Perspectives for the Common Agricultural Policy*, Luxembourg, 15 July 1985, COM（85）333 final.

European Commission（1998）, *The Reform of the Common Agricultural Policy*, Brussels, 18 March 1998, COM（1998）158 final.

European Commission（2002）, *Mid-term Review of the Common Agricultural Policy*, Brussels, 10 July 2002, COM（2002）394.

European Commission（2016）Attitudes of Europeans towards Animal Welfare. Special Eurobarometer 442. March 2016.

European Commission（2017a）"EU and Brazil Join Forces for Global Level-Playing Field in Farm Subsidies." *News Archive*, Brussels, 17 July 2017.

European Commission（2017b）Farming in Natura 2000 In Harmony with Nature.

European Commission（2018）*Price Developments in the EU.*

European Commission（2019）, The European Green Deal. COM（2019）640 final.

European Commission（2020a）A Farm to Fork Strategy for a Fair, Healthy and Environmentally friendly Food System. COM（2020）381 final.

European Commission（2020 b）The State of Nature in the European Union. Report on the Status and Trends in 2013 - 2018 of Species and Habitat Types Protected by the Birds and Habitats Directives. COM（2020）635 final.

European Commission（2021）*Political Agreement on New Common Agricultural Policy: Fairer, Greener, More Flexible Brussels*, 25 June 2021- Press release.

European Court of auditors（2004）Special Report No14/2003 on the Measurement of Farm Incomes by the Commission Article 33(1)(b) of the EC Treaty, together with the Commission's Replies. Official Journal of the European Union, 2004/C 45/01, 20.2.2004.

European Court of auditors（2016）Is the Commission's system for performance measurement in relation to farmers' incomes well designed and based on sound data? Special report No 1/2016.

Ferrari, E., Chatzopoulos, T., Perez Dominguez, I., Boulanger, P., Boysen-Urban, K., Himics, M.and M'barek, R. (2021) Cumulative Economic Impact of Trade Agreements on EU Agriculture – 2021 Update, EUR 30496 EN, Publications Office of the European Union.

FranceAgriMer (2019) Combien de végétariens en Europe ? - Synthèse des résultats à partir de l'étude «Panorama de la consommation végétarienne en Europe», réalisée par le CREDOC pour FranceAgriMer et l'OCHA en 2018. Les études.

Knudsen, A.-C. L, (2009) *Farmers on Welfare. The Making of Europe's Common Agricultural Policy*. Ithaca: Cornell University Press.

Martin, A. (2014), Des « biens publics » au « verdissement » : l'influence des nouveaux acteurs de la réforme de la PAC. Centre d'étude et de prospective, Analyse n, 72 - Juillet 2014.

Matthews A. (2020) The Protective Effect of EU Agricultural Tariffs. Capreform.eu/the-protective-effect-of-eu-agricultural-tariffs/ February 24, 2020.

Remacle E. and Zamburlini E. (2015) La réforme de la PAC post-2013 Un archipel d'ONG environnementales entre différenciation et coordination. Économie rurale, 347, Mai-juin 2015.

Springmann M. et al., (2018) "Options for Keeping the Food System within Environmental Limits", *Nature*, Oct; 562 (7728) : 519-525.

Tavoularis G.and Sauvage E. (2018) Consommation et modes de vie. Les nouvelles générations transforment la consommation de viande, Crédoc, n° 300.

（石井圭一）

［最終稿提出日：2021年9月21日］

140

第6章

中国農業
―農産物輸入の急拡大と農業構造政策への転換―

1. はじめに

　本章では、近年の中国の農産物貿易の拡大と、農業政策の転換について検討する。のちに詳述するように、中国は急速な経済発展に伴って、近年農産物輸入を急拡大させ、世界最大級の農産物純輸入国に変容している。これに伴い、それまで維持してきた小農保護政策を転換し、大規模農業経営育成に大きく舵を切る結果となった。しかし、日本にとっては、中国がアジアにおける主要農産物供給国として役割を果たしている現実もあり、今後も、中国の農業と農産物貿易の動向は無視できない。

2. 拡大する中国の農産物貿易

（1）農産物貿易の急拡大と農産物純輸入国へ

　1978年以来の対外開放政策のもとで、中国の農産物貿易は急速に拡大してきた。農産物貿易の拡大に大きな影響を与えた要因の端緒は、2001年11月の中国のWTO加盟であろう。これ以降、主要農産物の割当数量内の輸入に関しては、従来の水準との比較で、低関税率での輸入が可能となったことから、これが直接の輸入促進要因となり、さらに、食糧作物については国家貿易企

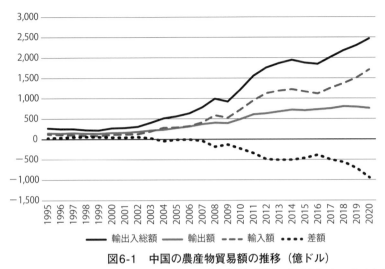

図6-1　中国の農産物貿易額の推移（億ドル）

資料：中華人民共和国農業農村部国際合作司・農業農村部農業貿易促進中心（2021）から作成。

業以外の民間企業が輸入できる仕組みに変更され、食糧貿易に関する自由化
が進展したためである。

　図6-1には、1995年以降の中国の農産物貿易額の推移を示した。この図か
らは、中国の農産物貿易が、とくに年平均で10％以上の高い成長率を示す輸
入を牽引役として、急速に増大していることが理解できる。この結果、2020
年の中国の農産物貿易総額は2,400億ドルの大台を突破し、中国はアメリカ
などと並んで、世界最大の農産物貿易国の一つとなっている。こうした中国
の農産物貿易量の拡大に伴って、世界の農産物貿易における中国の影響力は
拡大している。

　また、図6-1に示したように、近年の中国の農産物貿易の急速な拡大は、
主に輸入の急増によってもたらされたものであり、結果として農産物貿易赤
字が急速に拡大していることがわかる。この赤字額は2007年前後まではほぼ
問題にならない水準であったが、2011年には341億ドルに急増、さらに2020
年には948億ドルに達するなど、すでに総輸出額を大きく上回る金額となっ
ている。こうして中国は急速に農産物純輸入国に変容しつつある。

表 6-1　主要農作物の貿易量

(単位：万 t)

年次	合計		米		小麦		トウモロコシ		大豆	
	輸出	輸入	輸出	輸入	輸出	輸入	輸出	輸入	輸出	輸入
1990	467	1,296	33	6	0	1,253	340	37	94	0
1995	79	1,884	6	165	23	1,163	12	526	38	30
2000	1,385	1,159	296	25	19	92	1,048	0	22	1,042
2005	1,035	3,065	69	52	61	354	864	0	41	2,659
2010	120	5,799	62	39	28	123	13	157	17	5,480
2015	55	9,281	29	338	12	301	1	473	13	8,169
2016	64	9,405	40	356	11	341	0	317	13	8,391
2017	158	10,681	120	403	18	442	9	283	11	9,553
2018	252	9,773	209	308	29	310	1	352	13	8,803
2019	321	9,934	275	255	31	349	3	479	12	8,851
2020	312	12,232	294	231	18	838	0	1,130	8	10,033

資料：中華人民共和国農業農村部国際合作司・農業農村部農業貿易促進中心（2021）および国家統計局農村社会経済調査司（2021）等、各年版から作成。

　こうした農産物貿易における貿易赤字の拡大は、相対的に中国の国際競争力が高い野菜・果樹・花卉等の輸出によって、穀物・大豆等の輸入増分を補填しようとする、中国政府の農産物・食品輸出振興策を加速させているが[1]、実態として輸出の伸びは輸入を大きく下回って推移している。

　この農産物輸入の急増状況を、主要作物の貿易量の側面から確認していこう。WTO加盟当初においては、いくつかの農産物、とくに米、トウモロコシ、小麦などでは加盟後輸入が促進されることが予想されていたが、現実には、この当時の輸入拡大幅はそれほど大きいものではなかった（表6-1参照）。これは、後述するように、中国の国内生産量が補助金政策の奏功により急速に増加したことなどによる[2]。

　しかし、表6-1に示したように、中国政府が掲げる「すべての食糧作物において基本的に自給を維持する原則」[3] は、とくに2005 ～ 2010年ごろから急速に緩んでいる。とくにまず大豆と食用油の輸入が急拡大し、さらに近年ではトウモロコシや小麦等においても輸入の急増が顕著である。

　前者の大豆は、1990年代前半にはほとんど輸入が見られなかったものの、その後急増し、2005年には輸入量が2,500万 t を超え、2010年に5,000万 t、

表6-2　中国の大豆輸入相手国の推移

（単位：万 t 、%）

年次	合計	1 位 ブラジル	2 位 アメリカ	3 位（注） アルゼンチン	カナダ
2014	7,140　(100.0)	3,199　(44.8)	3,006　(42.1)	600　(8.4)	
2015	8,169　(100.0)	4,008　(49.1)	2,842　(34.8)	944　(11.6)	
2016	8,391　(100.0)	3,821　(45.5)	3,417　(40.7)	801　(9.5)	
2017	9,553　(100.0)	5,093　(53.3)	3,286　(34.4)	658　(6.9)	
2018	8,803　(100.0)	6,608　(75.1)	1,664　(18.9)		179　(2.0)
2019	8,851　(100.0)	5,767　(65.2)	1,694　(19.1)	879　(9.9)	
2020	10,033　(100.0)	6,428　(64.1)	2,589　(25.8)	746　(7.4)	

資料：中華人民共和国農業農村部国際合作司・農業農村部農業貿易促進中心（2021）および中央
　　　農村工作領導小組弁公室・中華人民共和国農業農村部（2021）等から作成。
注：3 位は 2018 年以外はアルゼンチンであり、2018 年のみカナダである。

2015年に8,000万 t を超過し、それ以降すべての年で8,000万 t を超過し、つ
いに2020年には 1 億 t を突破している。これは世界の大豆貿易量の 3 分の 2
にも匹敵する水準で、すでに中国は世界最大の大豆輸入国となり、世界的な
大豆需給に大きな影響を与えている。

　また、後者の小麦（2020年輸入量838万 t ）、トウモロコシ（2020年輸入量
1,130万 t ）も、2021年に入っても輸入が急拡大している[4]。

　こうした大豆等の輸入急増の背景には、近年の経済発展と国民所得の上昇
に伴って、中国の食用油の消費が急速に拡大し、さらに大豆ミール等の飼料
原料の需要が拡大したことがあげられる。前者については、中華人民共和国
国家統計局編（2020）によると、都市住民一人あたり植物油消費量は1990年
の6.4kgから2019年の8.9kgへ、農村住民一人あたり植物油消費量は1990年の
3.54kgから2019年の9.0kgへと大きく増加している。

　なお、注目されるのは、この大量の大豆の供給国であるが、これについて
表6-2に示した。この表によれば、最大の輸入元は一貫してブラジルである
が、その比率は徐々に増大している。これに対してアメリカの比率は、近年
の米中貿易紛争の影響もあり、低下傾向にある。

　また、農林水産省大臣官房国際部国際政策課（2016）[5]、農業農村部国際
合作司・農業農村部対外経済合作中心（2020, p.4）[6]によれば、近年、中国

の穀物貿易企業のブラジル等の産地への進出が加速していることから、今後
の中国の大豆輸入は、ブラジル、アルゼンチンなどの南米諸国を中心に高い
水準を維持するものと予想できる。

　もし、この大豆輸入の急拡大動向が、すでにみたように、小麦、トウモロ
コシ等の他作物に波及しつつある現在の状況は、中国国内の農業生産を圧迫
するだけでなく、国際穀物市場に大きな影響を与えることが予想できる。実
際に、前述したように、2021年に入ってからも、大豆、トウモロコシ、小麦
などの輸入量は高い水準にあり、今後も軽視できない問題となると考えられ
る。

（2）中国の農産物貿易の品目構成

　このように急速に拡大してきた中国の農産物貿易であるが、その品目構成
はどのような状況であろうか。この点については**表6-3**に示した。

　まず、輸出（2019年）では、降順に水産物、野菜、果実、畜産物、飲料類
などであり、また、輸入（同）では、油糧、畜産物、水産物、果実、植物油
などである。

表6-3　中国の農産物貿易品目構成（2019年）

（単位：億ドル、%）

輸出

品目	輸出額	総輸出額に占める比率
水産物	206.5	26.1
野菜	155.0	19.6
果実	74.4	9.4
畜産物	64.9	8.2
飲料類	49.0	6.2
穀物製品	22.9	2.9
糖類	19.0	2.4
油糧	18.2	2.3
ナッツ類	15.8	2.0
その他	165.3	20.9
合計	791.0	100.0

輸入

品目	輸入額	総輸入額に占める比率
油糧	385.0	25.5
畜産物	362.4	24.0
水産物	187.2	12.4
果実	104.2	6.9
植物油	87.6	5.8
飲料類	72.5	4.8
穀物	52.8	3.5
綿麻糸	45.3	3.0
ナッツ類	25.7	1.7
その他	190.2	12.6
合計	1509.7	100.0

資料：中華人民共和国農業農村部国際合作司・農業農村部農業貿易促進中心（2020）
　　　等から作成。

ここで輸入において大きく目立つのは、前述の大豆等の油脂関係の輸入が多いことである。逆に輸出においては水産物のシェアが高いが、これは輸入で第3位、輸出で第1位と輸出入ともに多い品目である。この要因としては、中国が水産物原料資源の多くを海外に依存しており、加工水産物の輸出が増加すれば輸入も増加するという、いわゆる加工貿易国となっていることが主な要因としてあげられる。

　こうした水産物のような事例を除いて注目すると、中国の輸入が純粋に多い品目は、前述の油脂と繊維工業原料の綿麻糸であり、逆に輸出が純粋に多い品目としては、野菜等があげられる。

（3）日本・韓国・台湾等への食料輸出の拡大

　このように、中国は農産物貿易全体としてみたときには、徐々に純輸入国に変容しつつあるが、日本・韓国・台湾等の東アジアの農産物輸入国・地域の大きな関心事は、中国の農産物輸出の今後の動向であろう。

　周知のように、日本・韓国・台湾等のアジアにおける主要農産物輸入国・地域は、経済発展の中で自国の農業を徐々に縮小させてきた。また、WTOの枠組みの中で貿易の自由化（とくに農産物輸入の自由化）を迫られてきたことも輸入増大の要因の一つとしてあげられる。こうした背景のもとで、中国からの日本向け食料輸出を、日本側から推進してきたのは、日本の食品産業・外食産業・中食産業等に関連する企業であった。つまり、これらの企業自身、およびそれらと取引のある内外の商社・種苗会社が主体となって、1990年代以降、中国、東南アジア等のアジア諸国において、農産物・食品の「開発輸入」戦略を積極的に展開し、日本市場において販売可能で、かつ安価な農産物・食品を生産・輸出するシステムを構築してきたことが、輸入拡大の大きな要因の一つとなっていると考えられる[7]。

　1990年代以降の中国から日本・韓国等への急速な農産物・食品の輸出拡大は、こうした日中両国（同時に中韓両国もほぼ同様の状況）の経済利害の一致が大きな要因であったとみることができよう[8]。

表6-4　中国の農産物貿易相手国・地域（2019年）

（単位：億ドル、%）

輸出

輸出	国名	輸出額	総輸出額に占める比率
1	日本	103.8	13.1
2	香港	96.0	12.1
3	アメリカ	65.0	8.2
4	ベトナム	54.5	6.9
5	韓国	49.7	6.3
6	タイ	37.2	4.7
7	マレーシア	30.2	3.8
8	インドネシア	26.2	3.3
9	台湾	21.8	2.8
10	ドイツ	21.0	2.7
11	フィリピン	20.9	2.6
12	ロシア	19.2	2.4
13	オランダ	16.9	2.1
14	イギリス	12.4	1.6
15	カナダ	12.0	1.5

輸入

輸入	国名	輸入額	総輸入額に占める比率
1	ブラジル	295.3	19.6
2	アメリカ	141.3	9.4
3	オーストラリア	111.3	7.4
4	ニュージーランド	88.9	5.9
5	カナダ	72.3	4.8
6	タイ	70.2	4.6
7	アルゼンチン	65.6	4.3
8	インドネシア	61.3	4.1
9	フランス	45.4	3.0
10	チリ	36.2	2.4
11	ロシア	35.9	2.4
12	ベトナム	33.3	2.2
13	オランダ	30.9	2.0
14	インド	28.5	1.9
15	ドイツ	27.5	1.8

資料：中華人民共和国農業農村部国際合作司・農業農村部農業貿易促進中心（2020）および中央農村工作領導小組弁公室・中華人民共和国農業農村部（2020）等から作成。

　このように急速に拡大する中国の農産物貿易の中で、中国の日本向けの農産物輸出がどのような状況にあるのかみてみよう。

　2019年の中国の農産物輸出主要相手国・地域を**表6-4**に示した。この表からは、日本は中国の最大の輸出相手国となっていることが理解できよう。また、アジアではベトナム、タイ、マレーシア、インドネシアなどのASEAN諸国、韓国、台湾、香港などの諸国・地域も重要な相手国となっていることがわかる。

　こうした動向の中で、日本の中国からの輸入が近年拡大してきた品目として野菜があげられる。周知のように、日本の戦後の農産物全般の自給率低下の中で、野菜の自給率もその例外ではなく、近年自給率は顕著に低下している。つまり、1980年代までは、年間50万t程度の、限られた輸入規模であったのにたいし、1990年代以降輸入量は急増し、1990年には155.1万t、1995年262.8万t、2000年312.4万t、2015年258.0万t、2018年292.8万t、2019年277.7万tへと、近年は、ほぼ一貫して300万tに近い水準に達するなど、輸

表6-5　日本の生鮮野菜の輸入量と中国の比率

（単位：t、%）

	総輸入量	中国の輸出量	中国の比率
1995 年	737,841	152,644	20.7
2000 年	971,116	363,216	37.4
2005 年	1,125,200	709,928	63.1
2010 年	820,594	458,773	55.9
2015 年	826,845	514,791	62.3
2016 年	862,416	516,814	59.9
2017 年	862,073	538,606	62.5
2018 年	983,453	641,409	65.2
2019 年	822,040	538,092	65.5

資料：農畜産業振興機構「ベジ探」（原資料：財務省『貿易統計』）から作成。

入量は高い水準を維持している。これとほぼ軌を一にして国内の年間野菜生
産量も、2000年の1,683万 t から2008年の1,462.2万 t へ、さらに2019年の
1,303.6万 t へと大きく減少を示し、消費量の約２割を輸入に頼っているのが
実態である。この野菜自給率の水準は、日本の他の輸入農産物との比較では
大幅に低いというものではないが、野菜における農業労働力不足等による国
内野菜産地の縮小と国内生産量の減少、さらには野菜自給率の低下が非常に
急速である点には注意を払うべきであろう。

　また、表6-5には、日本の生鮮野菜の輸入状況と中国のシェアを示した。
この表からは、中国産生鮮野菜のシェアは、2000年前後から、残留農薬問題
等の様々な食品安全問題が中国において発生したにもかかわらず、1995年の
20.7％から2007年の62.0％へと増大し、それ以降もおよそ６割〜７割近いシェ
アを有するなど、一貫して高い水準を維持していることがわかる。

　つまり、野菜等の多くの農産物・食品品目の貿易において、かなり長い期
間、日本は中国の主要輸出先であり、かつ日本の総輸入において中国のシェ
アは高い水準（生鮮野菜では３分の２）にあるといえる。このように、農産
物貿易において日中両国は非常に密接な関係を形成してきており、日本の食
料供給における中国の存在の大きさが理解できよう[9]。

　しかし、こうした日中両国の農産物貿易関係が、今後も継続される可能性
は低下しつつある。それは中国の日本離れ現象（輸出先の多様化）が顕在化

表6-6 中国の野菜輸出相手国の推移

(単位：億ドル、%)

	総輸出額	日本向輸出額	日本向比率	1位	2位	3位	4位	5位
1995年	18.6	10.0	53.5	日 本	香 港	アメリカ	ドイツ	シンガポール
2005年	33.3	16.3	48.9	日 本	アメリカ	韓 国	マレーシア	香 港
2010年	99.9	19.3	19.3	日 本	アメリカ	韓 国	マレーシア	インドネシア
2015年	132.7	21.7	16.4	日 本	ベトナム	香 港	韓 国	アメリカ
2016年	147.2	21.7	14.7	日 本	ベトナム	香 港	韓 国	アメリカ
2017年	155.2	22.1	14.2	日 本	香 港	ベトナム	韓 国	アメリカ
2018年	152.4	22.9	15.0	ベトナム	日 本	香 港	韓 国	アメリカ
2019年	155.0	22.2	14.3	日 本	香 港	ベトナム	韓 国	マレーシア

資料：中華人民共和国農業農村部国際合作司・農業農村部農業貿易促進中心（2020）および中央農村工作領導小組弁公室・中華人民共和国農業農村部（2020）等から作成。

しているからである。この点について**表6-6**を示した。

　この表によれば、中国の野菜輸出相手国は、1995年には日本が圧倒的なシェアを占めており、53.5％と過半に達していたが（当時の2位以下は、香港、アメリカ、ドイツ、シンガポールであった）、中国の野菜輸出総額の拡大と輸出先の多様化とともに徐々にシェアを低下させ、2019年にはわずか14.3％に低下している。こうした結果、2018年にはついに1位をベトナムに譲っている。つまり、中国の野菜輸出における日本のシェアは急速に低下傾向にあり、結果として、日本の野菜輸入における中国のシェアは依然として高いが、中国の野菜輸出における日本のシェアは大きく低下するという事態に至っていることがわかる。日本の農産物輸入の安定のために、今後の趨勢が注目される事態である。

　ここまでみてきたように、現在の中国の農産物貿易は、明確に異なる二つの性格を有するに至っている。つまり、一つは、中国の農産物貿易全体の急速な拡大の中で、輸入超過が拡大し、中国が次第に農産物純輸入国になりつつある現状である。

　そして今一つは、東アジアに限ってみれば、輸出（供給）側の中国と、輸入（需要）側の日本、韓国、台湾、香港に明確に分かれ、中国は相変わらずもっとも重要な供給元となっていることである。この後者の特徴は、今後も

この趨勢が維持されるだろう。韓国・台湾・香港とも、日本と同じように自国の農業生産の弱体化が深刻であるからである。この両点の特徴から、我々は今後も中国の農産物貿易の動向に注目する必要があると考える。

3．中国の農業・農村政策の展開

さて、2では中国の農産物貿易の急拡大と、農産物純輸入国への転換についてみてきたが、この状況と密接な関係をもつ農業政策の変化についてみてみよう。

（1）中国の農業政策の転換

周知のように、中国の農業政策においては、以下の二つの重要会議がその発展過程において大きな画期となっている。つまり、1978年12月の「中国共産党第11期中央委員会第3回全体会議」（以下「第11期三中全会」とする）における改革・開放政策の実施と農業生産責任制（農業経営請負を基礎とした個別零細経営の創出）の普及、そして、その30年後の2008年10月の「中国共産党第17期中央委員会第3回全体会議」（以下「第17期三中全会」とする）における大規模農業経営育成政策（構造政策）への転換という、2回の大きな政策転換である。

まず、第11期三中全会において、それまで農村の唯一の農業生産組織であった人民公社による集団農業経営が廃止された。新たな改革・開放政策のもとで、農業生産責任制によって創出された零細自作農による個別零細経営体制[10] が形成され、この体制が基本的に現在まで継続してきた。

この個別零細農家がその圧倒的多数を占める農業経営体制は、1980年代においては、自作農の農業経営権の新たな獲得による生産意欲の増大によって中国の農業発展に大きな貢献を果たしたが、その後の中国経済の急速な発展の中で、非農業部門との経済格差が大きく拡大し、しだいにその零細分散経営ゆえの課題（例えば、農業の低収益性に基づく、耕作放棄地の増大、若年

農村労働力の深刻な離農・離村現象など）を深めている。

　こうした状況の中で、中国共産党および中国政府は、農業経営構造の抜本的な改善を目指して、2008年の第17期三中全会を契機に、農地流動化の促進、新たな経営組織の育成を主内容とする大胆な構造政策[11]を次々に打ち出しており、現実に零細農家から大規模農業経営組織への農地利用権の流動が大きく進展している[12]。この時期に構造政策に転換した要因としては、すでに述べたように、このころから中国の農産物輸入が増加傾向を示し、国内の生産体制の再構築が必要になったことによるものと考えられる。

　こうして、現在の中国農業は、零細農家を主体とする農業経営体制から、農業関連企業、農民専業合作社、大規模農家等による大規模農業経営組織を主体とする農業経営体制に徐々に再編されつつある過程にあるといえよう。

（2）中国農業のパフォーマンス

　こうした政策展開の中で、中国農業のパフォーマンスはどうであったのか。**図6-2**は、1980年以降のパフォーマンスを示したものである。これによれば、短期的には何回かの生産の不安定が発生したものの、基本的には、大胆な市場化と自由化政策、それ以降の補助金政策に代表される政府の農家支持政策が奏功し、全体としては比較的順調な増産の軌跡をたどってきたといえる。

　まず1980年代は、新たに制定された農業生産責任制によって創出された零細自作農による生産体制が、自作農の生産意欲の増大をもたらし、中国の農業発展に大きな貢献を果たした。1980年代だけで実に1億t以上の増産に成功したのである。この増産によって、慢性的な食糧不足問題は基本的に解決し、1992年には食糧切符（「糧票」）による配給制度も廃止された。

　その後、1995年から96年にかけて食糧の国家買い付け価格が各作物30～40%引き上げられたことにより、1996年から4年連続の食糧作物の豊作がもたらされた。食糧生産量は史上初めて5億tの大台に達し、1996～1999年の4年間は5億t前後の、これまでにない高い生産水準が達成されたが、まもなく、この大豊作は生産過剰に帰結した。1998年には、はやくも生産過剰

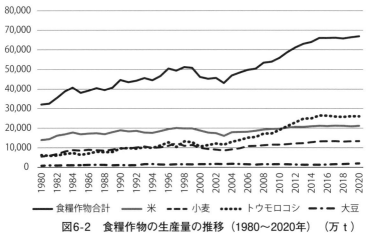

図6-2　食糧作物の生産量の推移（1980〜2020年）（万 t ）
資料：中華人民共和国国家統計局（2020）から作成。

が顕在化しはじめ、その後穀物の市場価格は、供給過剰によりほぼ一貫して低下した。そして、この趨勢は基本的に2003年の前半まで継続することになる。

　生産過剰の発生によって、中央政府は生産過剰圧力と財政負担能力の不足から、2000年以降はこれまでの全量買付制度の大幅な転換を余儀なくされた。つまり、一部の食糧作物の保護価格で買付を停止し、全量買付原則が放棄され、転作政策が実施されたのである[13]。

　この後、生産調整政策の効果が現れはじめたこと、沿海地域における食糧作物離れの顕在化（＝経済作物への転換）、一部地域での自然災害等の発生によって、食糧作物の生産量はほぼ 4 億5,000万 t 程度に抑えられたため、食糧在庫は徐々に減少を示した。そして2003年にはついに生産量が 4 億3,070万 t に低下したことから、一時供給不安が伝えられ、2003年後半以降には食糧価格の反騰がみられた。これに加えて、その後、中国政府の農業・農村重視政策が強化され、食糧作物栽培にたいする補助金等の生産振興政策が本格化したことにより、この2003年を谷として、その後食糧生産は回復を示した。

　その後、2007年の生産量は1990年代後半以降はじめて 5 億 t の大台を回復

し、この結果、一時懸念された食糧作物の供給不安問題は影を潜めた。さらに、2010年以降は比較的順調に増産が続いている。この時期の増産は中国政府の各種の農業補助金政策がさらに強化されたためにもたらされたものである。

この時期に補助金政策が導入された背景には、いうまでもなく、中国経済の高度成長により中央政府・地方政府の財政力が強化されてきたことによる。とくに、2006年からは農業税の免除、教育費負担の減免などの農民の所得対策も進展した。しかし、都市地域が急速な経済発展をとげる中国において、農民所得と農民の生活は相変わらず相対的に低い水準に留まり、都市との格差は一貫して拡大基調で、社会不安の造成、農村から都市への出稼ぎ労働者の拡大を引き起こしている（いわゆる「三農問題」の拡大）。こうしたなかで、どのようにして都市・農村間の経済格差を是正していくのか。この点が農業・農村政策の大きな課題として存在しているのである。つまり、零細経営問題という農業問題は、農村の経済的立ち遅れという社会経済問題に転化、深刻化しているのが実態である。

（3）三農問題の深化と課題

こうして、2000年代以降、中国共産党および中国政府は、その主要な関心を「三農問題」対策に向けてきた。しかし、農村経済全体をめぐる情勢、都市と農村の経済格差である「三農問題」は、現在でも依然として深刻な問題として存在しているといわざるを得ない。

これは、前述したように、零細規模経営による農業の低生産性、農村企業の不振等によって、農民所得の伸びが停滞し、一方で、大きな経済発展をとげつつある都市住民との格差が拡大しつつあることにある。

この都市住民と農村住民の所得格差については、以下のような状況にある。農村住民一人当たり所得を1とした場合、都市住民の一人当たり所得は1985年に1.86にすぎなかったものが、その後、1990年2.20、2000年2.79、2005年3.22、2010年3.27、2015年2.73と、2010年前後までほぼ一貫して拡大を続け、

2010年代以降も2.5程度の比較的高い水準を維持している。またこうした格差は東部地域都市と西部地域農村の間では実に3.85（2019年）に達するなど、かなり高い水準にある。

　この経済格差問題は、農村の相対的貧困問題の深化、農村から都市への出稼ぎを助長するなど、必然的に中国社会全体に大きな影響を与えることとなる。中国政府自身も、すでに2000年以降毎年開催された中央農村工作会議および2008年の全人大での政府活動報告等[14]において、この経済格差問題の存在を公式に認めており、これ以降、毎年のように大きな政策課題として掲げられているが、その劇的な改善には至っていない。この問題をどのように改善していくのか、注力されている政策は以下の2点である。

① 前述した、農地利用権の流動化による大規模農業経営組織の構築による農業経営構造改革（収益性の高い大規模農業経営の育成）の推進。
② 各種「農村振興戦略」の提起。これは、農業・農村への財政投入を大幅に増加させ、都市地域との比較で大幅に遅滞してきた農村の生産・生活インフラ整備を促進する政策である[15]。

　しかし、こうした一連の政策の効果は、現在でもいまだ限定的であり、なお中国農業・農村問題の抜本的な解決には、かなりの時間と資金投入が必要とされると考えられる。

4．農産物流通における課題と対応

（1）流通商人・農民間の利益争奪問題

　前述したように、1980年代初めの人民公社制度の廃止によって、中国農村においては零細規模農家が主流となったが、こうした中国の広範な零細農家は、自らが生産した農産物を販売する手段（出荷調製設備やトラックなどの輸送手段）を基本的にほとんど所有しておらず、流通過程において中間商人

の活動に依存しているのが実態である。こうしたなかで、利益の多くが中間
商人に移転し、しばしば農民の利益は損なわれている。このため、農家の共
同によって出荷・流通経費を合理化し、市場での販売力を強化し、利益を農
家に還元する仕組みがもとめられているのである。

　こうした状況の中で、流通問題の改善に大きな役割を果たしつつあるのが、
現在、中国農村で発展している農民専業合作社[16)]である。この農民専業合
作社とは、農村における一種の協同組合組織であり、農業経営、農業関連
サービス、農産物販売等の農林水産業分野がその経営の主力であるが、近年
ではグリーンツーリズム、工芸品製造、農産加工等、様々な分野への事業展
開が進展している。とくに、その重要な機能として注目されているのが、集
出荷施設の整備などの農産物の流通と販売の共同化による合理化である。こ
うしたことから、今後農産物流通において大きな改善が見られる可能性が高
い。注目すべき動向であろう。

（2）冷蔵輸送問題

　中国国家発展計画委員会（2010）によると、中国の流通問題の中で、長期
にわたって大きな課題となってきたのは、コールドチェーン構築が大きく遅
滞している問題であると述べられている。とくに青果物においてコールド
チェーン普及率が低く、総流通量の2〜3割程度に留まっているという。こ
の結果、輸送中のロスが発生しやすく、青果物のロス率も2〜3割に達して
いると述べている。農産物流通の総量が拡大し、さらに農産物輸出入が急拡
大している現在、対策が急がれる。

5．まとめにかえて

　ここまで述べてきたように、現在の中国農業の改革・開放政策下の40年余
に及ぶ展開のなかで、2008年前後を画期として、中国は零細自作農維持政策
から、大規模経営育成政策に大きく転換した。これは、大豆の例に典型的な

ように、農産物輸入が急増し、自給率9割を維持する原則が次第に形骸化し、食料の純輸入国に変容しつつあることを主要な背景として、国内農業の生産体制の再構築が必要となったからであると考えられる。

　ただ、中国の農産物輸出は、東アジアのみに注目すれば、日本・韓国・台湾等にとって食料供給の中心として依然として大きな位置を占めていることに大きな変化はなく、これらの国・地域の食料の中国依存は相変わらず大きい。

　その意味で、我々は食料の純輸入国として中国と、東アジア地域の食料供給国としての中国、この二つの性格を有する中国農業の今後の動向に注目する必要があろう。

注
1）近年、中国政府は農産物輸出を奨励している。中国社会科学院農村発展研究所・国家統計局農村社会経済調査司（2008, p.97）では、農産物輸出振興のため、中核的食品企業等への政策的支持が述べられている。
2）一方、WTO加盟により、野菜・花卉・果樹などの中国が比較優位性を有する農産物は、今後いっそう輸出量が拡大することが予想される。
3）『国家食糧安全中長期計画綱要（2008〜2020年）』（2008年公布）では、中国の食糧安全保障を確保するための総合的な政策として、「基本的に国内食糧供給による自給に立脚することを堅持」するとし、食糧自給率95％以上を維持すると述べている。しかし、近年では、この原則は「食用食糧（米、小麦等）は基本的に自給し、飼料等はある程度輸入に依存してもよい」とする原則に変更された模様である。このように、中国の食糧自給規律は徐々に緩んでいる。
4）2021年1〜3月期の状況では、トウモロコシの輸入量は673万t、前年同期比437.8％増。小麦の輸入量は292万t、前年同期比131.2％増と報告されている。「海関統計：3月份中国飼料進口量大幅提高」『中国農業信息網』2021年4月25日付。
5）中国穀物貿易企業のブラジル進出について述べられている。
6）中国の農業企業の海外投資先で、ブラジルは第9位、年間投資額6.6億ドルと述べられている。
7）この日本商社・種苗会社らの諸外国等における活動については、大島（2007, pp.108-111）を参照されたい。
8）韓国、そして少し時間をおいて台湾も、日本と同じような状況にあったと考

えられる。こうした輸入拡大の結果、これら3カ国・地域の食料自給率はいずれも30 ～ 40％程度に大きく低下している。

9）2000年以降の食品安全問題を、中国側からみれば、それまでの生産システムの抜本的な改革を余儀なくされるような大きな衝撃を受けたものの、その結果として、とくに輸出用農産物については、国際水準からみても高い水準の生産・検査体制を構築するに至っていることも事実である。

10）中国の第1次産業労働力1人当たり耕地面積は、改革開放政策実施当初の1985年当時は約0.42ha、本章で言及している大規模経営育成政策が進展しつつある2018年でも約0.67haと、拡大傾向にはあるものの、依然として世界でも有数の零細農業経営構造のもとにある。国家統計局農村社会経済調査司編（1986）、国家統計局農村社会経済調査司編（2019）から算出。

11）第17期三中全会で示された新政策とは、①請負期間のほぼ無期限の延長、②農地転用の制限（永久基本農地面積を全国で18億ムー以下に減少することを許さない措置の実施）、この①②の前提のもとに、③農地に関する権利の確立と流動化の促進（農地利用権の確定、登記、権利証の交付を推進）が提起された。さらに毎年年初に公表される一号文件では、「農地の請負関係を安定させ、長期にわたって不変とし、……農民の土地請負にたいする占有権、利用権、収益権、転貸させる権利を確認し、請負経営権を抵当権として確定する」（2014年一号文件）とし、農民の請負農地権利の確定と農地流動化の促進を打ち出している。

12）中国社会科学院農村発展研究所・国家統計局農村社会経済調査司編（2015, p.188）、中央農村工作領導小組弁公室・中華人民共和国農業農村部（2020, p.141）によれば、流動化した農地面積は、2013年末には2,267万ha、2018年末には3,593万haに達し、すでに中国の全請負耕作地面積に占める比率は、2013年末で28.8％、2018年末で45.6％に達したという。さらに、経営耕地面積3.3ha以上の大規模経営も、2016年末の350万経営から2018年末には414万経営に達したとされる。

13）この生産調整政策（転作）の対象となった作物は、主に東北地方の春小麦、長江以南の冬小麦、長江以南の早稲インディカ米であった。

14）「温家宝在十一届全国人大一次会議上的政府工作報告」『人民網』2008年3月6日付。

15）この農村振興戦略の主要政策は以下の通りである。①農業インフラ（水利建設等）の整備および農業従事者教育の充実。②「一村一品」運動等の農産物のブランド化の推進、食品安全措置の強化。③「6次産業化」による高付加価値化。農村観光業の振興。④農産物の国際競争力の強化と農産物輸出の拡大。⑤零細規模農家の組織化と大規模農業経営の育成、等。「中央農村工作会議在北京挙行習近平作重要講話」2017年12月30日から引用。

16) 農民専業合作社の法人格と経済・社会的機能、事業内容、ガバナンス等を法的に規定したのが「農民専業合作社法」であり、2006年10月に全人代常務委員会を通過し、翌2007年7月に施行された。

引用・参考文献

大島一二編（2007）『中国野菜と日本の食卓―産地，流通，食の安全・安心―』芦書房.

大島一二（2016）「中国における農業改革と大規模農業経営の育成―土地制度と生産組織の改革を中心に―（特集 中国農業大転換）」愛知大学現代中国学会『中国21』44，pp47-62.

大島一二（2017）「中国「三農問題」の現状と13・5計画の農業・農村政策（中国13・5計画期の政策課題と戦略）」『日中経協ジャーナル』282，日中経済協会，pp.10-13.

魏后凱他主編（2017）『中国農村経済形勢分析与予測（2016 ～ 2017)』社会科学文献出版社.

国家統計局農村社会経済調査司編（1986）『中国農村統計年鑑』中国統計出版社.

国家統計局農村社会経済調査司編（2020）『中国農村統計年鑑』中国統計出版社.

中央農村工作領導小組弁公室・中華人民共和国農業農村部（2020）『中国農業農村発展報告2020』中国農業出版社.

中華人民共和国国家統計局（2020）『中国統計年鑑2020』中国統計出版社.

中華人民共和国農業部（2008）『中国農産品貿易発展報告2008』中国農業出版社.

中華人民共和国農業部（2017）『中国農業発展報告』中国農業出版社.

中華人民共和国農業農村部国際合作司・農業農村部農業貿易促進中心（2021）『中国農産品貿易発展報告2021』中国農業出版社.

中国国家発展計画委員会（2010）『農産物コールドチェーン物流発展計画』中国国家発展計画委員会通知，第1304号，pp.2-8.

中国社会科学院農村発展研究所・国家統計局農村社会経済調査司編（2015）『中国農村経済形勢分析与予測（2014 ～ 2015)』社会科学文献出版社.

農業農村部国際合作司・農業農村部対外経済合作中心（2020）『中国農業対外投資合作分析報告（2019年度)』中国農業出版社.

（大島一二）

［最終稿提出日：2022年1月31日］

第7章

グローバル市場再編下での東アジア農政の展開
—日本を中心に—

1．はじめに

　ブランコ・ミラノヴィッチ（2016＝2017）がいわゆる「エレファント・カーブ」で示したように、1988〜2008年で新興国の中間層の所得が著しく向上したのに対し、先進国の中間層の所得はほとんど増加しなかった。一方で、超富裕層の所得は増加し、反対に最も貧困な層の所得は伸び悩んでいる。その結果、従来の「先進国＝富裕、途上国＝貧困」という図式ではなく、それぞれの地域で富裕と貧困が併存し、世界的に見た階層構造は複雑になっている。こうした階層構造の再編は経済のグローバル化と相まって、世界的な農産物市場に変化をもたらしている。

　本章では、主に東・東南アジアの状況をふまえ、今後検討しなければならない課題を示したうえで、それらについては他の章に委ね、東・東南アジアの貿易の変化の中で展開されている日本の農業政策改革の性格について明らかにすることを課題とする。

2．東・東南アジアにおける貿易協定と食料・農産物貿易の変化

　中国を含めアジア諸国の経済成長が著しい。その中で東南アジア諸国は今後の世界経済の成長センターと見なされている。実際、**図7-1・図7-2**に示

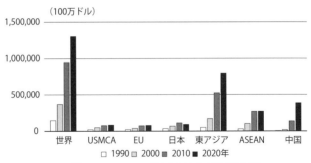

（100万ドル）

図7-1　ASEAN諸国の輸入元別輸入額

資料：日本貿易振興会『世界貿易マトリクス』各年版より作成。
注：1）東アジアは中国、韓国、台湾、ASEAN。
　　2）EUは2000年までEU25、2010年以降はEU27。
　　3）ASEANの値は2000年まではAFTA加盟国（現在のASEANと同じ）の値。
　　4）USMCAは2010年まではNAFTA。

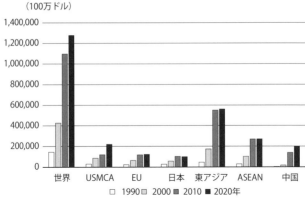

（100万ドル）

図7-2　ASEAN諸国の輸出先別輸出額の推移

資料：日本貿易振興会『世界貿易マトリクス』各年版より作成。
注：1）東アジアは中国、韓国、台湾、ASEAN。
　　2）EUは2000年までEU25、2010年以降はEU27。
　　3）ASEANの値は2000年まではAFTA加盟国（現在のASEANと同じ）の値。
　　4）USMCAは2010年まではNAFTA。

したように、ここ30年間のASEAN諸国の輸入額・輸出額はともに急増している。ただ、日本との貿易は減少に転じており、主な増加要因はASEAN域内を含む東アジア（日本を除く）との貿易拡大である。**表7-1**で示した通り、ASEAN全体の域内貿易は輸出額で22.0％、輸入額で22.6％と５分の１以上を

表 7-1　世界貿易マトリクス（2021 年）

（単位：100 万ドル）

		輸出先						
		世界	USMCA	EU	日本	東アジア	ASEAN	中国
輸出元	世界	22,131,428	3,840,621	6,531,415	710,319	4,934,739	1,665,633	2,330,050
	USMCA	2,755,087	1,382,488	317,145	90,553	401,829	101,924	183,322
	EU	6,628,429	561,018	4,039,765	73,759	453,474	94,168	264,478
	日本	756,166	154,980	69,869	—	383,950	113,388	163,599
	東アジア	6,135,553	1,164,571	765,358	334,102	1,986,930	1,035,699	559,606
	ASEAN	1,709,839	283,545	152,700	113,586	778,654	376,128	282,910
	中国	3,368,217	696,665	519,182	165,902	712,574	483,636	—

資料：日本貿易振興会『世界貿易マトリクス』各年版より作成。
注：東アジアは中国、韓国、台湾、ASEAN。

　占める。対東アジア（日本を除く）全域に拡げてみれば、ASEANの輸出額に占める割合は45.5％なのに対し、輸入額に占める割合は62.2％である。この差の大部分は中国に対する輸入超過2000億ドルであり、以前よりも中国との間で貿易赤字が拡大している。ただし、ASEAN諸国では、FTA締結では世界的にも突出しているシンガポールを先頭に、タイ、マレーシア、ベトナム、インドネシアも東アジア以外の諸国とFTA交渉を旺盛に進めており[1]、今後は他地域との貿易、投資、さらには労働力の移動が拡大する可能性がある。

　このような状況をふまえ、日本政府はASEAN諸国の経済成長を十分には取り込めていないと認識しており、「取り込む」ための戦略としてFTA・EPAを位置付けている。日本政府が閣議決定した「日本再興戦略」では、「グローバルな経済活動のベースとなる経済連携を推進し、貿易のFTA比率を現在の19％から、2018年までに70％に高める」ことを目標としていたが（日本再興戦略2013）、RCEP署名後のFTA等カバー率は、80.4％（2021年3月時点）になっている。TPP、RCEP（東アジア地域包括的経済連携）に加え、日中韓FTAなど広域経済連携を進め、その先にあるFTAAP（アジア太平洋自由貿易圏）でアジア太平洋地域全体の新たな貿易ルールを作り上げるというのが、それ以降も続く日本政府の方針である。

　2022年1月1日に、日本、ブルネイ、カンボジア、ラオス、シンガポール、

タイ、ベトナム、オーストラリア、中国、ニュージーランドの10カ国で
RCEPは発効し、2月1日に韓国、3月18日にマレーシア、2023年1月2日
にインドネシアについてもそれぞれ発効した[2]。これにより、日本政府の思
惑がそのまま進むかどうかはともかく、東南アジア地域を含むアジア太平洋
地域と日本経済の結びつきはますます強まるであろう。それにより生じる食
料・農産物貿易の変化は、日本の農業の行く末を考える上で検討しておかね
ばならない課題である。

　日本政府は2013年12月に公表し、その後改訂を重ねている『農林水産業・
地域の活力創造プラン』の中で、「需要フロンティアの拡大」として農産物・
食品の輸出拡大を進めるとしているが、アジア諸国は輸出先の有力な対象地
域である（農林水産業・地域の活力創造本部2013）。大和総研（2014）によ
れば、ASEAN＋インドの加工食品の市場規模は2000年の274億ドルから年
率平均11％成長し、2013年には1,040億ドル、それ以降も9％の成長を維持し、
2018年には1,653億ドルになると見込まれる。そうしたアジア諸国の食料の
需要構造の変化は、それを規定する労働市場の変化とともに検討しておかな
ければならない課題である。

　日本政府の方針とともに、日本の資本にとっても、経済成長に伴い東南ア
ジア諸国の位置づけが変化している。初期の段階では原料供給基地であった
ものが、加工・製造の拠点としての位置づけが加わり、現在では消費市場と
して重要な地域となっている。このことは食品や農林水産物にとっても同様
である。やや古いデータではあるが、図7-3に示したように中国及び他のア
ジア地域で日本の食品製造業の現地法人が1995年以降大幅に増加しており、
図7-4に示したように2000年以降現地販売が大部分を占めている。こうした
状況をふまえ、日本政府は、「和食：日本人の伝統的な食文化」がユネスコ
無形文化遺産として登録されることが2013年12月に決定したことを追い風に、
食品関連企業のアジア進出を日本産食品・農産物の輸出につながるものと期
待しているが、図7-5に示したように、食品製造業のアジア現地法人は大部
分の原料を現地調達している。このように、アジア諸国に直接投資する目

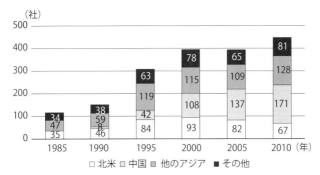

図7-3　日系食品製造業の海外現地法人数の推移

資料：大和総研（2014.3）より作成。
原資料：経済産業省
注：1985年の「他のアジア」は中国を含む。

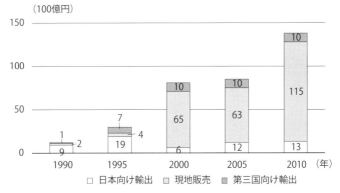

図7-4　食品製造業アジア現地法人の販売先

資料：大和総研（2014.3）より作成。
原資料：経済産業省

的・性格の変化が見受けられ、その実態を明らかにすることも課題である。

　このような貿易、需要、投資の変化によって生じた市場構造は、一方が輸出、他方が輸入といった単純なものではなく、所得の格差もあいまって需要が重層的かつ多様に形成され、双方向の貿易が進展する構造であり、これがグローバル化の一つの特徴である。こうした市場構造の中で東南アジア諸国の農業がどのような変貌を遂げているのか、遂げるのか、それを明らかにすることも課題である。

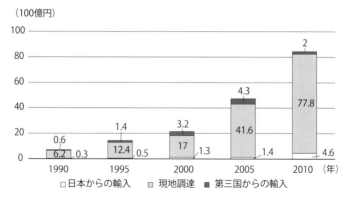

（100億円）

図7-5　食品製造業アジア現地法人の調達先

資料：大和総研（2014.3）より作成。
原資料：経済産業省

3．市場のグローバル化と日本の貿易協定

　当時のトランプ大統領による離脱表明によって、TPP協定はアメリカ抜き
のTPP11、正確には「包括的および先進的な環太平洋連携協定」（CPTPP）
として2018年12月30日に発効したが、日本はそれ以降も多くの国・地域と経
済連携協定（EPA）を締結、それらの国・地域との間で貿易自由化を推進
している。2019年2月1日にはEUとの間でEPAが発効し、2020年1月1日
には日米貿易協定が発効している。その後も、2021年1月に日英包括的経済
連携協定が発効、その後イギリスはTPPへの加盟申請を行っており、2021年
9月には中国と台湾が、12月にはエクアドルが続き、韓国も意欲を見せてい
る[3]。TPP11以降の協定では、例えば、日本とEUの経済連携協定のように、
農産物に関してTPP協定よりも高水準の市場開放が合意されており[4]、日本
政府が行う様々な貿易交渉においてはTPP協定が基準となっている。
　アメリカ抜きのTPP11では、元のTPP協定に盛り込まれていたアメリカ
産米7万 t の輸入枠は凍結され、その後の日米貿易協定でも盛り込まれてい
ないが、オーストラリア産米の輸入枠は元のTPP協定のままであるし、牛

肉・豚肉の関税削減、乳製品の輸入枠設定も同様であり、日本農業に大きな影響を及ぼすことは変わらない。実際に、COVID-19のパンデミックの下で、2020年に日本は農産物の輸入額を減らしたが、アメリカからの畜産物の輸入額は増加している[5]。

　TPP協定を含むグローバル化については多くの問題が指摘されているが、ここではそれらが目指す世界像と日本農業という点について論じる。

　TPP協定を含む近年の国際協定は、単に貿易のルールについて定めたものではなく、参加国の国内制度についても共通のルールを定めている。それぞれの国の違いを前提とした国「際」的な関係ではなく、「グローバル・スタンダード」という言葉で表されるように、複数の国が共通の制度を持つ枠組みを作ろうとしている。

　飢餓や貧困の撲滅、地球環境問題など人類が国を超えて取り組まなければならない課題が生じている現在、制度の共通化・グローバル化は必要である。また、経済のグローバル化も必要であるが、それは手段に過ぎない。例えば、食糧や経済開発の援助による貧困の解消にとって必要な企業活動などである。

　しかし、現在は経済活動のグローバル化が「目的」化し、それを進めるために制度のグローバル化が図られている。各国ごとに経済構造や所得階層などが異なり、それゆえ市場のあり方も異なる。農業に関して言えば、それぞれの食料消費の仕方に合わせて、生産のあり方が形成されてきた。現在のグローバル化は各国ごとの違いを無視し、世界レベルでの階層構造の再編を進め、それに合わせた農業の変化を求めている。図7-6は、各国の違いを前提とした「国際市場」から「グローバル市場」への移行を表したものである。

　日本は、少なくとも四半世紀前までは、多少値段が高くても安全で高品質の農産物を求める所得中間層が比較的厚く存在し、それに合った農産物市場が形成されてきた。そうした市場を前提とし、有利販売を可能とする農業生産を目指すことが産地の課題であった。グローバル化の進行と日本経済の落ち込みによって、中間層は縮小した。図7-6で示したC国からBないしはA国への移行である。

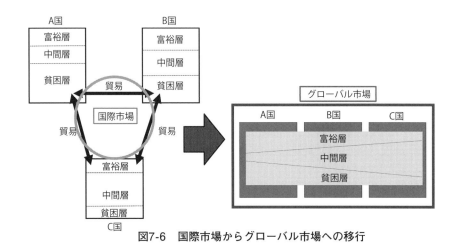

図7-6　国際市場からグローバル市場への移行

4．グローバル経済における日本の位置の変化と農政改革と
コメ・ビジネス

　グローバル経済における日本の位置が変化する中で、多くの産地が国内の低所得化に合わせたコスト削減に駆り立てられ、有利な販売を目指すためには、グローバル市場における富裕層や中間層をあてにせざるをえなくなり、輸出が重要な課題となった。現在進められている農政改革は、こうした農業を進めようとしており、グローバル化と一体の関係なのである。

　農政改革の基本である「農林水産業・地域の活力創造プラン」の主要な柱についていえば、農地中間管理機構の設立、生産調整など米政策及び経営所得安定対策の見直しから始まり、農協・農業委員会・農業生産法人制度の改革、農業法人の増加、農業への企業参入の促進へと続く「農業生産現場の強化策」は「低コスト化」に対応するものであるし、「需要フロンティアの拡大」は「農産物輸出拡大」を目指している。それとともに、これまでの6次産業化・農商工連携を高度化する「バリューチェーンの構築」は「品質を維持した低コスト化」につながるものである。

　これら一連の改革は、戦後の日本農業を根本から変える方向に進んでいる。

図7-7　米輸出量・金額

資料：財務省『貿易統計』より作成。

背景には高齢化、担い手不足、農地の荒廃など日本農業衰退への危機感とともに、TPP協定などグローバル化への対応に迫られているという状況がある。こうした農政改革が進行する中で、日本の主要農産物であるコメでも対応が進んでいる。

　農政改革下で進むコメ・ビジネスの特徴をまとめておく。「需要フロンティアの拡大」は国内需要拡大と輸出からなるが、コメ輸出の拡大が著しい（**図7-7**）。その背景にあるのは、2013年末の「和食」のユネスコ無形文化遺産登録、海外での和食ブーム、円安や国内米価下落による内外価格差の縮小などの要因とあわせて、それを利用した大手企業などの積極的な取組によるものである。特に、COVID-19のパンデミックの下で外食での国内需要が落ち込んだ中で、アメリカを中心にパックご飯の輸出が大幅に伸びた[6]。

　「需要と供給をつなぐバリューチェーンの構築」は、農林漁業、製造業、小売業等の連携による、いわゆる6次産業化で農林水産物の付加価値を向上させることを狙いとしているが、大手企業の側から見れば、生産者との連携の強化、事業の多角化である。アイリスオーヤマが精米工場の運営に関わり、自社ブランドで精米やパックご飯を供給するなど農外企業のコメ・ビジネスへの進出が進む状況や、コメの実需者や卸売業者がJAグループを通さず生産者と直接提携する事例などがあげられる。

　大手企業が生産者との提携を進める事例は「③生産現場の強化」ともかか

わるが、さらに一歩進んで、コメの生産に直接乗り出す事例もある。この政策の中核をなす農地集積バンク＝農地中間管理機構とのかかわりで注目する動きがある。2014年4月以降、各県ごとに農地中間管理機構が指定され、貸借の希望が募集されたが、コメ卸売業者やイオンアグリ創造株式会社など大手流通業者の子会社・関連会社の農業生産法人が、複数の府県で水田の借受希望者となっている。以上のコメ・ビジネスの具体的な事例については、冬木（2021）で紹介している。

5．むすび

　これまでグローバル市場再編下で進められてきた日本の農政改革について述べてきたが、「持続可能な開発目標（SDGs）」など、「持続性」が現代社会の主要なキーワードになる中で、今後もこれまでの方向がつづくのであろうか。世界的に見れば、EUの「Farm to Fork戦略」（2020年5月）やアメリカの「農業イノベーションアジェンダ」（2020年2月）のような動きもあり、『農業と経済』2021年3月号では「世界から取り残されない農政をどうつくるか」という特集が組まれている（農業と経済編集委員会2021）。

　こうした状況の中で、日本政府も2020年の3月に決定した『食料・農業・農村基本計画』では、「農業現場を支える多様な人材や主体の活躍」という項目が新たに設けられ、「中小・家族経営など多様な経営体が」「地域社会の維持に重要な役割を果たしている実態」をふまえ、そうした「多様な経営体による地域の下支え」ということをうたっている（農林水産省2020）。また、2021年5月には、SDGsや環境を重視する国内外の動きをふまえて、食料・農林水産業がそれらの動きに的確に対応し、持続可能な食料システムを構築するための「みどりの食料システム戦略」が策定された（農林水産省2021a）。

　これらの政策方向を字義通り受け止めてよいのか、またグローバル農産物市場との関係でどのように評価するのか、今後の具体的な政策展開の中で分析する必要があることを指摘し、本章の結びとしたい。

注

1 ）日本貿易振興会（2019）が2019年12月時点でまとめた資料では、世界のFTA
件数を完全に把握することは困難であるが、WTOウェブサイトおよびジェト
ロ海外調査部が収集した情報を元に486件をリストアップしている。

2 ）外務省・財務省・農林水産省・経済産業省（2023）。

3 ）『日本経済新聞電子版』2022年 2 月 6 日付。

4 ）詳細については、冬木（2017, p.7）を参照。

5 ）冬木・西川（2022, p.4）。

6 ）農林水産省（2021b, p.108）。

引用・参考文献

外務省・財務省・農林水産省・経済産業省（2023）「地域的な包括経済連携（RCEP）
協定」2023年 1 月．

大和総研（2014）『我が国食品関連企業のアジア諸国における事業展開事例等調査
報告書』2014年 3 月．

『日本再興戦略―JAPAN is BACK―』2013年 6 月14日閣議決定，p.88.

日本貿易振興会（各年版）『世界貿易マトリクス』日本貿易振興会．

日本貿易振興会（2019）「世界と日本のFTA一覧」2019年12月．

農業と経済編集委員会（2021）「特集　菅新農政始動！ 世界から取り残されない農
政をどうつくるか」『農業と経済』87（3），2021年 3 月．

農林水産省（2020）『食料・農業・農村基本計画』農林水産省，2020年 3 月，p.42.

農林水産省（2021a）『みどりの食料システム戦略』農林水産省，2021年 5 月．

農林水産省（2021b）『米をめぐる関係資料』農林水産省，2021年 7 月，p.108.

農林水産業・地域の活力創造本部（2013）『農林水産業・地域の活力創造プラン』
農林水産業・地域の活力創造本部，2013年12月10日，p.4.

冬木勝仁（2017）「アウトルック水田農業16」『全国農業新聞』3017，2017年 7 月
28日，p.7.

冬木勝仁（2021）「コメ・ビジネス―公共性とアグリビジネス―」冬木勝仁・岩佐
和幸・関根佳恵編『アグリビジネスと現代社会』筑波書房，pp.109-114.

冬木勝仁・西川邦夫（2022）「新型コロナウイルス感染拡大下における食料・農業・
農村問題」『農業問題研究』54（1），p.4.

Milanovic, B.（2016）*Global Inequality: A New Approach for the Age of
Globalization,* Cambridge, MA: Harvard University Press（立木勝訳（2017）『大
不平等―エレファントカーブが予測する未来―』みすず書房）.

（冬木勝仁）

［最終稿提出日：2023年1月23日］

第8章

東南アジア新興農業国と多国籍アグリビジネス

1．農業開発／市場拡大のホットスポットとしての東南アジア

　バナナやエビ、パーム油、鶏肉、さらには冷凍食品や寿司ネタに至るまで、日本の食卓は東南アジア産の食べ物と密接に結びついている。2020年初頭に始まったコロナ・パンデミックは、現地での生産の攪乱と物流の寸断を背景に輸入停滞や食品値上げ等へ波及し、食卓と産地とのつながりを可視化する契機となった。その意味で、食の海外依存が構造化された私たちの暮らしを見直す上で、東南アジアからは目が離せなくなっている。

　では、現地を取り巻く状況はどうなっているのだろうか。東南アジアでは、就業人口の6割に当たる1億人が関連産業に従事し、全産業に占める生産額と付加価値のシェアは17%であることから、農業・食品産業は今も重要な役割を果たしている（ASEAN-Japan Centre 2020, pp.1-5）。また、6.6億人の人口や工業化・外資導入に伴う急激な経済成長、ASEAN経済共同体の発足に象徴される市場統合に視線が集まり、生産拠点に加えて消費市場としての潜在力も、最近は期待されている（魚住 2021）。加えて、先進国資本以外に食料輸入大国に変貌した中国からも投資が集まり、国境をこえる生産ネットワークの構築を通じた市場拡大が熱を帯びている（Prichard 2021）。

　注目されるのは、このような生産・市場の拡大と対外依存の深化の過程で、新たな農業開発が展開され、世界有数の農産物輸出国＝新興農業国（New

Agricultural Countries: NACs）が台頭するようになったことである（Friedmann 1993; Burch 1996; Rosset, Rice and Watts 1999）。NACsとは、新たな作目導入と輸出強化を軸にテイクオフを図り、グローバルサウスの中から「北」の輸出大国と競合する存在に成長した国々を指す。その特徴は、第1に、伝統的農産物にとどまらず、油脂や肉類、生鮮果実等の高付加価値作目を導入し、大規模開発を軸に輸出産地へと変貌してきた点である。第2に、農業開発にとどまらず、農業関連工業化に基づく高度化や流通・小売部門への拡張等、商品連鎖の上流から下流までの産業連関が形成されてきた点である。第3に、有力外資に加えて地場のアグリビジネスが開発主体として台頭し、次第に自立化するようになった点である。中でも東南アジアのアグリビジネスは、世界的にもプレゼンスを高めており（UNCTAD 2009; Rama 2017）、欧米系資本の及ばなかった農業から小売までの垂直的統合を確立する反面、その存在の大きさゆえに多方面で深刻な影響を及ぼすようになっている（Burch and Goss 2005）。

　そこで、本章では、東南アジアNACsと多国籍アグリビジネスの象徴的事例として、マレーシア・インドネシアのパーム油とタイの鶏肉を取り上げ、アグリビジネスの成長に伴う市場構造の変化や社会経済的・環境的影響を検証してみたい。以下では、最初にNACs化と地場アグリビジネスの台頭を概観した後、パーム油と鶏肉に焦点を絞り、アグリビジネスの事業拡大がもたらすインパクト分析を行う。最後に、NACs化とアグリビジネス台頭の帰結を総括する形で締めくくりたい。

2．NACsの出現と地場アグリビジネスの形成

（1）東南アジア農業・食料市場とNACsの出現

　最初に、世界市場における東南アジアの位置関係を把握しておこう。**表 8-1**は、FAOデータを素材に主要輸出品目（水産物を除く）を抽出したものである。同表からは、熱帯産品や飲料、各種加工品が上位に並んでおり、中

表 8-1　東南アジアの食料輸出上位 20 品目（2019年）

（単位：1000USドル 、 %）

順位	品目	輸出額		域内構成比	世界シェア
		世界計	東南アジア計		
	総計	1,227,968,602	108,714,005	100.0	8.9
1	パーム油	27,733,272	23,222,799	21.4	83.7
2	その他食料	71,079,267	11,044,510	10.2	15.5
3	精米	19,493,641	6,385,346	5.9	32.8
4	コーヒー生豆	18,198,838	3,152,219	2.9	17.3
5	カシューナッツ	4,716,410	3,032,594	2.8	64.3
6	鶏肉缶詰	9,289,365	2,913,139	2.7	31.4
7	蒸留酒	33,927,109	2,864,004	2.6	8.4
8	バナナ	13,527,197	2,631,271	2.4	19.5
9	ノンアルコール飲料	22,647,424	2,448,136	2.3	10.8
10	その他生鮮果実	4,262,258	2,364,716	2.2	55.5
11	キャッサバ澱粉	2,192,096	2,143,568	2.0	97.8
12	調整食料、小麦粉、麦芽エキス	8,052,700	2,116,829	1.9	26.3
13	パーム核油	2,216,696	1,872,936	1.7	84.5
14	粗糖	11,287,632	1,870,442	1.7	16.6
15	その他熱帯生鮮果実	2,555,194	1,812,733	1.7	70.9
16	コーヒー抽出物	7,197,219	1,705,241	1.6	23.7
17	菓子	31,102,699	1,676,094	1.5	5.4
18	コプラ	2,162,772	1,561,784	1.4	72.2
19	精製糖	10,363,237	1,553,261	1.4	15.0
20	カカオ脂	5,620,807	1,491,339	1.4	26.5

資料：FAO, FAOSTAT より作成（2021 年 4 月 3 日閲覧）。
注：水産物を除く。

でもパーム油は輸出総額の 2 割強を占める代表的品目であるのが分かる。また、世界シェアに目を向けると、パーム油・核油やキャッサバ澱粉、コプラの圧倒的シェアをはじめ、鶏肉や生鮮果実、カシューナッツも高い割合を示しており、東南アジアがこうした品目の輸出拠点であることが確認できる。

　一方、世界食料貿易における東南アジア諸国のポジションを見ていくと、輸出額では2000 ～ 19年の間にタイ17→13位、インドネシア21→17位、マレーシア19→20位、ベトナム28→24位へと推移している。加えて、純輸出額では、ブラジル（1 位）やアルゼンチン（2 位）を筆頭に、トップ20にグローバルサウスが約半数を占めており、タイ（6 位）、インドネシア（11位）、マレーシア（18位）もその中に含まれている（FAO 2021）。とりわけタイは、食品を重点産業に位置付け、イノベーションと高付加価値化を通じて2035年までに世界トップ 5 入りを目指す計画が表明されている。

　では、東南アジア食料貿易は、どのように展開されているのだろうか。今度は、ASEAN貿易統計を加工した**表8-2**を基に検討してみよう。まず輸出では、タイは精米やマグロ・カツオ、鶏肉、清涼飲料、インドネシアとマレーシアはパーム油、ベトナムはエビやコーヒー、カシューナッツ、フィリピンはバナナという形での輸出産地形成がみてとれる。また、品目構成では、パーム油やマグロ・カツオ、鶏肉は精製・調製品の形で輸出が行われており、農業開発から食品加工への展開状況もうかがえる。さらに、販売先は、コメと清涼飲料を除けばASEAN域内比率が1割以下にとどまり、域外向けが多数を占めるのも特徴的である。特に、コーヒーやカシューナッツ、鶏肉は「北」側諸国へ仕向けられる一方、パーム油やバナナ、エビ、マグロ・カツオ調製品は、中国や中東を含む世界市場がターゲットになっている。

　他方、輸入については、穀類や畜産品が主要品目であるとともに、インドネシアやフィリピン、マレーシアが上位に名を連ねている。輸入元は、粗糖と精米は域内中心であるが、それ以外は南北アメリカやオセアニアから輸入しているのが分かる。同時に注目されるのが、上記3国における小麦やコメ、牛肉、脱脂粉乳の輸入依存度の高さに加えて、大豆・同油粕やトウモロコシ等ではベトナムやタイも上位に登場する点である。東南アジアでも基礎食料の輸入に加えて、経済成長に伴う食の高度化や加工型畜産の普及が推察される。と同時に、タイとベトナムは飼料輸入とエビ・鶏肉加工品輸出の双方に登場する他、ベトナムのカシューナッツのように、アフリカから殻付き原料を輸入した後、国内で殻を剝いて輸出するパターンも検出できることから、新しい国際分業の構築も読み取ることができる。

　このように、東南アジアでは、タイが水産・鶏肉加工品、インドネシアとマレーシアがパーム油という新品目を導入し、輸出拡大を基盤にNACs化の道を歩んでおり、ベトナムが追走する状況が見えてきた。その反面、食の高度化に伴う内需向け食料・加工原料の海外調達も進んでおり、輸出入双方で世界市場への依存が深化してきたといえよう。

表 8-2　ASEAN 食料貿易における主要品目構成

品目名	輸出額	主要輸出国	輸出先	ASEAN 域内比率
		輸出		
パーム精製油	17,661,098,302	インドネシア（62.7）、マレーシア（36.6）	中国（19.9）、パキスタン（8.5）、インド（8.2）、バングラデシュ（4.2）、米国（4.0）	12.0
精米	6,414,786,325	タイ（58.3）、ベトナム（33.7）	フィリピン（15.7）、米国（9.7）、中国（8.8）、ベニン（6.4）、マレーシア（5.7）	25.5
パーム原油	5,645,149,904	インドネシア（64.5）、マレーシア（33.0）	インド（50.0）、スペイン（11.4）、オランダ（10.4）、マレーシア（7.4）、シンガポール（5.5）	12.9
エビ（生鮮・冷蔵・冷凍・塩蔵）	4,267,517,555	ベトナム（46.0）、インドネシア（29.7）、タイ（15.6）	米国（31.5）、日本（18.6）、中国（16.8）、韓国（6.8）、英国（3.1）	2.8
マグロ・カツオ調製品	3,207,568,165	タイ（68.1）、インドネシア（12.8）、フィリピン（11.1）	米国（22.2）、日本（9.8）、オーストラリア（6.7）、サウジアラビア（6.0）、リビア 4.8）	3.3
コーヒー生豆	3,087,823,020	ベトナム（69.1）、インドネシア（28.3）	米国（15.3）、ドイツ（12.7）、イタリア（9.0）、日本（7.1）、スペイン（6.4）	10.7
カシューナッツ（殻なし）	3,032,586,951	ベトナム（97.3）	米国（33.3）、中国（16.0）、オランダ（11.5）、ドイツ（4.5）、英国（3.6）	3.9
鶏肉調製品	2,650,381,478	タイ（97.9）	日本（54.1）、英国（23.3）、オランダ（5.5）、韓国（5.0）、シンガポール（3.6）	4.0
バナナ	2,410,089,350	フィリピン（87.4）	中国（38.2）、日本（32.4）、韓国（11.8）、サウジアラビア（3.0）、UAE（2.6）	4.6
清涼飲料	2,233,730,226	タイ（71.0）、ラオス（10.3）	ベトナム（32.0）、カンボジア（22.4）、ミャンマー（10.2）、ラオス（4.4）、中国（4.0）	83.9

資料：ASEAN, *ASEANstats*より作成（2021年5月11日閲覧）。
注：貿易額上位10品目を抽出。

（2）東南アジア発の多国籍アグリビジネス

　以上のような東南アジアにおけるNACsの形成ならびに域内市場の拡大に大きく関与してきたのが、地場のアグリビジネス資本である。そこで、今度は東南アジア発のアグリビジネスに視線を向けよう。

　表8-3は、ASEAN多国籍企業トップ100からアグリビジネスを抽出したものである。ASEANは、これまで外資受入をテコに工業化を進めてきたが、その過程で外資のパートナーとなった華人系財閥や政府系ファンドの資本蓄積がめざましく、近年では国境を越えて事業を展開している（牛山 2018）。

（2019 年）

（単位：ドル、%）

品目名	輸入額	主要輸入国	輸入元	ASEAN域内比率
		輸入		
小麦・メスリン	6,602,560,966	インドネシア（42.4）、フィリピン（28.0）、タイ（11.5）、ベトナム（10.9）	米国（23.7）、ウクライナ（19.2）、オーストラリア（19.0）、カナダ（14.5）、アルゼンチン（9.6）	0.03
大豆油粕	6,550,316,816	ベトナム（28.2）、インドネシア（25.3）、タイ（18.8）、フィリピン（18.0）	アルゼンチン（55.5）、ブラジル（24.8）、米国（17.1）	0.6
トウモロコシ	3,299,753,666	ベトナム（69.4）、マレーシア（14.5）	アルゼンチン（57.4）、ブラジル（33.6）、ミャンマー（5.5）	7.4
大豆	3,260,330,887	タイ（38.5）、インドネシア（32.7）、ベトナム（21.0）	米国（64.5）、ブラジル（27.3）、カナダ（5.7）	0.7
粗糖	1,976,878,621	インドネシア（66.7）、マレーシア（28.7）	タイ（69.7）、南アフリカ（10.6）、オーストラリア（10.4）	70.4
牛肉（骨なし冷凍）	1,910,653,307	インドネシア（31,4）、マレーシア（21.9）、フィリピン（20.6）	インド（49.0）、オーストラリア（21.9）、ブラジル（11.3）、米国（10.3）	0.1
ペットフード用調製品	1,899,115,192	ベトナム（26.6）、タイ（19.0）、フィリピン（13.9）	米国（15.6）、中国（15.1）、タイ（10.7）、ベトナム（9.2）	30.1
精米	1,827,824,793	フィリピン（58.1）、マレーシア（24.6）、シンガポール（11.9）	ベトナム（56.9）、タイ（22.5）、インド'（6.3）	87.1
脱脂粉乳	1,689,499,089	インドネシア（26.1）、フィリピン（22.2）、マレーシア（17.7）	米国（28.1）、ニュージーランド（20.8）、ベルギー（10.4）	1.8
カシューナッツ（殻つき）	1,678,326,757	ベトナム（99.4）	コートジボワール（34.2）、カンボジア（17.6）、ガーナ（15.1）	22.9

　こうした企業群の中で、アグリビジネスは総数の４分の１を占めるとともに、ウィルマーやサンミゲル、CPフーズ等、上位７社は資産規模100億ドルを上回り、本国・域内でのプレゼンスの大きさが推察される。

　次に、事業内容に注目してみよう。まず、本社所在地は、マレーシアやタイ、シンガポールが多く、アグリビジネスがNACs化とともに形成されたことがうかがえる。と同時に注目されるのが、各社はさらに巨大持株会社の傘下に置かれている点である。特に、クォックとCPは複数の巨大企業を支配し、タイのTCCはシンガポールのフレイザー・アンド・ニーブを買収する等、コングロマリット化とM&Aの進行がうかがえる。

　さらに、主力品目では、最も多いのがパーム油等油脂製造であり、ついで

表 8-3 ASEAN の主要多国籍アグリビジネス

（単位：100万ドル）

順位 アグリビジネス内	順位 全産業	社名	本社	系列	系列 起業地（本社）	主力品目	総資産
1	3	ウィルマー・インターナショナル	シンガポール	クォック	マレーシア	パーム油・大豆油	40,933
2	7	サンミゲル	フィリピン	トップフロンティア・インベストメントホールディングス	フィリピン	ビール	27,597
3	15	CP フーズ	タイ	CP	タイ	ブロイラー・エビ養殖加工	18,221
4	21	オラム・インターナショナル	シンガポール	政府系	シンガポール	コーヒー豆、カカオ、ナッツ類	16,683
5	22	サイムダービー	マレーシア	政府系	マレーシア	パーム油	15,745 *
6	23	JG サミット・ホールディングス（ユニバーサル・ロビナ）	フィリピン	−	−	菓子	14,791
7	31	CP オール	タイ	CP	タイ	コンビニ	11,062
8	34	ベルリ・ユッカー	タイ	TCC	タイ	スーパー・コンビニ	9,673
9	42	ゴールデン・アグリリソーシズ	シンガポール	シナールマス	インドネシア	パーム油	8,138
10	63	タイビバレッジ	タイ	TCC	タイ	ビール	5,833
11	65	PPB グループ	マレーシア	クォック（ファーストパシフィック）	マレーシア（シンガポール）	パーム油	5,636
12	71	Felda グローバルベンチャーズ・ホールディングス	マレーシア	政府系	マレーシア	パーム油	5,062
13	77	KL ケポン	マレーシア	−	−	パーム油	4,619
14	79	タイユニオン・グループ	タイ	−	−	ツナ缶	4,491
15	81	ブーステッド・ホールディングス	マレーシア	政府系	マレーシア	パーム油	4,360
16	82	IOI コーポレーション	マレーシア	−	−	パーム油	4,193
17	90	フレイザー・アンド・ニーブ	シンガポール	TCC	タイ	スポーツ飲料・乳飲料	3,608
18	99	ベトナムラバー・グループ	ベトナム	−	−	ゴム	3,066

資料：ASEAN Secretariat and UNCTAD（2018）*ASEAN Investment Report 2018*, Jakarta: ASEAN Secretariat より作成。
注：1）順位は ASEAN 多国籍企業全体の中でのランキング。＊は 2016 年、それ以外は 2017 年データ。
　　2）Felda グローバルベンチャーズ・ホールディングスは、現在は FGV ホールディングスに改称。

輸出指向のブロイラーやエビ養殖加工、水産加工業が並んでいる。一方、ビールや清涼飲料、菓子の製造は現地・域内向けが中心であり、都市部での消費爆発や食の高度化を背景とするスーパーやコンビニ、ファストフードの

展開も検出できる。

　それでは、NACs化とアグリビジネスの台頭は、どのような影響を及ぼしているのだろうか。次節以降で具体的に検討してみよう。

3．「パーム油開発先進国」と過剰開発の限界

（1）メガ農園企業から多国籍パーム油複合体へ

　まず、パーム油の分析から始めよう[1]。パーム油は、スナック菓子や即席麺、洗剤等、日常生活の多方面で消費される汎用油脂であるが、普遍的な利用の歴史は比較的新しい。元来は西アフリカ原産の熱帯油脂で、植民地主義を背景に国際貿易に登場し、東南アジアでは20世紀より商業栽培が開始された。ところが、合成ゴム普及に起因する第2次大戦後のゴム不況が、大きな転機をもたらした。当時のマレーシア経済は天然ゴムに依存していたため、転作と熱帯林開拓を両輪とするアブラヤシ農園開発が推進されるようになり、東南アジア産のパーム油の普及が拡大する原動力となったのである。

　図8-1は、パーム油の世界動向を示したものである。マレーシアの生産・輸出量は、1961〜74年で10倍も増加した結果、同国の世界シェアは生産量で4％から26％へ、輸出量で15％から54％へ急伸し、1980年代には単独で世界生産の過半を占めるようになった。その後、1980年代には隣国インドネシアも、中核企業−小農（PIR）方式等を軸に大規模開発に乗り出したため、2000年代後半にはマレーシアを凌駕し、2010年代には過半のシェアを占めるようになった（林田 2021；加納 2021）。2020年現在、両国は生産量の77％、輸出量の86％を占めており、農園開発に基づく市場開拓とNACs的発展を遂げた「パーム油開発先進国」の地位を築いている。

　しかも、東南アジア産地の急成長は、油脂消費のあり方にも影響を及ぼした。現在、世界の油脂生産のトップはパーム油であり（2019年で7,500万ｔ）、それまで首位の大豆油（同、6,000万ｔ）を引き離して世界最大のボリュームを誇るようになったからである。しかも、輸出先は先進国に限らず、「人

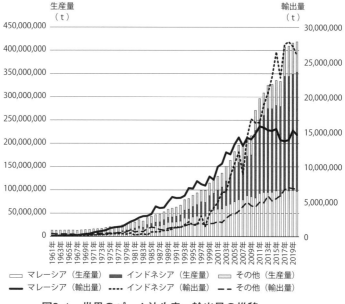

生産量
（t）
450,000,000
400,000,000
350,000,000
300,000,000
250,000,000
200,000,000
150,000,000
100,000,000
50,000,000
0

輸出量
（t）
30,000,000
25,000,000
20,000,000
15,000,000
10,000,000
5,000,000
0

□ マレーシア（生産量）　■ インドネシア（生産量）　▦ その他（生産量）
━ マレーシア（輸出量）　‥‥ インドネシア（輸出量）　– – その他（輸出量）

図8-1　世界のパーム油生産・輸出量の推移

資料：FAO, *FAOSTAT*より作成（2021年4月3日閲覧）。

口大国」中国・インドを筆頭に、グローバルサウスにも拡がっている（FAO
2021）。つまり、マレーシアとインドネシアのパーム油の供給拡大は、世界
油脂市場の構造をも変質させたのである。

　では、一体どのようなアクターが関わっているのだろうか。**表8-4**は、
パーム油関連アグリビジネスのトップ10を整理したものである。まず目を引
くのが、農園の巨大スケールである。サイムダービーの約60万haを筆頭に、
いずれも単独で10万ha超の農園を保有している。大規模開発を基盤に100万
t超のパーム油を供給する「メガ農園企業」が、各社の共通点である。

　第2に、農園を起点に精製・加工工程にも進出している点である。パーム
油の場合、収穫した果実を搾油して原油が生産されるが、そこから精製・加
工処理を通じて食用・非食用に適した多種多様な油脂が製造される。マレー
シアでは、1970年代に精製、80年代にオレオケミカル、2000年代にバイオデ

イーゼルの工場設立ブームが生じたが、メガ農園企業は原料供給を武器に優位に立ち、部門内での集積・集中と部門間の垂直的統合を進めてきた。その際、三井物産やP&G等と合弁企業を設立したFGVや、インド企業やユニリーバ子会社を買収したIOI等、「北」の多国籍企業との合弁設立や競合他社の買収を通じて高付加価値化を図り、パーム油複合体を形成してきたのである。

　第3に、上流・下流双方での越境投資である。農園部門では、全てがインドネシアに農園を構えているが、中には太平洋地域や西アフリカでも開発を手がける構図が読み取れる。一方、下流部門では、サイムダービーやウィルマーがアジアや欧州、アフリカで工場を建設し、IOIはオランダで、KLケポンはドイツで有力企業を買収することで、現地市場へのアクセスを実現している。加えて、ウィルマーとIOIは、穀物メジャーのADMやブンゲと油脂事業のアライアンスを構築している。つまり、各社は多国籍企業のパートナーとしての地位から、自ら多国籍企業への自立化を図ってきたのである。

　第4に、金融面での越境化である。ここで注目すべきは、マレーシアとインドネシア以外に、農園が皆無の都市国家シンガポールにも有力企業が存在する点である。例えば、ゴールデン・アグリとインドフードは、インドネシア資本のシナールマスとサリム・グループの傘下であり、ウィルマーもクォック・クーンホンとインドネシア人実業家マルトゥア・シトルスとの合弁会社である。各社は、アジア通貨危機後の経営再構築を機に、法人税が低率で資金調達が容易なシンガポールに子会社を設立し、生産拠点と金融拠点の分離を軸に利潤極大化を図ってきたのである。

　このように、「パーム油開発先進国」内部でのメガ農園企業誕生と多国籍パーム油複合体への進化を読み取ることができる[2]。特に2000年代の価格高騰期に各社は莫大な収益を稼ぎ出し、各国長者番付ではゴールデン・アグリとインドフードがインドネシアの2位と3位、IOIとKLケポンがマレーシアの6位と19位、ウイルマーがシンガポールの12位とインドネシアの14位にランクインしている（Forbes 2021a, 2021b, 2021c）。つまり、パーム油は、アグリビジネス資本に莫大な経済的「果実」をもたらしてきたのである。

表8-4　世界のアブラヤシ・メガ農園企業の構成

企業名	本社所在地	上流部門（農園・搾油工場立地）					
		農園		パーム油		パーム核油	
		面積 （万 ha）	農園所在地	生産量 （万t）	RSPO 認証比 （%）	生産量 （万t）	RSPO 認証比 （%）
サイムダービー・ プランテーション	マレーシア	58.3	マレーシア（50%）、 インドネシア（34%）、 パプアニューギニア・ ソロモン諸島（15%）	236.3	36.7	55.7	9.5
ゴールデン・アグ リリソーシズ	シンガポール →モーリシャス	39.6	インドネシア	220.5	17.0	57	44.0
FGV ホールディン グス	マレーシア	38.8	マレーシア（98%）、 インドネシア（2%）	275.8	0.2	69.4	13.0
PT アストラ・アグ ロ・レスタリ	インドネシア	28.8	インドネシア	142.9		30.3	
インドフード・ア グリリソーシズ	シンガポール	25.0	インドネシア	298.6		n.a.	—
ウィルマー・イン ターナショナル	シンガポール	24.7	インドネシア（67%）、 マレーシア（25%）、 コートジボアール・ガ ーナ・ナイジェリア・ ウガンダ（8%）	171.6	33.4	40.2	38.6
KL ケポン	マレーシア	24.7	インドネシア（54%）、 マレーシア（43%）、 リベリア（3%）	104.5	45.4	19.2	87.0
IOI コーポレーショ ン	マレーシア	18.9	マレーシア（90%）、 インドネシア（10%）	70.4	60.7	15.2	93.4
ファースト・リソ ーシズ	シンガポール	18.2	インドネシア	85.6	1.1	19.3	8.3
アジアン・アグリ	インドネシア	14.6	インドネシア	105.6	—	13.7	—

資料：RSPO, *ACOP Report 2020*、各社年次報告書、各社ウェブサイト等より作成。
注：2020 年データ。合弁も含む。FGV ホールディングスは、同社管理分のみで、FELDA 入植者分は除く。
　　アジアン・アグリの生産量は独立生産者の分を含む。
　　認証データについては、ボルネオ保全トラスト・ジャパンの森井真理子氏のご教示を得た。

（2）過剰開発・搾取と岐路に立つ「パーム油開発先進国」

　しかし、アグリビジネスの成長とは対照的に、開発現場やNACs的発展自体に表れた深刻な矛盾にも目を向けなければならない。

　まず第1に、農園開発と連動した土地収奪である。マレーシアのアグリビジネスは、農地拡大制約を背景に半島部からサバ・サラワク州を経て、インドネシアへ開発領域を外延的に拡大し、現地の自然と社会に不可逆的な撹乱をもたらしてきた。サラワク州では、慣習的土地利用権の同意なき囲い込みと森林転換が強行され、生活空間を奪われた先住民の異議申し立てが頻発す

下流部門（工場立地）			備考
精製・油脂製品 （食用）	オレオケミカル （非食用）	バイオディーゼル	
マレーシア、インドネシア、タイ、オランダ、イギリス、南アフリカ	マレーシア	マレーシア	
インドネシア、中国、インド	インドネシア、ドイツ	インドネシア	
マレーシア、パキスタン、トルコ	マレーシア、米国	マレーシア	
インドネシア	－	－	RSPO不参加
インドネシア	－	－	RSPO不参加
マレーシア、インドネシア、フィリピン、ベトナム、中国、インド、ドイツ、オランダ、ロシア、ウクライナ、コートジボアール、ガーナ、ウガンダ	マレーシア、インドネシア、中国、インド、オランダ、フランス、ポーランド、	マレーシア、インドネシア	
マレーシア、インドネシア	マレーシア、インドネシア、中国、ベルギー、ドイツ、オランダ、スイス	マレーシア	
マレーシア、中国、オランダ、米国、カナダ	マレーシア、ドイツ、米国	マレーシア	
インドネシア	－	－	
－			RSPO不参加

るようになった。インドネシアでも、自国資本と外資が入り交じった開発ラッシュや、癒着を伴う脆弱なガバナンスを背景に、森林の大規模消失や貴重生物の消滅危機、住民との土地紛争が続発した。加えて、泥炭地の「火入れ」によって越境公害「煙害」が発生し、周辺国にも健康被害が及んでいる。最近は、域外での強引な開発が紛争を引き起こし、サイムダービーのリベリア開発のように撤退に追い込まれるケースも生じている。

　その結果、生産国での過剰開発の情報が商品とともに越境し、国際NGOのキャンペーンを契機に開発矛盾が外部化・不可視化される「帝国型生活様式」（Brand und Wissen 2017＝2021）の問題が露呈されるにつれて、パーム油開発に逆風が吹き荒れるようになった。こうした事態を受けて2004年に誕生したのが、持続可能なパーム油円卓会議（Roudtable on Sustainable

Palm Oil: RSPO）である。RSPOでは、業界関係者とNGOの参加を基に持続可能なパーム油の原則・基準づくりが進められ、2008年に認証制度が開始された。こうした取り組みは過剰開発への監視手段となり、欧米消費財メーカーの購入停止を迫られたアグリビジネスの方針転換等、一定の効果をもたらした。実際、**表8-4**の掲載企業のうち７社がRSPOに加盟し、認証総面積の６割を占める等、アグリビジネスの軌道修正がうかがえる。

　他方で、新たな課題も浮上している。認証油の普及速度が遅い上に、RSPOの基準やモニタリングが不十分である点が、NGOから絶えず批判されている。逆に、農園企業側は、NGOや消費企業がリードするRSPOの議論に不満を募らせ、インドネシアが2011年にISPO、マレーシアも2013年にMSPOという独自制度を立ち上げ、制度の乱立状態が生じている。国際関係でも、EUが生物多様性保全を理由に2030年までにパーム油の完全排除を決定したため、生産国がWTOに提訴するといった対立が深まっている。さらに、生産者内部の両極化も見逃せない。制度対応が容易なアグリビジネスとは異なり、政治経済的に立場の弱い独立小農が排除される傾向や、市場メカニズムが前提ゆえに実効性は企業側の選択次第という限界が指摘されている（寺内2021；中司 2021）。とはいえ「持続可能なパーム油開発」は後戻りできない課題であり、経済主体の行動様式や政府のガバナンス強化、認証制度の改善等、今後も注視する必要がある。

　第２に、農園労働者の搾取である。農園部門は機械化が困難な労働集約部門であるが、マレーシアではアグリビジネスの成長の足下で労働者は劣悪な労働・生活状態を強いられてきた。最低賃金令施行後も出来高制に加えて最賃自体が低水準であり、農薬散布の危険性や不衛生な居住環境等、厳しい生活にさらされている。インドネシアでも、労働者は出来高制・ノルマ・罰則に基づく低賃金・長時間労働やジェンダー差別、児童労働等の実態が告発されてきた（Amnesty International 2016）。

　このような中、マレーシアでは経済発展とともに農園労働が敬遠され、自国人が忌避する労働現場に外国人労働者が「輸入」される段階を迎えている。

実際、2010年代半ば時点で、外国人は農園従事者の78％、収穫・圃場管理に絞ると95％を占めており、もはや外国人不在では成り立たない状況にある（Siti Mashani et al. 2017）。それでも慢性的な人手不足は解消されず、業界団体は絶えず受入規制緩和を求めてきた。しかし、肝心の外国人労働者は、移動の不自由の下で低賃金労働を強いられ、灼熱のコンテナと不衛生な環境で寝食を強いられている。このような強制労働の行き着く先が、2016年のRSPOによるFGVの工場認証取消や、2020年の米国税関・国境取締局によるFGVとサイムダービーの製品輸入禁止措置であり、労働問題がリスク要因と化している。外国人依存の限界も共通認識になりつつある中、2020年以降のコロナ・パンデミックでは外国人入国規制で生産停滞に陥ったことから、自国人雇用促進や機械化等が取り組まれるようになっている。

　さらに、「パーム油開発先進国」におけるパーム油依存リスクを、第3に挙げておこう。2000年代に高騰局面にあった市場価格は2010年代に反転し、2011〜19年で1t当たり1,193ドルから601ドルまで急落したため、サイムダービーやFGV等の最大手が経営難に陥った。しかも、価格乱高下は、国民経済にも影を落としている。マレーシアでは、パーム油輸出とは逆に食料を輸入に依存しており、自給率はコメが7割台、野菜は4割台に過ぎない。その結果、庶民の家計窮迫が社会問題化しており、食料安全保障の見直し機運が高まっている（MOA 2011; CAP 2019）。インドネシアでも、2022年のウクライナ危機以降、沸騰する世界市場に商機を見出すアグリビジネスがパーム油を輸出優先に振り向けた結果、国内で食用油の暴騰・品薄状態が生じ、政府が輸出禁止措置を発動するに至った。世界最大の生産国における社会的混迷は、NACs路線の脆弱性を露呈したものといえよう。

4.「世界の台所」と食の民主主義の危機

（1）農業の工業化・垂直的統合から多国籍コングロマリットへ

　次に、タイの鶏肉産業に視線を移そう。タイの養鶏業は、元来は地鶏を飼

表8-5 タイの大手鶏肉インテグレーター

企業グループ名		概要
タイ企業	CP フーズ	タイ最大手のインテグレーター。飼料から種鶏・鶏肉生産・加工までの垂直統合に加えて、採卵養鶏、養豚、エビ養殖、外食、小売等まで手がける。
	タイフーズ・グループ	タイとベトナムで飼料生産、ブロイラー生産、食鳥処理、鶏肉加工、種豚生産、肉豚生産等。ブロイラー関係の売上が7割、養豚2割、飼料1割。
	GFPT グループ	飼料、種鶏、鶏肉の生産から加工までの垂直統合を展開。すべて自社農場でブロイラーを飼育。鶏肉生産量は国内6位、販売先は国内76%、輸出24%。国内ではGFFブランドのソーセージを販売。輸出は日本39%、EU30%、中国23%、品目は調製品65%、冷凍35%。
	ベタグロ・グループ	飼料、鶏肉の生産・加工の他、養豚やペットフード生産等を行う。
	サハファーム・グループ	飼料生産、種鶏生産、鶏肉生産、鶏肉加工の他、動物医薬品の製造販売等も行う。
	リームトン・グループ	飼料生産、鶏肉生産、鶏肉加工の他、小麦粉や乳製品の製造販売を行う。
外資系企業	カーギル	世界最大の穀物メジャー。70カ国で15.5万人を雇用。タイでは1.5万人を雇用、鶏肉の他、穀物・油糧種子、果汁等を展開。輸出額国内2位
	BRF	ブラジルの多国籍アグリビジネスで、世界2位の鶏肉製造業者。タイでは5,000人を雇用し、種鶏、鶏肉生産・加工を展開。

資料：三原亙・小林誠（2019）「タイブロイラー輸出産業の競争力と今後の展望」『畜産の情報』2019年2月号、「生産、国内消費、輸出は引き続き増加の見通し」『畜産の情報』2019年4月号、各社年次報告書等を基に作成。

育する裏庭養鶏が主流であったが、1970年代中盤よりブロイラーの大量生産体制へ移行し、1980年代以降は国内販売と日本・欧米への輸出拡大を通じて発展してきた。2004年に鳥インフルエンザの発生と主要輸入国の輸入停止で壊滅的打撃を受けたものの、その後感染防止策と調製品輸出を軸に復活し、グローバルサウス初の生産・輸出拠点の地位を不動のものにしている。2020年現在、鶏肉加工品の輸出シェアは26％と世界一の座にあり（FAO 2021）、「世界の台所」タイの戦略品目としてNACs的発展を牽引してきた。

　こうした産業の成長を担ってきたのが、国内外のインテグレーターである。**表8-5**は、タイ鶏肉業界の主要プレーヤーを示したものである。地場資本6社は、種鶏から加工までの一貫体制を軸に国内市場を拡大するとともに、日系企業との合弁を通じて海外にも販路を拡げている。一方、外資のカーギル

グループ 売上高	鶏肉輸出					
	輸出企業名	主要株主	輸出量の順位		主要財務指標（億円）	
			冷凍鶏肉	鶏肉調整品	売上高	純利益
5,897 億バーツ	CP マーチャンダイジング		1	2	1,359	399
259 億バーツ	タイフーズ・グループ		2		558	50
143 億バーツ	GFPT ニチレイ（タイランド）	GFPT、ニチレイ		5	265	7.2
	GFPT	GFPT		8	281	14
	マッケイ・フードサービス（タイランド）	GFPT、キーストン・フーズ		6	166	12
n.a.	B フーズプロダクト・インターナショナル	ベタグロ		4	493	▲6.2
	味の素ベタグロ冷凍食品（タイランド）	ベタグロ、味の素		9	112	7.1
n.a.	サハファーム		4	10	485	8.8
	ゴールデン・ラインビジネス	サハファーム	3		575	22
n.a.	リームトン養鶏		9		193	12
1,147 億ドル	カーギルミート（タイランド）	カーギル	7	1	771	82
827 億ドル	BRF（タイランド）	BRF		3	387	20

注：1）売上高は、公開企業のみ。CP は 2000 年、GFPT は 2019 年、カーギルと BRF は 2018 年。
　　2）輸出量の順位と財務状況は 2017 年時点。品目ごとに 10 位以内の事業者を対象としている。為替は 2017
　　　年の平均 TTS（1 バーツ＝3.39 円）。

やBRFもタイに拠点を設け、世界市場に販売している。中でも圧倒的な存在がCPフーズであり、世界畜産業の2019/20年生産ランキングでは飼料部門では世界一、鶏卵部門4位、鶏肉6位と、ワールドクラスのアグリビジネスの地位を築いている（Roenbke 2020; Clements 2020）。

　そこで、業界最大手・CPグループにフォーカスしてみよう[3]。CPは、潮州系華僑のチャラバノン家が1921年に中国産野菜種子の販売を始めたのが出発点であり、1950年代の飼料事業進出と種鶏国産化を機にブロイラー事業を本格化させ、発展の礎を築いた。アジア通貨危機後の経営難でリストラを迫られたが、その後復活し、現在は食品、小売、通信を軸にグループを編成している。なお日本では、セブン-イレブン「サラダチキン」やファミリーマート「ファミチキ」等の多方面でCP製品が使われ、「日本の食卓を変えた企業」

といわれている。

　次に、グループ内部を掘り下げてみよう。まず、農業・食品部門を担当するのが、CPフーズである。1973年に雛のふ化施設や飼料・食肉加工・魚粉工場、鶏舎設置・運送会社を設立し、1975年より農家との契約生産を軸に農業の工業化と垂直的統合を推進してきた。また同様のシステムを養豚やエビ養殖にも応用し、特に後者では台湾から技術を導入して、当初はブラックタイガー、後に病害に強いバナメイに切り替えて集約的養殖を展開することで、世界最大級のエビ養殖・輸出業者に成長を遂げている。さらに、農業・食品加工から消費者向け最終製品までリーチを伸ばし、同社原料を用いた冷凍食品やチルド・冷凍弁当、ペットフードの製造・販売まで手がけている。

　また特筆されるのが、積極的な海外戦略である。最初の橋頭堡は中国であり、「正大集団」の名で改革・開放政策の外資第1号として「上陸」を果たした。タイで確立した工業化・垂直的統合モデルを移植し、飼料から鶏肉、卵の一貫生産を構築するとともに、政府首脳との太いパイプをテコに多角化を進めてきた。もう1つの拠点がベトナムであり、ドイモイ開始直後の1988年に進出し、タイに次ぐ鶏肉・エビの輸出ハブを構築する等、世界15カ国で農場・加工ビジネスを展開している。さらに、海外展開は食品部門にも及び、2000年代にはベルギーの無人惣菜工場やイギリスの外食チェーンを買収し、自社ブロイラーの高付加価値化を図っている。これら一連の事業によって、CPフーズの売上高は2010 ～ 20年で1,890億バーツから5,900億バーツへ、海外事業比も26％から69％へ長足の進歩を遂げている（CP Foods 2021）。

　一方、小売部門を担うのが、CPオールである。1989年にセブン-イレブン1号店を開店し、都市部を中心に店舗増殖を進めてきた。タイ的特色として、店舗の軒下を屋台に使わせて集客力を高め、屋台文化との相互補完を狙った点が挙げられる。もう1つの特色が、出店拡大に合わせた人材育成である。CPは大学も創設・経営しており、実践的経営を修めた卒業生が社員として採用され、直営店の店長へ、さらにFCオーナーとして自立するルートを確立している（遠藤 2017）。こうしてセブン-イレブンの店舗数は今や世界2

位の1.2万店（2020年）に達し、最近はASEAN各地で出店を拡げている。他
にも、オランダ系マクロとの合弁でディスカウントストアのサイアム・マク
ロを立ち上げ、屋台・食堂の仕入先として出店を拡げてきた。通貨危機で一
旦手放すが、2013年に買い戻しを果たした。2020年の総売上高は5,466億バー
ツに達している（CP All 2021）。

　さらに、アグリビジネス以外での拡張もめざましい。代表例が、トゥルー
コーポレーションである。2003年の携帯事業参入後、今ではブロードバンド
やケーブルテレビ等を収める総合通信事業会社に発展し、2020年の売上高は
1,382億バーツに及ぶ。中国のアリババとも提携し、スマホ決済をテコに
「トゥルー経済圏」構築を進める等、デジタル・イノベーション包摂による
事業囲い込みも狙っている（True Corporation 2021）。他にも、中国企業と
の合弁によるタイでの自動車製造やバンコク高速鉄道計画参入、中国での製
薬事業等、食品とは無縁の領域までとめどなく拡がっている。

　こうして、CPは垂直的統合に基づくアグリビジネスから多国籍コングロ
マリットへ変貌を遂げ、傘下企業200社、売上高はタイ国家予算の半分に当
たる6.8兆円に達している。2017年の世代交代で、食品・小売は長男が、通
信は三男が経営を引継ぐ形でファミリービジネスの繁栄を目指しており、総
資産は302億ドルとタイ最大の富豪の座についている（Forbes 2021d）。今
後は、2014年に資本・業務提携を結んだ伊藤忠商事や中国中信グループ
（CITIC）と、アジア・世界レベルの事業拡大に照準を定める状況にある。

（2）「世界の台所」の亀裂とアグリビジネス支配への抵抗

　以上のように、タイ鶏肉産業はCPのような巨大アグリビジネスの孵卵器
の役割を果たしてきたが、対照的に、それ以外の当事者との間で格差が拡大
し、「世界の台所」の亀裂が一層深まっている。

　第1に、農業部門における両極化と契約農家の疎外である。タイのブロイ
ラー生産は契約農家を包摂しながら発展してきたが、肝心の農家の生活は激
変した。経営自律性を失い、鶏舎設置や資材、電気代に至るまで高コスト化

表 8-6　タイのフードシステムにおける CP の独占的地位

農業資材			畜産		
トウモロコシ 種子	**CP**	**21-32 %**	飼料	**CP**	**32.0 %**
	モンサント	23 %		リームトン	6.3 %
	シンジェンタ	16 %		ベタグロ	6.2 %
				その他	55.3 %
野菜 種子	**CP**	**57 %**	採卵鶏	**CP**	**39 %**
	イーストウェスト	38 %		ベタグロ	13 %
	その他	7 %		リームトン	11 %
				その他	37 %
肥料	**CP**	**28 %**	ブロイラー	**CP**	**100万 羽／日**
	タイセントラル	25 %		ベタグロ	45万 羽／日
	ICP	15 %		タイフード	44万 羽／日
	ヤラ	12 %		カーギル	30万 羽／日
	テラ・アグロ	10 %		サハハーム	25万 羽／日
	その他	10 %		GFPT	20万 羽／日

資料：Lianchamroon, W. (2018) "The Conglomerates & Food Chain," A Forum on Corporate Concentration in Agriculture and Food, and Its Implications on Food Sovereignty in South East Asia, July 24, 2018.
注：BIOTHAI調査。ハイパーマーケットは 2017 年、それ以外は 2015 年データ。

し、規模拡大の割に所得は低迷・不安定化せざるをえない。しかも、鳥イン
フルエンザ危機の際には工業化・垂直的統合モデルが問題視されたが、リス
クは契約農家に転嫁され、事前予告・補償なしに取引が停止された。しかも、
単年度の生産契約に対して銀行ローンは長期に渡るため、契約農家の債務は
農家一般の10倍以上に膨らんだとの調査結果も示されている。契約農家は未
組織である上に、周囲にはより貧困な零細農が存在しており、農家の権利保
障が切実な課題となっている（Delforge 2007）。

　一方、アグリビジネスは、危機に乗じて新たな戦略を講じてきた。食品安
全・動物福祉基準が厳格なEU市場に対応すべく、従来の抗生物質依存を見
直し、直営の大規模閉鎖型農場への重点投資にシフトしたのである
（NaRanong 2008）。その結果、2008 ～ 12年でブロイラー生産者は32%減少
した一方、生産量は55%、農場規模は1.3万羽から3.7万羽まで激増するとと
もに、わずか5％の直営農場がブロイラーの7割を生産するに至った
（IPSOS 2013）。さらに2010年代半ばには、大手資本の直営・契約生産比は
7対3へと構造変化が生じたのである（木下・小林 2016）。特にCPは、コ
ンピュータ遠隔管理による世界最大の養鶏システムや、ケージフリー・AI

食品製造			卸売・小売業		
冷凍食品	**CP**	**33.3 %**	卸売	**CP**	**65＋5 支店**
	S&P	16.2 %			
	スラポルフード	11.4 %			
	その他	25.2 %			
チルド食品	**CP**	**40 %**	ハイパーマーケット・スーパーマーケット	**CP**	**50 %**
	その他	60 %		テスコ	25 %
				タイビバレッジ	17 %
				セントラル	6 %
			コンビニ	**CP（セブンーイレブン）**	**93 %**
				その他	7 %

による最先端の衛生管理、鶏の解体以外を無人化した高速生産工場へと進化を遂げている。つまり、アグリビジネスはスマート化を通じた超工業化・垂直的統合モデルで拡大再生産を遂げる一方、多数の契約農家の排除が進行していったのである。

　第2に、加工工場における強制労働である。タイの工場でも劣悪な労働条件を背景に外国人労働者が急拡大しており、鶏肉工場では約半数がカンボジア等からの移民労働者が動員されている。ところが、グローバル競争を背景とする低コスト経営の一環として、大手工場で低賃金・過重労働や債務負担、強制労働が蔓延し、NGOの告発や労働者の訴訟を機に取引業者からの監視と改善要求が強まっている（Swedwatch 2015; ヒューマンライツナウ 2018）。

　第3に、独占と民主主義の危機である。象徴例が、CPによるイギリス系スーパー・テスコ社の買収劇である。もともとCPはテスコと合弁でテスコ・ロータスを展開していたが、アジア通貨危機の際に売却したため、再度交渉を行い、2020年に1,050億7,600万ドルをかけて取り戻した。これにより、タイ1,900店舗を掌握し、CPの市場シェアが50％から75％まで上昇するため、公正取引委員会で疑義が出されたものの、最終的に承認の結論が出された。

　実は、CPの市場支配はスーパーに限らない。**表8-6**は、タイNGOの分析結果を加工したものである。CPは畜産だけでなく、種子から食品、卸・小売まで首位を独占しており、タイの農業・食料システムの隅々まで支配を拡

げてきたのが明白である。このような中、テスコの買収劇はCPの小売支配の完成であり、市民社会側から食の民主主義の脅威であると批判が沸き起こったのである。

　加えて、CPは時の政権とも強い結びつきを持ち、食品・衛生関係の政策立案ではCPの意向が必ず反映されてきた（Lianchamroon 2018）。CPオール副会長がインサイダー取引で逮捕された際も、課徴金支払のみで決着し、政治権力の面でも集中が進んでいる。

　一方、CP支配に対しては、上記生産現場での改善要求やテスコ買収批判以外に、2015年にタイでのセブン-イレブン不買運動やベトナムでの卵価格引上に対する不買運動が発生したのが注目される。これは、商品連鎖の中でパワーの集中が可視化された結節点で抵抗運動が発生し、巨大資本の価値実現を阻止する効果を発揮したといえる。富の独占を規制し、当事者の自己決定に基づく農と食の民主主義をいかに回復するかが、重要な課題なのである。

5．「アグリビジネスのための発展」をこえて

　以上、本章では東南アジアにおけるNACsの形成と地場アグリビジネス台頭のインパクトについて、パーム油と鶏肉に焦点を絞って検討してきた。最後に、全体を総括しておこう。

　第1に、東南アジアでは、新興農産物の大規模開発と関連工業化を通じて世界有数の産地が誕生する一方、食料輸入も対外依存が進んだことである。輸出急成長の代表例は、マレーシア・インドネシアのアブラヤシとタイのブロイラーであり、前者は農園の大規模開発から搾油・精製工場の設立を通じて、後者は直営農場・契約生産を通じた工業化・垂直的統合モデルを軸に、各国は「パーム油開発先進国」「世界の台所」へ飛躍を遂げた。他方で、選択的集中に基づく輸出拡大とは対照的に、消費拡大や食の高度化、加工貿易を背景に、基礎食料や畜産物、飼料・加工原料輸入も拡大しており、食料市場の不均等発展が明確になっている。

　第2に、NACs化の主体としての地場アグリビジネスの巨大化である。パーム油ではメガ農園企業からパーム油複合体へ、鶏肉ではインテグレーターから大規模スマート農業・多角化を経てコングロマリット化へと進化し、世界的多国籍企業へ自立化する姿が浮き彫りになった。しかも、これらの動きは、商品市場に加えて土地・労働力・金融市場の越境的拡大をもたらす一方、経済的果実はアグリビジネスへ環流し、経営者一族の富裕化に帰結している。

　第3に、アグリビジネスの肥大化と農業市場の越境化とともに、社会経済的・環境的矛盾が極限まで拡がり、NACs的発展の限界が浮き彫りになってきた点である。パーム油では開発領域の拡大とともに土地収奪に伴う生態系破壊や土地紛争、外国人労働者の搾取が蔓延し、鶏肉でも従属的立場の契約農家の排除や加工工場での強制労働が常態化していった。と同時に、アグリビジネスが政治経済的パワーを駆使して商品連鎖の上流から下流まで、国境を越えて影響力を強めるにつれて、少数の資本による利益独占と社会的亀裂の増大、多様性の喪失が進行していった点も見逃せない。特に、「パーム油開発先進国」での食料安全保障危機が示すように、少数産品への特化に基づく脆弱なNACs的発展の見直しが求められている。

　第4に、こうした矛盾に対する国内外での批判や抵抗運動も、同時に噴出するようになった点である。パーム油の過剰開発では、NGOの告発を機に反パーム油キャンペーンが拡がり、RSPOのような持続可能な枠組みづくりの模索が続いている。タイでも、上流から下流に至るまで、消費者ボイコットや当事者疎外への批判・監視活動が強められてきた。注目すべきは、被害の当事者・支援団体による問題構造の可視化とネットワークが、抵抗と変革の原動力になっている点である。NACs化をアグリビジネスのための発展から全当事者のための発展に変えるには、こうした国境を越える可視化とネットワークがますます不可欠であろう。

　なお、この変革において、日本はきわめて重要な位置を占めている。パーム油や鶏肉を筆頭に、日本の食卓は東南アジアとモノを通じてつながり、

「帝国型生活様式」の中で消費生活が維持されているからである。その意味で、問題の可視化をきっかけに解決に向けて意識・行動していく役割が、日本の企業や消費者には一層求められているのである。

注
1）本節は、岩佐（2018、2019、2021）を基に、各社年次報告書や各種報道を用いて記述している。
2）ちなみに、「パーム油複合体」を企業だけでなく小農や国家関係機関を営む産業の総体と捉える見方として、Cramb and McCarthy（2016）を参照。
3）CPグループの分析については、Burch（1996; 2004）、Burch and Goss（2005）、各社年次報告やウェブサイト、各種報道の他、「（私の履歴書）タニン・チャラワノン」『日本経済新聞』2016年7月1日〜7月31日付を参照した。

引用・参考文献
岩佐和幸（2018）「アグリビジネスのグローバル化とパーム油産業の構造変化―「パーム油開発先進国」マレーシアを中心に―」『東南アジア研究』55(2)，pp.180-216.
岩佐和幸（2019）「農業開発，アグリビジネスと早熟なグローバリゼーション―ASEANのパーム油関連多国籍企業を中心に―」『高知論叢』117，pp.75-120.
岩佐和幸（2021）「マレーシアの農園企業とパーム油産業の構造変化」林田秀樹編『アブラヤシ農園問題の研究Ⅰ【グローバル編】』晃洋書房，pp.94-116.
魚住和宏（2021）「アセアンの食品市場とロジスティクス，最新事情―成長するアセアン加工食品市場のポテンシャルと課題を探る―」田中則仁編『アジアのグローバル経済とビジネス』文真堂，pp.242-280.
牛山隆（2018）『ASEANの多国籍企業―増大する国際プレゼンス―』文眞堂.
遠藤元（2017）「タイの流通とコンビニエンス・ストア」柳純・鳥羽達郎編『日系小売企業のアジア展開―東アジアと東南アジアの小売動態―』中央経済社.
加納啓良（2021）「インドネシアにおけるアブラヤシ農園企業の発展」林田秀樹編『アブラヤシ農園問題の研究Ⅰ【グローバル編】』晃洋書房，pp.120-138.
木下雅由・小林智也（2016）「生鮮鶏肉輸出再開後のタイの鶏肉産業の動向」『畜産の情報』2016年6月号，pp.89-100.
ヒューマンライツナウ（2018）『タイ鶏肉産業における「強制労働」―日本企業のサプライチェーン上における労働者の権利侵害―』ヒューマンライツナウ.
寺内大左（2021）「パーム油認証ラベルの裏側―文脈なき「正しさ」が現場にもたらす悪い化学反応―」笹岡正俊・藤原敬大編『誰のための熱帯林保全か―現場から考えるこれからの「熱帯林ガバナンス」―』新泉社，pp.102-127.
中司崇之（2021）「大規模アブラヤシ農園のRSPO認証取得と取り残された労働者たち」笹岡正俊・藤原敬大編『誰のための熱帯林保全か―現場から考えるこれ

からの「熱帯林ガバナンス」―』新泉社，pp.128-144.

林田秀樹（2021）「アブラヤシ農園はなぜ拡大してきたか―否定的要素を超えた拡大の論理―」林田秀樹編『アブラヤシ農園問題の研究Ⅰ【グローバル編】』晃洋書房，pp.34-59.

Amnesty International（2016）*The Great Palm Oil Scandal: Labour Abuses beyond Big Brand Names*, London: Amnesty International.

ASEAN-Japan Centre（2020）*Global Value Chains in ASEAN: Agribusiness*, Paper 15, Tokyo: ASEAN-Japan Centre.

Brand, U. und Wissen, M.（2017）*Imperiale Lebensweise: Zur Ausbeutung von Mensch und Natur im Globalen kapitalismus*, Oekom Verlag（中村健吾・斎藤幸平監訳（2021）『地球を壊す暮らし方―帝国型生活様式と新たな搾取―』岩波書店）.

Burch, D.（1996）"Globalized Agriculture and Agri-food Restructuring in Southeast Asia: The Thai Experience," Burch, D., Rickson, R.E. and Lawrence, G.（eds.）*Globalization and Agri-Food Restructuring: Perspectives from the Australasia Region*, Aldershot: Ashgate Publishing: pp.323-344.

Burch, D.（2004）"Production, Consumption and Trade in Poultry: Corporate Linkages and North-South Supply Chains," Fold, N. and Pritchard, B.（eds.）*Cross-continental Food Chains*, Routledge, pp.166-178.

Burch, D. and Goss, J.（2005）"Regionalization, Globalization, and Multinational Agribusiness: A Comparative Perspective from Southeast Asia," Rama, R.（ed.）*Multinational Agribusinesses*, New York: Food Products Press, pp.253-282.

CAP（Consumers' Association of Penang）（2019）"Consumers Living beyond Their Means," *Press Statement*, Consumers' Association of Penang, August 7, 2019.

Clements, M.（2020）"Top World Broiler, Egg Rankings for 2020," *WATT Poultry International*, October 2020, pp.2-22.

CP All（2021）*Annual Report 2020*, Bangkok: CP All.

CP Foods（2021）*Annual Report 2020*, Bangkok: CP Foods.

Cramb, R. and McCarthy（eds.）（2016）*The Oil Plan Complex: Smallholders, Agribusiness and the State in Indonesia and Malaysia*, Singapore: NUS Press.

Delforge, I.（2007）*Contract Farming in Thailand: A View from the Farm*, Occasional Paper（2），Bangkok: Focus on the Global South.

FAO（2021）*FAOSTAT Database*, Rome: FAO（Retrieved April 3, 2021）.

Friedmann, H.（1993）"The Political Economy of Food," *New Left Review*, 197, pp.29-57.

Forbes（2021a）"Indonesia's 50 Richest: 2021 Ranking," *Forbes*, December 14, 2021（https://www.forbes.com/indonesia-billionaires/list/#tab:overall）.

Forbes（2021b）"Malaysia's 50 Richest: 2021 Ranking," *Forbes*, June 2, 2021 (https://www.forbes.com/malaysia-billionaires/list/#tab:overall).

Forbes（2021c）"Singapore's 50 Richest: 2021 Ranking," *Forbes*, August 11, 2021 (https://www.forbes.com/Singapore-billionaires/list/#tab:overall).

Forbes（2021d）"Thailand's 50 Richest: 2021 Ranking,"*Forbes*, July 7, 2021(https://www.forbes.com/Thailand-billionaires/list/#tab:overall).

IPSOS（2013）*Thailand's Poultry Industry*, Paris: IPSOS.

Lianchamroon,W.（2018）"The Conglomerates & Food Chain," A Forum on Corporate Concentration in Agriculture and Food, and Its Implications on Food Sovereignty in South East Asia, organized by Focus on the Global South, ETC Group, and the Chulalongkorn University Research Institute, July 24, 2018.

MOA（Kementerian Pertanian dan Industri Asas Tani Malaysia）（2011）*Dasar Agromakanan Negara, 2011-2020*, Putrajaya: Kementerian Pertanian Dan Industri Asas Tani Malaysia.

NaRanong, V.（2008）"Structural Changes in Thailand's Poultry Sector: Avian Influenza and Its Aftermath," *TDRI Quarterly Review*, 23（3）, pp.3-10.

Pritchard, B.（eds.）（2021）*Global Production Networks and Rural Development: Southeast Asia As a Fruit Supplier to China*, Cheltenham and Northampton: Edward Elgar.

Rama, R.（2017）"The Changing Geography and Organisation of Multinational Agribusiness," *International Journal of Multinational Corporation Strategy*, 2（1）, pp.1-25.

Roenbke, J.（2020）"129 Global Producer Rank in 2019," *Feed Strategy*, September 2020.

Rosset, P., Rice, R. and Watts, M.（1999）"Thailand and the World Tomato: Globalization, New Agricultural Countries（NACs）and the Agrarian Question," *The International Journal of Sociology of Agriculture and Food*, 8, pp.71-94.

Siti Mashani A. et al.（2017）"Labour Productivity of Harvesters by Country of Origin: A Case Study in Peninsular Malaysia," *Oil Palm Industry Economic Journal*, 17（2）, pp.1-7.

Swedwatch（2015）*Trapped in the Kitchen of the World*, Stockholm: Swedwatch.

True Corporation（2021）*Annual Report 2020*, Bangkok: True Corporation.

UNCTAD（2009）*World Investment Report 2009: Transnational Corporations, Agricultural Production and Development*. New York and Geneva: United Nations.

（岩佐和幸）

［最終稿提出日：2022年5月11日］

第9章

台頭するブラジル農業での資本の包摂と抵抗

1. 世界の中のブラジル

21世紀に入り、これまでの先進国－発展途上国という二極構造に新興諸国が新たな極として加わり、農業部門の需要・供給の両側面において大きな存在感を示している。とくに、人口大国・中国の経済成長は食の欧米化を加速させ、穀物・飼料作物・食肉製品などの需要増加へとつながっている。また、新興諸国の多くは、これまでの発展途上国のように亜熱帯作物の輸出だけでなく、先進諸国の主要な輸出品目である穀物・飼料作物・食肉製品などでも主要なキープレーヤーとしての役割を担いだしている。とりわけ食料の供給基地として、世界市場で存在感を高めているのが、ブラジルである。

ブラジルをはじめとするラテンアメリカ諸国の多くは、古くから一次産品輸出経済であった。だが、21世紀の好調な一次産品輸出経済を従来の一次産品輸出経済とは異なるものとして再評価する動きが、国連ラテンアメリカ経済委員会（ECLAC）や日本のアジア経済研究所の星野ら（2007）によって起こっている[1]。一つは、産業クラスターの形成に着目する動きである（田中・小池 2007）。一次産品輸出においても関連産業を育成し、集積の経済の効果を生み出すことができれば、地域経済を発展させるとしている。一方、星野ら（2007）は、一次産品輸出においても工業製品と同様に高付加価値化

あるいは高い生産性を実現することで、19世紀の一次産品輸出経済とは異なる経済発展が可能であるとしている。研究者によって強調点は異なるものの、ラテンアメリカにおいては農業分野が比較優位であるという認識から、この強みを生かした経済発展が提唱されている。

　このようにラテンアメリカの農業は、日本、EU、アメリカあるいはアジアの国々と比較すると異なる捉え方を有している。これは、19世紀後半以降の世界の国際分業において原料・食料供給基地としてゆるぎない立場をもっていたこと、食の欧米化の進展により飼料用穀物需要が増加している今日においても、ラテンアメリカの国々が食料供給国として存在感を高めているためである。一方、ブラジルの場合、食料供給国としての揺るぎない地位を獲得しながらも、国内経済・社会に目を向けると、いまだにジニ係数が高いなどさまざまな問題を内包している。そのためルーラ・ルセフの労働者党[2])（PT）政権下では、これらの問題に応えるために小規模農家・家族農業支援などを積極的に行いながらも、一貫して外を目指した農業を実施するといった矛盾に満ちた政策展開が行われてきた。

　そこで、本章では、世界の中でも輸出・生産余力の高いブラジル農業の大豆家畜コンプレックスを事例に、①アグリビジネスによる農業の包摂の到達点と国家の関与の仕方、②アグリビジネスによる農業の包摂の矛盾と生産者の抵抗について考察する。本章の構成は以下の通りである。まず、ブラジル農業および農産物貿易の世界市場での位置づけを確認する。次に、ブラジル農業の代表である大豆家畜コンプレックスを事例に、川上から川下までの各部門の特徴とその構造を明らかにし、最後にそれらへの対抗軸としてのブラジル内外での運動について論じる。

2．ブラジル農業の特徴と農産物貿易構造

（1）世界におけるブラジル農産物

　ブラジルは、伝統的作物であるコーヒーやサトウキビはもちろんのこと、

大豆・トウモロコシなどの穀物から家禽肉・豚肉・牛肉などの食肉製品、オレンジジュースなどの農産物加工品に至るまで、農産物輸出品目は多岐にわたる（**表9-1**）。ブラジルは、アメリカやヨーロッパ諸国（フランス、オランダ、デンマークなど）の主要輸出品目である穀物や食肉製品でも高い世界シェアを獲得している。このことは、亜熱帯作物のように先進国で生産が難しい農産物輸出を担っているということではなく、欧米の農産物輸出、いわゆる欧米の農業・農村にとっても重要な品目でも国際競争を勝ち抜いていることを表している。

　実際、ブラジルの農業保護率（PSE）水準は1.5％と低い（**図9-1**）。これ

表 9-1　ブラジル農産物の世界ランキング（2019）

	世界ランキング（輸出額）	世界市場シェア
オレンジジュース（濃縮）	第1位	57.2%
大豆	第1位	47.4%
粗糖	第1位	39.7%
家禽肉	第1位	28.3%
コーヒー（生豆）	第1位	25.1%
大豆ミール（飼料）	第2位	24.0%
トウモロコシ	第2位	20.7%
牛肉	第2位	16.2%
大豆油	第2位	8.3%
豚肉	第5位	17.0%

資料：FAOSTAT より筆者作成。

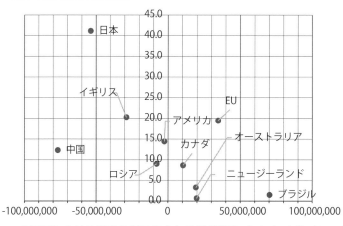

図9-1　主要国における農産物貿易収支と農業保護率（PSE）水準（2019）
　　資料：FAOSTATおよびOECDより筆者作成。

はニュージーランド（0.68％）やオーストラリア（3.32％）など、他のケアンズ・グループと同様に市場開放度が高い中で国際競争を勝ち抜き、世界第1位の農業純輸出を獲得しているということである。

このようにブラジルは、名実ともに世界の食料供給国としての地位を築いており、同国の農業生産や農業分野での発言が世界市場に対して大きな影響を与えるようになってきた。

（2）農産物貿易構造の変化

FAOSTATに基づくと、ブラジルの総農産物輸出額は1961年で1,170億ドル（世界第5位）であり、1981年には9,622億ドル、2001年には1兆64億ドル、2019年には7兆9,504億ドル（世界第2位）と、50年間近くの間に約68倍へと拡大している。1961年にはブラジルの総輸出の8割以上を農産物輸出が占め、1980年代でも4割近く、21世紀においても3割近くを農産物輸出が占めており、ブラジル国内経済に対する農産物輸出の寄与度は高い。

輸出品目をみると、半世紀前はブラジルの主要輸出品目はコーヒー関連であり、ブラジルの農産物輸出の約6割近くを占めていた（**図9-2**）。だが、1980年代には主要輸出品目に占めるコーヒー関連製品の割合が相対的に小さくなり、それに代わり大豆関連製品の占める割合が高くなり、さらに21世紀にはいると食肉製品（家禽肉・牛肉・豚肉など）の割合も相対的に高くなっている。このようにブラジルでは、農業部門が依然として比較優位部門であり、重要な外貨獲得源の役割を担いながら世界への食料供給を拡大しているのである。

また貿易相手国も、1986年では126ヵ国であったが年々拡大し、2019年には187ヵ国となっている。これまでのアメリカ・オランダ・ドイツなどの欧米諸国のみならず、21世紀にはいるとロシア、中国、香港、サウジアラビア、イランなどアジアや中東の新興諸国との貿易が活発になっている（**表9-2**）。とくに、中国との貿易（2019年）は、ブラジルの総農産物輸出の3割近くを占めるまで拡大しており、大豆や動物性蛋白質（家禽肉・牛肉・豚肉など）

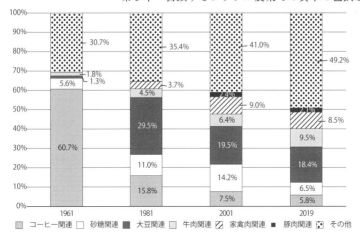

図9-2　ブラジルにおける主要農産物輸出品目のシェア

資料：FAOSTATより筆者作成。
注：以下の品目コードを含む。コーヒー関連（656/657/680）、砂糖関連（162/164）、大豆関連（236/237/238）、
　　家禽肉関連（2074）、牛肉関連（2071）、豚肉関連（2073）。

表9-2　ブラジル農産物の主要輸入国

（単位：百万ドル）

	1986		1991		2001		2011		2019	
1	アメリカ	1,514	アメリカ	1,238	オランダ	2,009	中国	16,237	中国	27,066
2	オランダ	681	オランダ	1,197	ドイツ	1,111	オランダ	5,137	オランダ	3,103
3	日本	359	ドイツ	573	ロシア	1,081	ロシア	4,014	アメリカ	3,055
4	イタリア	231	日本	418	アメリカ	920	アメリカ	3,924	日本	2,973
5	USSR	229	イタリア	405	フランス	700	ドイツ	3,166	イラン	2,191
6	スペイン	210	フランス	405	ベルギー	688	日本	3,014	香港	2,025
7	ポーランド	167	スペイン	391	日本	682	サウジアラビア	2,391	スペイン	1,938
8	フランス	153	イギリス	386	中国	647	スペイン	2,249	ドイツ	1,772
9	イラク	137	ベルギールクセンブルク	370	イギリス	614	ベネズエラ	2,223	ベルギー	1,745
10	カナダ	120	サウジアラビア	151	イタリア	548	イラン	2,119	サウジアラビア	1,678

資料：FAOSTATより筆者作成。

　といった需要の所得弾力性の高い作物の輸出が増加している。こうした背景
には、貿易摩擦の激化による米中関係の悪化から、中国がブラジルからの農
産物輸出を拡大する路線に転じたことが考えられる。ブラジルでは、2019年
から対中強硬路線のトランプ前大統領を半ば信奉しているボルソナロ政権が
誕生し、ボルソナロ大統領本人も中国に対し批判的な態度を示している。だ

が、貿易面では中国の存在感が低下するどころかむしろ高まっている状況であり、ブラジルとその他の新興諸国との新たな南南関係の模索が必要となっている。

その一方で、伝統的な貿易相手国のEUとはメルコスール交渉などが進展しているが、EU側は農業生産における環境保全への配慮について言及し、ブラジル側によりいっそうの森林保護の推進など環境規制の強化を求めている。同様に、GM作物、アニマルウェア、残留農薬など、厳格な食品安全・健康基準を維持するための規制をEU内で販売される国内製品・輸入製品のすべてに適用するとしている（富士通総研 2021）。したがって、ブラジルは新興諸国との新たな関係の構築とともに、従来の貿易相手国に対する環境・貿易規制などに対しても対応していくことが今後求められている。

3．資本による農業の包摂と国家の関与：大豆家畜コンプレックスを事例に

（1）大豆家畜コンプレックスの形成

先に見たように、ブラジルの農業輸出の中心は大豆関連製品や食肉製品である。大豆は飼料として養鶏・養豚といった家畜生産に利用されるため、これらを総じて「大豆家畜コンプレックス」とここでは呼称する。まず大豆家畜コンプレックスの生産状況を確認する。

図9-3に示しているように、大豆生産量・耕作面積ともに右肩上がりに拡大している。2019/2020年には1億2,484万tの生産量、3,853万haの作付け面積である。大豆生産は、大きくわけて3つの地域で生産されている。(1)伝統的な農業生産地域の南部・南東部、(2)セラード開発に代表されるフロンティア地域の中西部、(3)新フロンティア地域として21世紀に入って大豆生産が拡大している北部・北東部である[3]（**図9-4**）。2001/02年の時点では、全体の49.8％を南部・南東部が占めており、中西部が44.2％、北部・北東部はわずか6％であった。だが2019/20年になると、全体の48.6％を中西部が

（単位：百万t（左）百万ha（右））

凡例：■ 中西部　■ 南部・南東部　□ 北部・北東部　— 作付面積

図9-3　大豆生産量および作付け面積の推移

資料：CONABより筆者作成。
注：2020/21は予測値である。

図9-4　ブラジルの地域区分

資料：筆者作成。

占め、南部・南東部の占める割合は36.4％である一方、北部・北東部の占める割合は15.0％まで上昇している。2000/01年から2019/20年の平均増加率をみると、中西部が6.9％、南部・南東部が4.7％、北部・北東部が11.7％となっており、新フロンティア地域の北部・北東部での生産が拡大していることがうかがえる。このように大豆生産は、伝統的な南部・南東部からフロンティア地域の中西部、新フロンティア地域の北部・北東部へと生産地域を北上化しながら生産拡大が起こっているのである。また、こうした大豆生産の北上化とともに大豆生産者の大規模化も進展している（佐野 2016）。

　大規模化・北上化が進行すると同時に、GM作物（除草剤耐性、病害虫耐性、除草剤・病害虫体制）も普及している。ブラジルでは、1995年頃より隣国のアルゼンチンから違法に輸入した種子を用いて南部のリオグランドスル州で大豆作付が行われてきたが、1997年にはGM大豆の農場での栽培試験が実施されるようになり、2003年の暫定令により大豆と綿花のGM種子が許可され、2005年に法令にて認可されるとともに、2007年にはトウモロコシのGM種子が認可された（佐野 2017b）。農業コンサルティングCéleresの調査によれば、2019/20年にはGM作物の耕作面積は5,310万haまで拡大しており、大豆では全耕作面積の95.7％にあたる3,530万haがGM作物にとなっており、GM作物の生産はブラジル全土に広がっている（Céleres 2019, p.1）。

　大豆は一般に飼料と油として利用される。2020年の大豆を例にすると、6割強がそのまま輸出され、4割弱が国内加工に廻されている（**図9-5**）。国内加工に廻されたものは、圧搾することで油が抽出され、残りかすの大豆ミールが飼料として利用される。ミールは畜産業（養鶏・養豚中心）の飼料として約5割が国内消費され、油は食用油とバイオディーゼルとして9割弱が国内消費される。とくに、伝統的な生産地域である南部・南東部は養鶏・養豚生産の8割近くを担っている地域でもある。したがって、南部・南東部では飼料需要が一段と高くなっている。加えて、ブラジルでは2004年の国家バイオ燃料生産プログラム以後トラックなどへのバイオディーゼルの混合義務が制定され、現在では27％の混合が義務化されているため、国内消費が拡

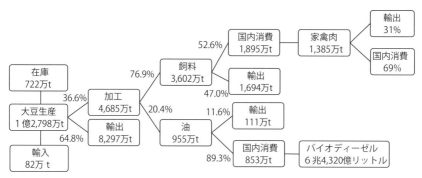

図9-5　大豆家畜コンプレックスの流れ（2020）

資料：ABIOVEおよびABPA（2021）より筆者作成。

大している。すなわち、大豆は従来のコーヒーやバナナといった一次産品に比べ、国内での波及効果が高く、需要の所得弾力性の高い農産物であるため、大豆家畜コンプレックスが拡大することは労働市場の提供、外貨獲得や経済成長の源泉につながっている。

（2）大豆家畜コンプレックスにみる資本による農業の包摂度合い

　ブラジルの大豆生産コストでは、全体の約6割近くが投入財による部分であるといわれており、投入財は生産者らにとって重要な要素となっている。そこで、まず川上部門（投入財）にあたる農薬部門から検討していく[4]。

　Moraes（2019）によると、農薬部門の国内売上高（2017年）の第1位はSyngenta（スイス）であり、Bayer（ドイツ）、Basf（ドイツ）がそれに続く（表9-3）。上位10社のすべてが多国籍アグリビジネスであり、市場シェアは8割近くとなっている。UPLやAdamaのように後発品を主力すると新興諸国の農薬メーカーもランクインしているものの、主要企業の多くはヨーロッパやアメリカに本拠地をおく多国籍アグリビジネスである。ブラジルでは投入財の多くは輸入に依存しており、1980年の時点で農薬部門はすでに上位8社（すべて多国籍アグリビジネス）の市場シェア（国内売上高）が62%に達していたとされる（Pelaez 2010, p.9）。

表9-3 大豆・家禽コンプレックスの各部門における上位10社が占める割合

| | 農薬国内売上高 | | | | 大豆輸出 | | | | 家禽輸出 | |
| | 2017 | | | | 2019 | | | | 2016 | |
	企業名	国籍	mil $	シェア	企業名	国籍	mil ton	シェア	企業名	国籍
1	Syngenta	スイス	1,587	17.8	Cargill	アメリカ	11.04	14.9	BRF	ブラジル
2	Bayer	ドイツ	1,036	11.6	Bunge	アメリカ	9.09	12.3	JBS	ブラジル
3	Basf	ドイツ	890	10.0	ADM	アメリカ	7.54	10.2	Cooperativa Central Aurora Alimentos	ブラジル
4	FMC	アメリカ	642	7.2	Louis Dreyfus Commodities	フランス	7.29	9.8	C.Vale	ブラジル
5	Dupont	アメリカ	579	6.5	Amagii	ブラジル	6.39	8.6	Copacol	ブラジル
6	Dow	アメリカ	571	6.4	Gavilon	アメリカ	4.83	6.5	GTB	ブラジル
7	Nufarm	オーストラリア	504	5.7	COFCO	中国	3.7	5.0	Lar Cooperativa Agroindustrial	ブラジル
8	UPL	インド	500	5.6	Glencore	スイス	2.75	3.7	Vibra Agroindustrial S/A	ブラジル
9	Adama	イスラエル	448	5.0	Coamo	ブラジル	2.25	3.0	Coopavel	ブラジル
10	Monsanto	アメリカ	410	4.6	Engelhart	ブラジル	1.98	2.7	São Salvador Alimentos S/A	ブラジル

資料：Moraes（2019, p.40）、ABPA（2017, p.22）、Notíciais Agricola（2020）をもとに筆者作成。
注：灰色で囲ってあるのは多国籍アグリビジネス、薄灰色で囲ってあるのは協同組合であり、白色はブラジル企業である。

　このように川上部門は、元来資本による農業包摂度合いは高かったわけだが、GM作物など新たな農業技術が普及していく中で、資本による農業の包摂度合いはさらに高まっていることになる。先にみたようにGM作物がブラジル全土で短期間に拡大したのも、農薬とパッケージ化した商品として開発され、さらにそれに関連した営農ビジネスを展開することで、生産部面での資本による農業の包摂がよりいっそう強固になった結果であるといえるだろう。
　次に、川中部門にわたる大豆の集荷・加工部門である。ブラジル植物油産業協会（ABIOVE）によれば、2019年の時点で58社の集荷（加工）企業が114の施設を所有しており（内22施設が遊休施設）、28社の搾油企業が50の施設を所有している（内11施設が遊休施設）。表9-4によるとBunge、ADM、Cargill、Louis Dreyfusの多国籍アグリビジネス（穀物メジャー）が所有する施設が多く、ブラジル全土で集荷（加工）・精製を行っている。その一方で、Granol、Sina、Brejeiroなどブラジル資本による施設所有も多く、Coamoといった協同組合も集荷（加工）・精製施設を有している。とくに、

表9-4　大豆集荷（加工）・精製施設の上位10社および所在地

	企業名	国籍	集荷（加工）施設数	精製施設数	集荷（加工）・精製施設の所在地		
					南部・南東部	中西部	北部・北東部
1	Bunge	オランダ	8	6	4(SP/PR/RS/SC)	6(GO/MS/MT)	4(BA/PE/PI)
2	ADM	アメリカ	8	5	5(MG/SC)	6(GO/MS/MT)	2(MA)
3	Cargill	アメリカ	6	4	3(MG/PR)	5(GO/MS/MT)	2(BA)
4	Louis Dreyfus Commodities	フランス	5	3	3(SP/PR)	5(GO/MT)	
4	Granol	ブラジル	5	3	5 (SP/RS)	2(GO)	1(TO)
6	Sina	ブラジル	3	3	6(SP)		
7	Brejeiro	ブラジル	3	2	2(SP)	3(GO)	
7	COAMO	ブラジル協同組合	3	2	3(PR)	2(MT)	
7	Caramuru	ブラジル	4	1		5(GO/MT)	
10	Agrenco	ブラジル	2	2		4(MS/MT)	
10	Imcopa	ブラジル	2	2	4(PR)		
10	BRF	ブラジル	3	1	4(PR/SC)		
10	Camera	ブラジル	3	1	4(RS)		
	その他		59	35			
	合計		114	50			

資料：ABIOVEより作成。
注：所在地は各州の略称で記入。色分けは表9-3と同じ。

　ブラジル資本・協同組合の場合、その多くは一地域に特化して集荷（加工）・精製事業を行う特徴があり、南部・南東部に位置する企業・協同組合が多い。
　この点は佐野（2016）で詳しく述べているが、大豆の伝統的生産地域である南部・南東部では中西部に比べると相対的に中小規模にあたる生産者が多く、協同組合も歴史的に存在してきた地域である。そのため大豆販売ルートにおいても南部では協同組合への販売が圧倒的に高く、逆に中西部や新生産地域の北東部では企業への直接販売、いわゆる契約栽培が多い[5]。すなわち生産部面における資本による農業の包摂においても、伝統的生産地域の南部とフロンティア地域の中西部・新フロンティア地域の北東部との間には異なる特徴を有しているのである。先にみたように生産地域が北上化している傾向を考慮すれば、企業への直接販売、いわゆる資本による農業の包摂が高まっていくと考えられるが、その一方で南部・南東部を中心に、ある地域の大豆集荷（加工）・精製を担うブラジル資本の企業や協同組合も多数存在しており、川中部門にあたる国内市場チャネルでは多国籍アグリビジネスと国内資本の企業・協同組合が併存している傾向にある。

だが輸出市場（国際市場チャネル）に目を向けると、多国籍アグリビジネスへの集中がより鮮明となる。**表9-3**によれば、大豆輸出量の6割近くが多国籍アグリビジネスによって担われている。ブラジルを代表する穀物メジャーのAmagiiや世界最大の協同組合であるCoamoも輸出を行っているものの、上位はCargill、Bunge、ADMといった穀物メジャーである。さらに近年では中国最大の食品会社であるCOFCO（中糧集団）、丸紅が親会社であるGavilon（2022年に同業のViterraに売却）、スイスの天然資源会社であるGlencore、ブラジルの大手金融会社であるBTG Pactualグループ傘下のEngelhartなど、穀物メジャーとは異なる地域・異分野企業のシェアも高まっている。これは、中国をはじめとする新興諸国の食料需要の高まりによって穀物分野での再編が起こっているあらわれと考えられる。

その一方で、川下部門にあたる家禽肉の輸出市場では、SadiaとPerdigãoが合併して誕生したBRF、世界最大の牛肉パッカーのJBSを筆頭に、世界的に展開しているブラジル資本と協同組合が主導権を握っている（**表9-3**）。先に述べたように、南部・南東部は養鶏・養豚生産の8割近くを担っており、そのほとんどが南部3州によるものである。養鶏の輸出も約7割以上が南部に位置するパラグアイ港やイタジャイ港を拠点に行われている。すなわち養鶏生産は協同組合などが相対的に発展している地域で行われており、輸出もブラジル企業・協同組合が中心となっている。

このように大豆家畜コンプレックスでは川上から川下部門までアグリビジネスによる寡占的支配構造となっているが、川上部門では多国籍アグリビジネスが支配的である一方で、穀物部門ではブラジル全土において広範囲なネットワークを有する多国籍アグリビジネスと一地域に特化しながらも大規模な圧搾・精製能力を有しているブラジル系企業・協同組合が併存し、家畜部門ではBRFやJBSのような国内資本、さらにはCooperativa Central Aurora Alimentosなどの協同組合による寡占的支配構造となるなど、その様相は一様ではない。だが、GM作物生産が主流になり、大規模化が進む中西部あるいは北部・北東部に大豆生産地域が移動していること、中国や異業種から

の参入が増えていることを勘案すれば、総じて大豆家畜コンプレックスにおける資本による農業の包摂は高まっているといえるだろう。

（3）GM作物の品種保護にみる国家の関与

　2003年にGM生産が条件付きで解禁されると、GM作物は瞬く間にブラジル全土に広がりをみせ、大豆生産で最もGM品種は利用されるようになる[6]。GM作物は、安全・表示の側面についてはバイオセキュリティ法（2005年施行）と大統領令4680号（1980年の消費者法に基づく）によって規定されている。バイオセーフティ審議会（CNBS）がGMOの安全規則などの最終審理を行うものの、科学技術的側面は国家バイオ安全技術委員会（CTNBio）に一任されている。そのため、企業や研究機関がGM品種を商業栽培で利用するためには、CTNBioに対しイベント（系統）[7]の承認申請をして認可される必要がある。こうして承認されたイベントをもとにGM品種が開発されている。

　一方、新品種の保護という側面では、①知的財産権法（LPI）、②栽培品種法（LPC）、③国家種苗システムによって規定されている。まず、CTNBioによって商業栽培が認可されたイベントは、ブラジル産業財産庁（INPI）のLPIによって保護されることになる。GM作物のように遺伝子操作により新たな種子を生成することは知的財産、いわゆる特許の範囲となる。それに対しLPCは、新品種の無断使用、複製、増殖などを防止し、新品種の育成者の権利を保護するためにある法律である。農務省（MAPA）所管の栽培品種保護局（SNPC）より新栽培品種の知的財産権を認定する証明書を付与することで、育成者の権利を保護しようとするものである。また、国家種苗システムはMAPA所管の栽培品種登録（RNC）に登録することで、申請者に栽培品種の生産、加工、販売の許可を与えることになる。したがって、GM種子を利用した商業栽培・加工・販売をした場合はRNCへの登録が必要となってくる（佐野 2017b）。

　RNCは、栽培品種を登録することで生産・販売を促進することを目的と

しており、知的財産の保護を目的としていない。一方で、SNPCは、新品種の知的財産を保護し、育成者がそれらの販売をすることでロイヤリティを受け取ることを承諾する、すなわち所有権を確立することにある。先にみたようにINPIによる特許の保護も、所有権の確立という点では一緒である。だが、SNPCによる栽培品種保護（LPC）とINPIによる特許の保護（LPI）では、特許保障期間の違いや自家増殖に対し異なった見解を示している。LPCや国家育苗システムでは家族農業、農地改革プログラムによる定住者、インディオなど一部の小規模農家による自家増殖は小規模農家支援の一環として例外扱いとしているが、LPCではそれを認めていない。また特許期間も、LPCは15年～18年であるのに対しLPIは20年とLPIの方が保障期間も長くなっており、その分ロイヤリティも長い年月を支払うことになる。

　GM作物の場合、CTNBioによって商業栽培が認可されたイベント以外は栽培できない。CTNBioによって商業栽培が認可されているGM作物は現在大豆11件、トウモロコシ40件、綿花12件、フェジョン豆およびユーカリ各1件の計65件が承認されている。これらの申請企業をみると、ユーカリと1件の大豆以外はすべて多国籍アグリビジネスによる申請である（佐野 2017b）。すなわち、ブラジルのGM作物は多国籍アグリビジネスの生産技術に依存しているということであり、そうしたイベントはLPIの特許保護法によってロイヤリティが保障されていることになる。

　表9-5に示しているように、大豆では全体の97.6％がMonsantoのイベントから派生している栽培品種である。これはさまざまな大豆品種はあるものの、そのロイヤリティは一企業による独占的状態であることをあらわしている。すなわち、農業における資本の包摂は単なる販売市場における寡占化の段階から、知的財産権（特許）という法規制によって公的に保護された段階へと進展しており、そこにおいては遺伝資源の利用から生じる利益をほんの一握りの多国籍アグリビジネスに独占されていることになる。さらにそうした状況は、農業生産性の向上や生産条件の改善を謳い文句に商業的栽培の拡大を優先した法制度の整備、国家の後押しによって創出されているのである。

表9-5　RNC に登録されている栽培品種数および申請企業

作物	イベント名	栽培品種数	申請企業	企業シェア
大豆	GTS-40-3-2	659	Monsanto	97.6%
	MON 87701 x MON 89788	443		
	A 5547-127	16	Bayer	1.4%
	BPS-CV127-9	11	Basf/Embrapa	1.0%
	合計	1129		100.0%
綿花	MON15985 x MON 88913	34	Monsanto	70.7%
	MON88913	14		
	MON 531 x MON 1445	4		
	MON 531	3		
	MON 1445	2		
	MON 15985	1		
	GHB 614 x T304-40 x GHB119:	7	Bayer	18.3%
	LL Cotton 25	4		
	GHB614 x LL Cotton 25	3		
	GHB614 x T304-40 x GHB119 x COT102	1		
	281-24-236/3006-210-23	9	Dow Agrosciences	11.0%
	合計	82		100.0%
トウモロコシ	NK 603	131	Monsanto	57.4%
	MON89034	113		
	MON 810	109		
	MON 89034 x NK603	95		
	MON89034 x MON88017	79		
	MON 810 x NK603	36		
	MON89034 x MON88017 x Milho NK603	9		
	MON89034 x TC1507 x NK603 x Milho NK603	6		
	TC1507 x NK603	47	Du Pont	12.3%
	TC1507 x MON810 x NK603	27		
	TC1507 x MON810	26		
	TC1507 x MON810 x MIR162	18		
	TC1507 x MON810 x MIR162 x NK603	6		
	Bt11 x MIR162 x GA21	42	Syngenta	9.8%
	BT11	25		
	MIR162	15		
	Bt11 x GA21	10		
	GA21	5		
	Bt11 x MIR162	2		
	TC 1507	103	Du Pont & DowAgroScience	10.2%
	MON89034 x TC1507 x NK603	103	Monsanto & DowAgroScience	10.2%
	合計	1007		100.0%

資料：佐野（2017, p.13）より転載。

4．連帯経済の動きとブラジル内外による抵抗

（1）PT政権下で強まった社会政策としての食農支援

　大豆家畜コンプレックスのグローバルバリューチェーン（GVC）に見られるように、ブラジルの主流は世界市場でさらなる商業機会を獲得する方向に進んでおり、国家もそれらを後押しするような制度設計を推進している。だが資本による農業の包摂が高まれば高まるほど、GVCから疎外され周辺化されていく層も増えており、そうした層に対する支援として連帯経済の動きが活発になっている。連帯経済とは、国家でも市場でもない第三セクターの活動領域のことを指し、教会・大学・NGOなどの社会組織と連携しながら協同組合やアソシエーションなどさまざまな形態の主体が経済活動に携わっていることを指す（佐野 2017a）。

　1990年代以降の社会民主党（PTSB）政権やPT政権では、程度の差はあれ、国家と市場に並ぶ開発を実行する制度として市民社会の役割が重視され、そうした市民社会は連帯経済という形態で、市場と並ぶ、あるいは市場に代わって経済活動を営むことが期待されてきたとしている。連帯経済は市場経済が本質的にもつ欠陥を補完するだけでなく、資本主義における生産関係・社会関係を揚棄する契機をはらんでいるとしている（小池2014, p.33）。とくに、PT政権下では連帯経済への取り組みが単なる社会運動の一つではなく、国家政策（社会政策）の一環として捉えるようになってきた。

　その一つの現われが、国家学校給食プログラム（PNAE）での実践である。ルーラ政権下の2006年に、食料調達プログラム（PAA）が展開され、良質な食料を十分に確保することは政府が遵守すべき権利だという考えが広く認識されるようになった。これらは、食料主権（food Sovereignty）の議論[8]と結びつき、2009年には学校給食法（Lei 11947）が新たに施行され、PNAEが実施された。PNAEでは、栄養ガイドラインが改定され、学校給食における地産地消の推進として、各自治体に割り当てられた予算の30%を地

元の小規模農家・家族農業から仕入れることが義務付けられた。あわせて、アグロエコロジーや有機農法で生産されている食材を優先的に買い取ることが盛り込まれていた（Wittman and Blesh 2015, pp.86-87）。

　FNDEのデータによると、2016年において5,355の自治体で学校給食が実施され、学校給食の仕入れの約28％（平均）が地元食材であり、地域によっては100％を達成しているところもある[9]。また学校給食では、各自治体での学校給食の組織化が進み、各自治体の代表者、地元議員、教師や保護者ら、そして地域の市民社会（例：協同組合やNGO）による独自の学校給食委員会を設立している。これらの学校給食委員会が地元食材の仕入れや栄養バランスの考慮された給食メニューづくりを進め、野菜や果物の消費が大幅に改善されているといった報告もある（Sidaner et al. 2012）。

　またこうしたPT政権下による学校給食改革は、食生活の改善のみならず小規模農家・家族農業などGVCから疎外されてきた生産者らへの支援となり、さらにはそこで実践されている持続可能な農業、すなわち現行の食農システムからの脱却を目指す生産者らの活動と結びつき、大きなパラダイム転換の萌芽を含んでいる。例えば、その一つが土地なし農民運動（MST）[10]を基盤として新たに設立された協同組合COPAVI（Cooperativa de Produção Agropecuaria Vitóri）[11]の事例である（佐野 2017a）。COPAVIのようにMSTを基盤として形成されてきた新たな協同組合は、組合員の生活向上を図るというのもあるが、何よりもコミュニティ内における価値観を共有し、より幅広い公益（環境配慮・貧困削減・社会弱者への支援など）を追求していくことに価値を見出している。そのため農産物の生産・販売では、アグロエコロジーを推進し、野菜やパンなどをPNAEへ販売する際も価格よりも社会的価値、いわゆる持続可能な手段で生産ができているのか、同地域の食文化や食習慣にふさわしい食料生産となっているのかなどを重視する傾向にある。すなわち、COPAVIにとっては、現在の市場志向的かつ環境負荷の高い農業生産から独立し、自分らや地域の人々にとって持続可能な農業生産であることが何よりも重要となっており、現行の資源浪費的・環境破壊的な食農

システムからの転換を模索しているのである。

（２）国外でのブラジル企業・多国籍アグリビジネスへの抵抗

　BRFやJBSに代表されるようにブラジル企業も世界各地でシェアを拡大している。とくに、21世紀に入ると、アフリカ諸国に対するFDIが拡大してきた（World Bank 2012）。そうした中で、プロサバンナ事業、いわゆるモザンビーク北部の３つの州にわたるおよそ1,400万haを対象とする大規模な農業開発事業（プロサバンナ事業：ProSAVANA）が2009年より日本・モザンビーク・ブラジルの３国間協力として始まった（船田 2014）。日本にとっては初めての３国間協力によるODAであり、ブラジルにとってはモザンビークに対する南南協力の側面を持ち合わせていた。日本は、ブラジルのセラード開発のODA経験を同じ熱帯サバンナであるモザンビークの北部に適用し、大規模な農産物輸出地帯をつくることが想定していた。だが、モザンビークの農民組合や内外の市民社会組織からは、プロサバンナ事業が典型的な土地収奪（ランドグラブ）であるとの批判・抗議が激しく起こった。当初は大規模アグリビジネスや大規模農場を重視する方針が示されていたが、2015年のマスタープラン・ドラフトゼロでは小農支援が全面に打ち出すといった計画変更が行われた（池上 2015）。しかしながら事業そのものがその地域の当事者ら（小農）の望む発展ではなく、事業側の都合と論理をおしつけ、小規模農家（農民）らに過大な負担を強いていることから中止へと追い込まれた（船田 2021）。

　これは、この事業そのものがその地域の具体的なニーズから立ち上げられたのではなく、世界市場の動向に対応しようとする日本側のニーズや日伯・対アフリカ連携といった政治・外交目的が先行し、開発主体の当事者である小農らと援助・投資側との思惑が大きく乖離していたことに起因する（船田 2014）。さらに、モザンビークの小農運動（モザンビーク全国農民運動：UNAC）を中心に、ブラジルや日本の市民社会と連携した反対運動の展開、ビア・カンペシーナといった国際組織との連携を図ってきたことで世界的に

大きな流れを築いたことによる。

5．今後の展望

　このようにブラジルの内外のさまざまな場面において生産者（農民）らによる抵抗が起こっている。とくに、こうした抵抗は生産者が単独で行うのではなく、一定の価値観を共有した教会・大学・NGOなど市民社会と連携したネットワークを構築しながら展開することで、大きなムーブメントへとつながっている。2000年代のPT政権下では、そうした動きが加速し、現行の食農システムからの脱却を目指す大きなパラダイム転換の萌芽が各地で起こっていた。

　だが、ブラジルの主流は旺盛な世界需要への対応、発展途上国の食料供給不足の解消、自然制約条件の緩和による食料供給の安定化といった商業生産機会の拡大であり、そうした中では多国籍アグリビジネスを始めとする企業による食料・農業支配をよりいっそう強めることになっている。GM作物をめぐる国家の対応からも、ブラジルではアグリビジネスによる囲い込みを促進するような法制度の整備の方向へと進んでいる感は否めず、PNAEなどでの実践と合わせると国家政策での内的矛盾を大きく孕んだ政策展開であった。

　またこうした現行の食農システムの枠組みが進展していけば、生産者らに非GM作物を生産するのかGM作物の生産をするのかといった選択肢を与えないことにつながり、それは帰するところ消費者の選択肢をも侵害することへとつながっているということである。ブラジルが世界食料供給基地化している今日においては、同国での食農システムの展開が各国の消費者にとっても対岸の火事ではない点を忘れてはならない。

注
1）一次産品輸出経済とは、19世紀のラテンアメリカ諸国で展開されたコーヒーを始めとする亜熱帯作物や鉱物資源に依存する経済のことである。一次産品輸出経済では、プレビッシュ・シンガー命題として知られているように、一

次産品輸出国における交易条件悪化の問題となってくる。すなわち一次産品
輸出に依存する経済では、短期的には国際収支の不均衡、長期的には経済成
長の停滞という問題が起こるとされ、ラテンアメリカの多くの国々では世界
恐慌を契機に輸入代替工業化へと舵を切った（佐野 2019）。

2）PT政権は中央労組（CUT）の労働組合や土地なし農民運動（MST）などの
社会運動、先住民運動、貧困者等の社会的弱者に社会的な扶助を行うキリス
ト教基礎共同体（CEBs）等を支持母体にしている（舛方 2017, p.107）。

3）北部で大豆生産が主に行われているのはパラ州およびトカンチンス州であり、
北東部ではマラニョン州、ピアウイ州、バイア州で、中西部と隣接する地域
を中心に大豆生産が拡大している。

4）大豆家畜コンプレックスの2010年前後の資本の包摂度合いは佐野（2016）で
述べているのでそちらも併せて参照してほしい。

5）中西部での契約栽培の形態および問題点については佐野（2015）を参照。

6）GM品種をめぐる法規制については佐野（2017b）を参照。

7）イベントとは正式には形質転換イベントのことである。EUのトレーサビリ
ティに関する規則の提案書における定義によると、イベントとは改変された
DNA配列の移入を通して従来の生物が形質転換される事象のことであり、そ
の結果として1つのGMOが抽出される（EU-lex 2001）。

8）食料主権とは、すべての国と国民が自分たち自身の食料・農業政策を決定す
る権利を指す。それは、すべての人が安全で栄養豊かで、民族固有の食習慣
と食文化にふさわしい食料を得る権利である。そして、食料を家族経営・小
農が持続可能なやり方で生産する権利である（Sano 2021）。

9）FNDE（2016）のデータをもとに数値は筆者が算出している。

10）土地なし農民運動とは、1970年代に未開拓地を対象に大規模農業開発を推
進する軍事政権の農地改革（農地接収）等に反対した農民らが土地の再分配
を求め公有地・私有地への侵入・占拠を行っている社会運動のことを指し、
PT政権の支持母体の1つである（佐野2013）。

11）COPAVIは1993年に南部パラナ州のパラナシティに設立された協同組合である。
COPAVIでは、約22家族が定住地（Santa Maria）で共同生活・協働作業を
行っている。定住地のサンタマリアは1988年に大統領96259令によって接収さ
れた農場である。COPAVIでは、約257ヘクタールに農場を構え、サトウキビ、
野菜、果樹、乳牛・豚・家禽などの生産を行い、サトウキビ精製施設・パン
工房なども整備している（佐野 2017a）。

引用・参考文献

池上甲一（2015）「モザンビーク北部における大規模農業開発事業とランドグラブ」
『アフリカ研究』88, pp.29-35（https://doi.org/10.11619/africa.2015.88_29）.

小池洋一（2014）『社会自由主義国家―ブラジルの「第三の道」―』新評論.

佐野聖香（2013）「ブラジル土地所有構造と土地制度」北野浩一編『ラテンアメリカの土地制度とアグリビジネス調査研究報告書』アジア経済研究所（https://www.ide.go.jp/library/Japanese/Publish/Reports/InterimReport /2012/pdf/C08_ch4.pdf）.

佐野聖香（2015）「ブラジルにおける大豆生産と契約栽培―ルッカスドリオベルジ市の事例研究―」『アジア経済』56（4），pp.57-87.

佐野聖香（2016）「ブラジルにおける多国籍アグリビジネスの展開と農業構造の変化」北原克宣・安藤光義編『多国籍アグリビジネスと農業・食料支配』明石書店，pp.73-103.

佐野聖香（2017a）「ブラジルの農業協同組合の新たな展開―COPAVIの事例―」『立命館経済学』65（6），pp.1207-1217（https://doi.org/10.34382/00002014）.

佐野聖香（2017b）「ブラジルの遺伝子組み換え作物の法規制と現段階」『農業・農協問題研究』63，pp.2-16.

佐野聖香（2019）「南米の農業」日本農業経済学会編『農業経済学事典』丸善出版，pp.606-607.

田中祐二・小池洋一編（2010）『地域経済はよみがえるか―ラテンアメリカの産業クラスターに学ぶ―』新評論.

富士通総研（2021）『令和2年度海外農業・貿易投資環境調査分析委託事業（米州の農業政策・制度の動向分析）報告書』富士通総研（https://www.maff.go.jp/j/kokusai/kokusei/kaigai_nogyo/k_syokuryo/attach/pdf/itakur2-5.pdf）.

船田クラーセンさやか（2014）「モザンビーク・プロサバンナ事業の批判的検討―日伯連携ODAの開発言説はなにをもたらしたか―」大林稔・西川潤・阪本公美子編『新生アフリカの内発的発展』昭和堂，pp.187-208.

船田クラーセンさやか（2021）「アフリカの小農が断念させた日本の『国際協力』」『現代農業』2，pp.318-321.

舛方周一郎（2017）「労働者党政権とは何だったのか？―ブラジルにおける政府・与党関係の力学―」『グローバル・コミュニケーション研究』5，pp.105-126.

星野妙子編（2007）『ラテンアメリカ新一次産品輸出経済論』アジア経済研究所.

ABIOVE（Associação Brasileira das Indústrias de Óleos Vegetais）*Estatísticas*,（https://abiove.org.br/estatisticas/, accessed on 05/09/2021）.

ABPA（Associação Brasileira de Proteína Animal）（2017）*2017 Annual Report*, ABPA（https://abpa-br.org/wp-content/uploads/2018/10/relatorio-anual-2017.pdf）.

ABPA（Associação Brasileira de Proteína Animal）（2017）*Relatório Anual 2021*, ABPA（https://abpa-br.org/wp-content/uploads/2021/04/ABPA_Relatorio_Anual_2021_web.pdf）.

Céleres (2019) *Informativo Biotecnologia,* Novembro de 2019.

CONAB (Companhia Nacional de Abastecimento) *Série Histórica das Safras* (https://www.conab.gov.br/info-agro/safras/serie-historica-das-safras?start=30, accessed on 05/09/2021).

EU-lex (2001) Proposal for a Regulation of the European Parliament and of the Council Concerning Traceability and Labelling of Genetically Modified Organisms and Traceability of Food and Feed Products Produced from Genetically Modified Organisms and Amending Directive 2001/18/EC/* COM/2001/0182 final - COD 2001/0180 */ (https://eur-lex.europa.eu/legal-content/EN/TXT/HTML/?uri=CELEX:52001PC0182&rid=6).

FAO, *FAOSTAT Data* (http://www.fao.org/faostat/en/#home, accessed on 05/09/2021).

FNDE (Fundo Nacional de Desenvolvimento da Educação) (2016) *Dados da Agricultura Familiar* (http://www.fnde.gov.br/index.php/centrais-de-conteudos/publicacoes/category/206-dados-da-agricultura-familiar, accessed on 05/09/2021).

Moraes, R. F (2019) Agrotóxicos no Brasil: Padrões de Uso, Política da Regulação e Prevenção da captura regulatória, Texto para Disucussão 2506, IPEA (Instituto de Pesquisa Econômica Aplicada).

Notíciais Agricola (2020) Cargill lidera entre exportadores de grãos do Brasil em 2019; veja os destinos, 10/01/2020 (https://www.noticiasagricolas.com.br/noticias/graos/249800-cargill-lidera-entre-exportadores-de-graos-do-brasil-em-2019-veja-os-destinos.html#.YTOM0p0zaUl, accessed on 05/09/2021).

OECD, *PSE Database* (https://www.oecd.org/switzerland/producerandconsume rsupportestimatesdatabase.htm#tables, accessed on 05/09/2021).

Pelaez,V. (2010) Monitoramento do Mercado de Agrotóxicos, 1° seminário Mercado de Agrotóxicos e Regulação,11 de Marco 2010.

Sano, S. (2021) "Food Security, Food Sovereignty, and the Right to Food Revisited from Food Bank Activities under COVID-19 in Japan," *The Ritsumeikan Economic Review,* 70 (2), pp.50-68.

Serfert, J. (2021) "South-South Development Cooperation as a Modality: Brazil's Cooperation with Mozambique," Chaturvedi, S. et al. (eds.), *The Palgrave Handbook of Development Cooperation for Achieving the 2030 Agenda,* Palgrave Macmillan, Cham (https://doi.org/10.1007/978-3-030-57938-8_25).

Sidaner, E., Balaban, D. and Burlandy, L. (2013) "The Brazilian School Feeding Programme: An Example of An Integrated Programme in Support of Food and Nutrition Security," *Public Health Nutrition,* 16 (6), pp.989-994. (https://

doi.org/10.1017/S1368980012005101).

Wittman, H. and J. Blesh (2015) "Food Sovereignty and Fome Zero: Connecting Public Food Procurement Programmes to Sustainable Rural Development in Brazil," *Journal of Agrarian Change*, 17 (1), pp.81-105 (https://doi.org/10.1111/joac.12131).

World Bank (2012) *Bridging the Atlantic: Brazil and Sub-Saharan Africa, South–South Partnering for Growth*, Washington D.C.: World Bank (https://openknowledge.worldbank.org/handle/10986/26788).

（佐野聖香）

［最終稿提出日：2021年9月7日］

第10章

先進国の家族農業経営
―米国北東部の酪農にみる―

1．注目される家族農業

　国連では2017年に、2019 ～ 28年を「国連家族農業の10年」と定めるとともに、翌2018年には「農民（小農）と農村で働く人々の権利宣言（United Nations Declaration on the Rights of Peasants and Other People Working in Rural Area）」が採択され、家族農業が注目されている。これらの動きは、従来の途上国における農村開発が土地収奪と農民の農地からの追い出しをともない飢餓の解消を実現できていない問題とともに[1]、先進国においても大規模経営への生産集中が引き起こす環境問題、食品の品質・安全性問題、食を巡る公正（Food Justice）の問題を背景としている。国連の動きは、これまでの経済効率追求型の農業からの転換として評価されている[2]。

　ところで「農民（小農）と農村で働く人々の権利宣言（以下、宣言）」は日本では当初「小農の権利宣言」と紹介されていたが[3]、日本で「小農」は歴史的に限定された存在であり、「宣言」の対象とするpeasantには途上国の農民だけではなく先進国の小規模家族経営も含まれるとして「農民」という訳語を当てるべきという主張を村田（2021）は展開している。この中で村田は、ドイツでの現地調査の知見を元に、現代の先進国における小規模家族農業経営を「①第２次世界大戦後の農業近代化政策の洗礼を受け、②機械制農

218

業にふさわしい農業経営規模を」実現しており、③「家父長制的家族内での
支配従属関係も消滅し、基本的に農業労働から経営主の妻が解放されており、
つまり農業労働は家族協業ではなく経営主（＋後継者がいれば後継者）と補
完的雇用労働力によるもので（中略）、生産と生活は基本的に分離された存
在で」、さらに重要であるのが「かつてのKleinbauer [4)]がいわば丸裸の孤立
した経営であったのに対し」、「④農産物加工流通や農業投入財の購入での協
同組織（協同組合）、さらに農業機械の共同利用（中略）などで、幅広い協
業（アソシエーション）を組織し、経営間ネットワークを構築していること
である」と、小農と現代の先進国における小規模家族農業経営を区別してい
る [5)]。これに対し「小農」を採用している論者として、池上（2019）を上げ
ることができる。池上は「小農とは家族農業を行う主体」であるとし、その
原理は「利潤追求ではなく、自家労賃部分と自作地地代を含む混合所得に
よって家族の暮らしを再生産していくことにある」としている [6)]。

　本章では、まさに経済効率を追求して進んできたアメリカ合衆国酪農部門
における急激な農場規模拡大のもとで生き残りをかけている家族農業経営を
取り上げ、先進資本主義国において家族農業経営が直面している課題と存続
のための条件を検討する。アメリカの酪農部門は1990年代前半までは家族経
営を中心としていたが、2007年には、雇用労働力が家族労働力を上回り、か
つ利潤の形成が見られる企業的農場（乳牛飼養頭数500頭以上層）の生乳販
売が過半を占める構造へと変貌していた [7)]。

　本論では、家族農業をとりあえず「家族再生産のための所得＝家計費を目
的とし、主に家族労働力によって担われている農業」とする。

2．アメリカの酪農部門で強まる大規模農場への生産集中とその要因

（1）大規模農場への生産集中と生産コストにおける優位性

　乳牛を飼養する農場数は1992年の15万5,339農場から2017年の5万4,599農
場へとおよそ3分の1に減少した。1992年では乳牛飼養頭数100頭未満の農

場数は全体の87％を占め、この層の飼養する乳牛頭数（生乳生産量シェアに近似できる）は49.4％で、飼養頭数が999頭よりも多い農場は農場数で0.36％、飼養頭数では9.9％のシェアであった。それが2017年には100頭未満の農場は農場数で74.26％を占めているにもかかわらず飼養頭数では12.6％に過ぎなくなり、999頭より多い農場は農場数で3.58％にとどまりながら飼養頭数で55.2％を占めるまでになっている[8]。

　全米の生乳生産量は1995年から2020年までに、7,044万ｔから１億125万ｔへと増加している[9]。その一方で乳牛飼養頭数は947万頭から939万頭へと減少し、１頭当たりの乳量は7,441kgから１万785kgへと1.45倍も増加している。乳牛の年更新率は43.5％から50.1％へと上昇し、つまり乳牛の耐用年数は2.30年から2.00年へと短くなっている[10]。

　米国農務省は、2000年以降の酪農経営における規模拡大の加速化を、生乳生産費から検討している[11]。それによると、2005年では最小階層の経産牛飼養頭数50頭未満層と最大階層の1,000頭以上層では、１kg当たりの生乳生産費（自家労賃、自作地地代含む）がそれぞれ66.34セント、29.96セントと倍以上の開きがあり、500頭未満の各層では自家労賃を除いた純利益がマイナスとなる。2019年の生乳生産費推計（自家労賃、自作地地代含む）では、全体の平均が生乳１kg当たり49.14セント、経産牛飼養頭数50頭未満経営で90.23セント、1,000頭～2,000頭では45.44セント、2,000頭以上では42.16セントであった。自家労賃と自作地地代を除いた生産費では、全体の平均が46.05セント、50頭未満が56.39セント、1,000頭～2,000頭で44.73セント、2,000頭以上で41.91セントと生産費格差は縮小する。経産牛飼養頭数100頭以上では自家労賃＋自作地地代はカバーできている[12]。

（2）大規模農場の隠れたコスト

　ところが、大規模な畜産農場の生産費の優位性は政策的につくられたり、外部不経済に負う部分があり、実際のコストをカバーしたものではないとの指摘がある[13]。酪農に限らず、養鶏や養豚、肉牛肥育の大規模経営はCAFO

（Concentrated Animal Feeding Operation：集中家畜飼養場）と呼ばれ、米国の環境保全局によって1,000家畜単位（Animal Unit）以上を飼養する施設と定義されている。酪農では700頭以上の農場がこれに当たる[14]。Gurian-Shermanは「CAFO」を「Confined Animal Feeding Operation（監禁家畜飼養場）」とし、環境保全局のCAFOを含むAnimal Feeding Operation（AFO：家畜飼養場）[15]では、次の点で生産費を負っていないと指摘している。

　その第1は、トウモロコシなどの穀物に対して支出されている補助金がCAFOへの隠れた補助金になっていることである。特に1996年以降は穀物への補助金は供給量や価格を制御することからは切り離され、2006年に市場の穀物価格が上昇を始める以前は価格が生産コストを下回り、その差額の大部分が補助金として穀物農場に支払われていた。1996年から2005年の間にトウモロコシの生産量は28％増加し、価格は32％下落した。大豆生産量も42％増加し、価格は21％下落したとされている。飼料をほとんど購入に頼っているCAFOでは、飼料穀物への補助金が間接的な補助金としての役割を果たしてきたと推測される。

　第2は直接的なCAFOへの補助金として把握されている「環境品質インセンティブプログラム（the Environmental Quality Incentives Program：EQIP）」である。この制度は1985年農業法の一部として開始され、環境汚染を防止するために耕種農場、畜産農場に助成をおこなうものである。畜産部門では、資本基盤の弱い小規模農場が糞尿処理設備を整えられるようにするもので、当初CAFOは制度の対象から除外されており、本制度の連邦政府予算規模も年額で2億ドルという規模であった。本制度は2002年に大幅に改訂され、CAFOが対象となっただけではなく、結果としてCAFOが優遇される制度となった。まず、制度に基づいて農場が受け取れる助成金額の上限は、1件あたり5万ドルから45万ドルに引き上げられ、制度資金の総額は2002年の4億ドルから2007年には13億6,000万ドルに増加した。次に、EQIP予算の60％が畜産部門に割り当てられ、農場規模に言及はないものの、環境への汚

染防止効果が高い申請が優先されると規定された。2002年の制度決定に先立ってとりまとめられた自然資源保全局（Natural Resources Conservation Service；NRCS）の報告書では、より多くの小規模な農場よりもCAFOに資金を配分した方がより大きな効果が得られる可能性があると明記されている。加えて、2002年に改訂されたEQIPの規制では、通常、CAFOのみに重要となる対策が制度上優先されている。たとえば糞尿貯蔵施設の改善や、総合的な栄養管理計画、農地へ適切に散布するための糞尿の運送費用などが挙げられる。ノーブル（2016）は特に「目に余る事例」として２つの酪農CAFOへの政府からの直接融資を上げている。インディアナ州では３万2,000頭の乳牛を飼養するCAFOが2002年に連邦政府・州政府から合わせて約15万6,000ドルを、ミシガン州に拠点を置き、10州にまたがって酪農関連事業を展開するCAFOが100万ドルを得た[16]。

　第３は、外部化されたコストである。ここではCAFOが排出する糞尿による地下水・地表水汚染、それらを要因とするメキシコ湾、チェサピーク湾の富栄養化があげられている。また糞尿中の窒素化合物は大気汚染の原因となり、農場労働者や周辺住民の健康被害をもたらすとしている。糞尿以外の要因による外部コストとしては、抗生物質の過剰使用による抗生物質耐性病原体の出現による被害が、また試算されていないものの、効率性や製品の等質性を追求するために遺伝的均一化が進むことも外部コストとして莫大なものとなる可能性があるとしている。

３．アメリカ北東部の中小酪農経営の姿

　アメリカ北東部はメイン州、ニューハンプシャー州、バーモント州、マサチューセッツ州、ロードアイランド州、コネチカット州、ニューヨーク州、ニュージャージー州、ペンシルベニア州、デラウェア州、メリーランド州からなる地域で、アメリカにおける伝統的な酪農産地のひとつである。産地移動を伴う農場規模拡大の中で、北東部全体の生乳生産量は1995年の1,289万ｔ

図 10-1　調査農場の位置

から2020年の1,394万 t と 8 ％ほど拡大しつつも、全米でのシェアは18.3％か
ら13.8％へと縮小しつつある。北東部諸州のなかでは、ニューヨーク州の生
産量が最も多く、2020年では全米でもカリフォルニア州、ウィスコンシン州、
アイダホ州に次ぐ 4 位で、全米生乳生産量の6.9％を占めている。ペンシル
ベニア州が全米 7 位（2020年）と続くが、全米生乳生産量に対するシェアは
4.6％で、生産量は1995年から横ばいの476万 t ～ 499万 t である。バーモン
ト州は全米19位で118万 t 、1.2％で生産量は横ばいで維持している。この 3
州のほかはいずれも生産量は45万 t を下回っており、生産量は横ばい（メイ
ン州、コネチカット州）か低下傾向（ニューハンプシャー州を含むその他の
州）にある[17]。

　2020年 3 月、アメリカ北東部を拠点として事業展開しているアグリマーク
農協の組合員農場 8 農場を訪問できた。訪問農場の選定基準は、消費者への
直接販売戦略を展開できない地域の家族労働力中心のものである。

　訪問農場の立地を**図10-1**に、概要を**表10-1**に示した。NH1農場～ NH4農
場はニューハンプシャー州に、VT1農場～ VT4農場はバーモント州に位置
している。表出していないが、すべての調査農場で 1 日 2 回の搾乳をおこ

表 10-1　調査農場の概要

農場記号	組織形態	家族労働力	雇用労働力	搾乳頭数	家族の農場外就業	生乳以外の農場収入	農場面積	耕地面積	放牧地
		（　）内の数字は年齢	名	頭		（　）内の数字は農場販売額に占める割合	ha	ha	ha
NH1	兄弟2人のパートナーシップ	兄（59）、弟（55）	フルタイム雇用1名、パートタイム1名	105頭	兄は地元消防署の署長（フルタイム）	肉用交雑種の肥育（2%）	116.3	85.7	なし
NH2	個人所有	兄（51）、父（83）、母、妹	なし	56頭	なし	なし	62.0	62.0	なし
NH3	父の個人所有	父（70）、息子（30）	週30時間1名（いとこ）	36頭	父は獣医自営、母と兄弟は別の自営事業	なし	408.0	40.8	40.8
NH4	個人所有	妻（63）、夫	なし．ボランティアの高校生が週4日午前	30頭	夫はフルタイムの農外就業	牧草（20%）、肉用交雑種肥育（5%）	81.6	61.2	20.4
VT1	両親・兄弟計4名のLLC*	父（63）、母（59）、兄（34）弟（30）、兄の妻、姉妹と義理の兄弟	フルタイム1名（通常は製材所）	140頭（乾乳牛含む）	…	メープルシロップ・牧草（5%）、製材業（20%）	326.4	163.2	81.6
VT2	個人所有（父）	父（61）、母、息子（31）、息子の妻	なし	50頭	息子の妻は乳業工場でフルタイム勤務	メープルシロップ・木材（10%）	152.2	32.6	16.3
VT3	兄弟2名と父とのパートナーシップ	兄（51）、弟（41）、兄の妻、父（77）、母	フルタイム（男30前後）、季節パートタイム4名（すべて男性）	55頭	弟の妻は教師、兄の妻も教育関連	メープルシロップ（45%）、木製柵（10%）	224.4	102.0（採草地、放牧地を含む）	耕地に含まれる
VT4	個人所有	本人（男63）	フルタイム1名、パートタイム週12時間（3日）1名	48頭	妻は獣医	木材（3～4%）	130.6	28.6	20.4

資料：2020年3月現地聞き取り調査。
注：…は聞き取りできなかった項目。
　　＊LLCはLimited Liability Company.

購入飼料	飼料自給率	牛舎	搾乳施設	牛種	1頭当たり年間乳量	生乳生産量（2019年）	平均乳価（2019年）	損益分岐乳価目安	生乳販売額（2019年推計）
t	%		（　）内の数字はミルキングユニット数		kg	t	セント/kg	セント/kg	ドル
トウモロコシサイレージ 200～300t、ヘイレージ 150t、濃厚飼料	トウモロコシ 95%、牧草 80%	フリーストール	ヘリンボーン式ミルキングパーラー（16）	ホルスタイン	9,911	1,089	41.89	…	456,000
トウモロコシサイレージ 200t、濃厚飼料	粗飼料は 85%自給	フリーストール	フラットバーンパーラー（6）	ホルスタイン	11,340	726	46.30	37.48～39.68	336,000
濃厚飼料	粗飼料は自給している	タイストール	パイプラインミルカー（4）	ホルスタイン	12,020	408	39.68	39.68	162,000
濃厚飼料	粗飼料は自給している	タイストール	パイプラインミルカー（4）	ホルスタイン	9,072	262	41.23	42.99	108,086
穀物	粗飼料は自給している	フリーストール	ステップアップパーラー（5）	ジャージー種が 90%	7,938	1,089	44.09	52.91	480,000
穀物	粗飼料は自給している	タイストール	パイプラインミルカー（4）	ジャージー、エアシャイア	7,258	363	48.50	44.09	176,000
濃厚飼料	粗飼料は自給している	フリーストール	カリフォルニア・パーラー（5）	ジャージー	8,165	454	55.11	55.11～59.52	250,000
ヘイレージ、コーンサイレージ 600t、穀物	…	フリーストール	ヘリンボーン式ミルキングパーラー（8）	ホルスタイン	9,979	499	39.68	39.68	198,000

なっており、生乳の出荷先は全量アグリマークで、乳牛個体毎の乳量計測にはDHIA（Dairy Herd Improvement Association：日本の「乳検」にあたる）のサービスを利用している。飼料生産について作業委託している農場はなく、また耕種農家と糞尿散布契約を結んでいる農場もない。NH1農場のみ、糞尿散布作業を近隣農場に委託している。アメリカの酪農向け所得政策である「酪農マージン保障計画（Dairy Margin Coverage Program: DMC）」（後述）には、NH2を除いて、すべての農場が加入している。

　まず各農場の概要を紹介し、その後横断的に各経営を見ていこう。なお、年齢は調査当時（2020年3月）のものである。

（1）調査農場の概要

1）NH1農場：慎重な投資で規模拡大を歩むも、近年拡大を思いとどまる

　兄（59歳）と弟（55歳）とのパートナーシップ農場で、現経営主兄弟で当農場の5世代目になる。しかし、兄弟の後は農場を継いでくれそうな家族メンバーがおらず、自分たちがこの農場の最後の経営者になりそうだとの見通しを持っている。

　兄弟のパートナーシップ経営となったのは1993年で、当時は80頭の経産牛と50頭の未経産牛という規模であった。同年にフリーストール牛舎を建設し（それ以前はタイストール）、牛舎建設のための融資を償還し終えてからミルキングパーラーを建設した。現在は経産牛飼養頭数で150頭と倍近い規模になった。牛舎には40頭分の余分のストールがあり、搾乳室内にはバルクタンクをひとつ増設するスペースもある。2019年に増設が検討されたものの思いとどまった。

2）NH2農場：徹底した低投資・高乳量高品質生産の経営

　1972年に両親（父83歳）が現農場を購入した。本人（51歳男性）は高校卒業後10年ほど農場外のフルタイムの仕事に就いた後、1997年に両親から牛を購入し、農場を引き継いだ。

　農場を引き継いだ当時は、搾乳頭数は34頭で、タイストール牛舎であった。その牛舎が火災で消失し、2004年にフリーストール牛舎に建て替え、数年かけて搾乳規模を56頭まで拡大した。飼料生産をおこなっている圃場はすべて無料の借地で、フリーストール牛舎の建設には資金の借入をおこなわず、数年かけて経営主自ら建設した。搾乳施設も簡素なタイプを用い、削蹄も一部は経営主自らおこなう、徹底したローコスト経営であると同時に、平均乳量も高く、乳脂肪・タンパク率も高い。今回の調査農家の中では乳価の損益分岐点を最も低く見積もっている。

　経営方針は、「可能な限り自給し、ツケにせず即金で払い、借金はしない。オーバーヘッドコストは安く抑える」とのことで、実行されている。

　政策もあてにしないとの方針で、酪農マージン保障計画（DMC）への加入もない。

3）NH3農場：獣医が経営するカラフルな内装の牛舎、おがくずふんだんな牛床と、405haを所有する農場

　父（70歳）と息子（30歳）が経営する農場で、1700年代中盤に先祖が入植して以来、息子で11代目となる。農場の所有名義は父の個人経営であるが、父は獣医を自営しており、息子は2012年に大学を卒業後、フルタイムで農場で働いている。1987年に建設されたタイストール牛舎が現在も使われている。牛舎内の天井の一部は「明るく、感じ良くするために」白く塗装されており、屋根の青、木材で作られた梁の飴色と相まってカラフルな印象を受ける。牛舎内は牛床だけではなく通路部分にもおが屑がふんだんに敷き詰められており、これも当農場の牛舎の特徴と言える。

　農場の周囲は宅地開発が進み、半径24kmに酪農場はないというが、当農場は408haを所有している。「土地に投資してきた」とのことである。

　現在は父の獣医としての収入が農場の保険的役割を果たしているが、リタイアに近づいていることから収入を安定させることが模索されている。周囲に借地できる圃場がないため、搾乳頭数を増やすことは難しい。今後は生乳

出荷に加えて、経営を多角化することで収入を増やしたいと考えている。消費者への牛乳の直接販売、ガチョウの飼育・採卵、木材の販売などが検討されているが、実際に取り組まれているのはガチョウの飼育・採卵のみで、それもまだ途上にある。牛乳の直売は地域の消費者数が十分でないことが懸念されている。

4）NH4農場：女性経営主の地域社会に開かれた農場

　妻（63歳）が経営主の農場である。夫が先代から引き継いだ2代目の農場で、1978年から農場は夫婦の所有となっている。夫は主に農外の仕事に就いている。農場では、学校に通わず家庭で教育を受けている（不登校）の子供のボランティアや障害児の訪問を受け入れており、地域に開かれている。6年前に開始した牛肉販売が拡大しつつある。ペットとして馬を飼う人々への牧草販売もおこなっており、農場販売額の割合は生乳75％、牧草20％、牛肉5％である。

　周囲からの勧めもあり、酪農から肉牛繁殖肥育へと経営を転換することを考えている。

5）VT1農場：製材所を兼営する両親と兄弟の農場

　未舗装道の行き止まりに立地する、両親（父63歳、母59歳）と兄弟（34歳と30歳）のLLC農場である。酪農に加えて製材、メープルシロップ生産を行っており、農場の販売額割合は生乳75％、製材業20％、メープルシロップと牧草が5％である。当農場は1791年にふたつの農場として開設された。先祖がそのうちのひとつに入植して以来、兄弟で8代目になる。1953年に祖父がもう一つの農場を購入して現在の農場になった。

　兄がビジネスパートナーとして農場に参加したのは2013年で、当時の搾乳頭数55頭から現在の140頭（乾乳牛含む）の規模に拡大した。LLCへの参加以前、兄弟は別々の牛群を搾乳しており、弟が独立した農場を買おうとしていたが、財政的にうまく行かなかったため、2013年に新しい牛舎を建て兄弟

の牛群を一つにした経営とした。

　現在牛舎の収容力いっぱいまで頭数を拡大しており、良質な飼料の生産で購入穀物飼料の量を押さえつつ一頭当たりの乳量を増大させようとしている。

6）VT2農場：未舗装道の行き止まりに立地する、世代交代期の農場

　未舗装道を8㎞ほど進んだ行き止まりに立地する農場で、父母（父61歳）と息子夫婦（息子31歳）で営んでいる。父の祖父が1943年に購入した農場で、1983年に父の祖父がなくなる際に父が農場を購入した。息子は大学で酪農経営を専攻し、2008年に卒業と同時に就農した。父母の個人所有の農場で、今後数年かけて事業を息子に譲る計画である。

　エアシャイアとジャージーを飼養しており、アグリマークの品質優良賞を20回以上受賞している。

　酪農に加えてメープルシロップや木材販売で多角化し、経営を支えている。牧草も余剰がある場合は販売する。牧草の販売は1990年頃から始めた。生乳が農場販売額に占める割合は90％である。

7）VT3農場：メープルシロップ、エクステリア部門に多角化している農場

　VT3農場は、父（77歳）、兄（51歳）、弟（41歳）のパートナーシップ経営である。兄弟で5代目となる。兄は1993年に大学（カレッジ）を卒業後就農し、98年前後にパートナーシップに入った。当農場も未舗装道の行き止まりにあり、生乳出荷のための輸送費用に毎月1,100ドル以上を費やしている。生乳はアグリマークの品質優良賞を毎年のように獲得している。

　農場には、酪農とメープルシロップと木製柵の製造・販売の3部門があり、各部門の収入割合は45％、45％、10％である。木製柵は装飾用と動物を囲うための実用の柵の2種類を製造している。

　兄弟には大学を卒業したばかりの息子が一人ずつおり、兄弟は息子たちに農場に加わってほしいという気持ちを持ちながらも、教育ローンの返済のため農外の仕事に就くことを勧めている。

インタビューに応じてくれたのは兄とその妻であるが、彼らは古いサイロなどを備えた当農場の美観に愛着を持っている。

8）VT4農場：コスト削減のために搾乳頭数を縮小した農場

現経営主（63歳、男性）は、雇用されていた農場を前農場主から購入することで当農場を引き継いだ。以前は肉牛経営の農場であったのを、1990年に現経営主が買取り、酪農場となった。当時は搾乳牛55頭の規模で、その後75頭まで拡大したが、10年ほど前に65頭に縮小した。さらに2019年から48頭に減らした。放牧を取り入れコストを圧縮するためと、州の規制のためである。バーモント州の農場規制では、搾乳牛50頭までは提出の必要な書類が簡略化されるとのことである。また3人の息子がいるが、大学を卒業し、いずれも農場を離れて別の仕事に就いている。もしいずれかが農場を継いでも休日のない酪農はしないだろうと経営主は予想している。もし経営主に何かあったら救急車を呼ぶ前に、牛を売るためにオークション業者に電話をかけなければ、というのが家族内でのジョークとなっている。

（2）労働力と搾乳頭数規模

ここから項目毎に各農場の状況を横断的に検討する。

家族労働力の構成について、本人のみであるのはVT4、夫婦がNH4、親（父）－子（息子）であるのはNH2、NH3、VT2である。これらの農場では搾乳頭数規模が50頭程度にとどまる。兄弟2名が農業に従事しているNH1、VT1では搾乳頭数は100頭を超える水準になる。VT1では義理の兄弟が飼料作を、兄の妻は週に2回夕方の搾乳を担当し、姉妹たちも必要に応じて農場を手伝う。

VT3は兄弟2名が農業に従事しているにもかかわらず搾乳頭数が55頭であるが、生乳以外の生産（メープルシロップ、木製柵）が大きいことによる。当農場では兄が搾乳部門、弟がメープルシロップ部門を担当している。

調査農場の雇用労働力の利用は限定的であり、フルタイムの被雇用者がい

るのはNH1、VT1、VT3、VT4である。ただしVT1は製材業での雇用である。VT3のフルタイム被雇用者は酪農、メープルシロップ、木製柵のすべてに従事している。パートタイム雇用では、NH1は近隣の高校生を夕方の搾乳補助と牛舎の掃除に週４日頼んでいる。NH3農場は、息子のいとこを週30時間雇っている。搾乳と牛舎の清掃を息子と交代で担当している。NH4は雇用でなくボランティアだが、家庭で教育を受けている高校生が週４日午前中に牛舎清掃に来ている。VT3の季節パートタイム４名はすべてメープルシロップ部門での雇用である。VT4では週12時間のパートタイム被雇用者が、月・水曜日の夕方の搾乳と日曜日の子牛への給餌を担当している。

　NH1では、弟が膝の手術を受けてリハビリ中で臨時でパートタイムの雇用を増やしたいが、難航しているという。以前なら近所の高校生を確保できたが、「最近はファストフード店のアルバイトなどに行ってしまっている」とのことであった。両親が高齢のNH2でも、臨時で人を雇いたいときに人手がなかなか見つからないことが悩みであった。

（3）家族の農外就業と生乳以外の農場販売

　家族の農外就業では、NH1では農場主でもある兄がフルタイムで消防署に勤めており、25年間署長をしている。NH3は父が獣医を自営しており、母と兄弟はアイスクリームの製造・販売をおこなっているが、農場の生乳は使っていない。NH4は夫がフルタイムの農外就業をおこなっているため、夫の担当の人工授精以外は、飼料作も含め農場のほとんどの作業を妻が担っている。VT1では、家族の農外就業について聞き取ることができなかったが、父は農場事業の一部として製材業を営んでおり、酪農は兄弟の担当となっている。VT2では息子の妻が乳業工場でフルタイムで働いている。VT3では弟の妻が教師として、兄の妻も教育関連の仕事に就いている。VT4では経営主の妻は獣医で、しかし夫の農場には関わっていない。

　生乳以外の農場の収入では、NH1とNH4で肉用種との交雑種を肥育し、近くのレストランや個人の消費者に販売している。しかしいずれも販売量は年

間3～6頭で、農場における販売額全体に占める割合は大きくなく、2％および5％である。NH4ではさらに、ペットとして馬を飼う人向けに牧草を販売している。これは近年増加して農場販売額の20％を占めるまでになった。NH3農場ではまだ販売実績はないが、ガチョウの飼育・採卵をはじめている。バーモント州の4農場はいずれも木材の販売が見られる。VT1は製材所を備えており、他からの材木も受け入れて製材をおこない農場販売額全体の20％を占めている。メープルシロップと牧草の販売もおこなっているが、両方合わせて農場販売額の5％にとどまる。VT2ではメープルシロップ、木材合わせて10％である。VT3はメープルシロップの販売額が生乳販売額に匹敵し、両者で農場販売額の90％になる。残り10％が木材である。VT4は木材の販売は農場販売額全体の3～4％であった。

（4）飼料生産と放牧

　農場面積は、最小がNH2の62.0ha、最大がNH3の408.0haである。NH2はすべて借地で、条件が良くない土地なので借地料は無料とのことである。すべて自己所有地またはほとんどが自己所有地なのはNH3、NH4、VT4で、ただしNH3は林地が多く、耕地面積は81.6haにとどまる。バーモント州の農場も砂糖楓林を含む林地面積が多く、耕作できるのは農場面積の一部である。借地のあるNH1、VT1、VT2、VT3での、耕地＋放牧地面積に占める借地の割合は50～65％である。

　NH3、NH4、VT1、VT2、VT3では粗飼料は自給しており、穀物やサプリメントだけを購入でまかなっている。粗飼料の購入があるNH1、NH2、VT4でも8割以上は自給している。NH1、VT4ではともに洪水で耕地の一部が流されたことをきっかけに粗飼料の購入をはじめ（2006年および2002年）、継続されている。NH1では耕地の貸出しの申し出も受けたが、借地が長期安定的に続けられる保障がないため、断った。実際に数年前に近隣の耕地だったところが学校のグラウンドになったという。

　放牧について見ると、NH1とNH2では放牧をおこなっていないが、それ

以外の農場ではおこなわれていた。

（5）牛舎と搾乳施設

　フリーストールとより新しいタイプのミルキングパーラーを備えた農場
（NH1、VT4）もあるが、より旧式で簡素なミルキングパーラー（NH2、
VT1、VT3）や、従来型の施設・設備であるタイストール＋パイプライン
ミルカーの農場（NH3、NH4、VT2）も見られた。

　まず、より新しいタイプのミルキングパーラーを備えているNH1とVT4
について導入時期と経緯を見てみよう。

　NH1では、タイストール牛舎であったものを、1993年に兄弟のパートナー
シップとなったことを契機にフリーストール牛舎を建設し、その償還が終
わった2001年にヘリンボーン式ミルキングパーラー（8頭×2列）を導入
した。1頭あたりの搾乳量を計測・表示するメーター付きだが、自動的に
データを記録するシステムは費用が嵩むため導入しなかった。代わりに
DHIAが計測したデータをパソコン上で管理している。牛舎とバルクタンク
室にはストールおよびバルクタンクを増設できるスペースが確保されており、
建設当時はさらなる規模拡大が目指されていたことと、慎重な投資姿勢がう
かがえる。

　VT4では、フリーストールとヘリンボーン式のミルキングパーラー（4頭
×2列）を、現経営主が農場を購入した1990年に建設した。ミルキングパー
ラーは6頭×2列にまで増設できる設計にしておいたが、実際は増設しな
かった。VT4でも規模拡大への意欲があったことが見て取れる。

　次に、簡素なタイプのパーラーを導入しているNH2、VT1、VT3である。

　NH2では2004年にタイストール牛舎が火事で焼失したためにフリース
トール牛舎に建て替えた。前述の通り、経営主自ら建設作業をおこなった。
搾乳施設は1980年代までに多く使われていた簡素な設備のフラットバーン・
パーラーで、ミルキングユニットを6備えている。

　VT1では、2013年にミルキングユニットを6備えたステップアップ・パー

ラーを建設した。フラットバーン・パーラー同様、簡素な設備である。導入費用を抑えるため、中古のものを購入した。10年後には搾乳ロボットを導入することを目指している。

VT3では、現在のフリーストール牛舎とミルキングパーラーを1995年頃に建設した。搾乳施設は比較的簡素な設備のカリフォルニア・パーラーである。搾乳施設の更新を考えており、搾乳頭数規模との関わりではロボット搾乳1台が最適だろうと多くの人からアドバイスを得ている。周囲では雇用者確保に苦労している農場が多く、息子たちの将来を見据えても一理ある案だが、ロボット搾乳機を設置する建物が必要になりそうで、それは当農場の美観を損なうのではないかと、経営主は危惧している。

NH3、NH4、VT2はタイストール＋パイプラインミルカーである。NH3では1987年に建設した。VT2でも同時期の1983年、父が農場を継いだ際に現在の牛舎が建設された。現在のところ、これらの農場では牛舎、搾乳施設の更新は検討されていない。

（6）生乳生産量と乳価、販売額

訪問調査では、1頭当たり平均乳量と、2019年の生乳生産量と平均乳価、目安としている損益分岐価格について回答が得られた。1頭当たりの平均乳量は、ホルスタインを飼養している農場では最大が1万2,020kg（NH2）、最小が9,072kg（NH4）であった。ジャージーを中心としている農場では最大が8,165kg（VT3）、最小が7,258kg（VT2）である。

2019年の平均受取乳価はホルスタイン種の農場で39.68セント/kg（NH3）〜46.30セント/kg（NH2）、ジャージー種中心で48.50セント/kg（VT2）〜55.11セント/kg（VT3）であった。各農場が損益分岐乳価の目安と考えている水準[18]を2019年の平均受取乳価が上回っているのはNH2とVT2のみで、特に今後搾乳施設の更新を検討しているVT1、VT3では、現在の価格水準では厳しいと考えている。NH4でも現在の乳価は「コストに見合わない。」損益分岐乳価の目安が聞き取れなかったNH1では「課税対象となる程度の所

得は得られた」とのことであった。VT4では、乳価が低迷しているこの5年間の所得は年に1万5,000ドルほどにしかならず、厳しい状況にあったため2019年には経営改善のための様々な取り組みをおこなった。まず生乳生産コストを減らすために放牧を取り入れ飼料生産を減らした。そのために飼養頭数も減らした。資金借入を短期から長期に借り換えし、支払利子額を減らした。また農場に付属していた、農場勤務者用の住居を売却した。

（7）政策への希望

アメリカでは酪農経営への所得政策として「酪農マージン保障計画（Dairy Margin Coverage Program：DMC）」が実施されている。平均乳価から平均飼料費を差し引いた「酪農マージン」が一定水準を下回ったときに発動される保険型の所得保障制度で、農場は4ドルから9.5ドルまでの酪農マージンの保障水準と、生産量の何割をカバーするかの保障率を25〜90％の間で選ぶ必要がある。保障水準と過去の生産実績に応じた掛け金を支払って加入する[19]。

2019年では、NH2を除くすべての農場がDMCに加入していた。NH1は2019年には1万2,000ドルほどの支払を受けたが、2020年は加入しても支払を受けられそうにないと見通し、加入しない方針である。DMCが保険型の制度であることは理解しつつも、「政府は勝つ」と掛け金の負担から政府と賭けをしているように感じている。連邦政府の政策に期待できない代わりに、後述する、ニューハンプシャー州産牛乳に価格の上乗せをおこなう制度の立ち上げに関与し、期待している。VT3では、2019年から5年契約でDMCに最高の保障水準で加入した。5年契約で掛け金が割り引かれる。DMCのような制度がないと農場を維持してゆけないとしているが、同時に「連邦政府は乳価の乱高下を抑えたり、そのことで酪農家を守ろうという気はないように感じる。政府は不干渉という方向でいく準備を整えたようで、農場を整理・統合させている」と述べている。

VT2農場では2019年には最も安い掛け金でDMCに加入し、およそ1,500ド

ルの支払を受けた。価格が低いときにはDMCが助けになるとしつつも、乳価が回復することを望んでいる。政府に求める支援策としては医療保険制度を挙げた。アメリカの公的医療保険制度は65歳以上の高齢者、身体障害者および末期腎臓疾患患者を対象にしたメディケア（Medicare）、低所得者を対象とした医療扶助であるメディケイド（Medicaid）に限定されている。それ以外の国民は、民間の医療保険を購入する必要がある。企業に雇用されている場合は、雇用主が被用者やその家族、退職者に対して付加給付のひとつとして雇用主提供医療保険が提供される[20]。例えば、農場を案内してくれたアグリマークの職員（60歳代前半）は、雇用主提供医療保険に加入しているが、家族3人をカバーする医療保険の掛け金として月額800ドル以上を支払っているとのことである。農家など雇用されていない人の場合は、個人で医療保険を購入する必要があるが、さらに掛け金が高くなる。当農場では、父母は低所得者向け医療保険制度であるメディケイドに入っているとのことであった。バーモント州においてメディケイドに加入資格があるのは年間所得1,945.5ドルまで（2019年、大人2人家族の場合）である[21]。息子の妻は農外就業しているが、アメリカで農家の女性が農外就業する場合、勤務先で医療保険に加入し、家族分の保険をカバーすることが主要な目的であることが多い。仕事上で怪我をすることもある農業者にとって、メディケイドが国民すべてを対象とするものに拡大してほしいとのことであった。

4．家族経営を支える取組み

（1）酪農協アグリマークの取組み

　調査農場は、いずれも酪農協同組合アグリマークの組合員である。アグリマークはニューイングランドとニューヨーク州を集乳域とする組合員農場数830（2020年3月時点）の中規模酪農協で、1990年代から個人消費者向けの自社ブランド乳製品の製造・販売に力を入れ、乳価低迷のもとでも利益を確保し、組合員利用還付をはじめとする組合員支援を展開している。アグリ

マークの事業展開については佐藤（2019）で紹介しているので、ここでは農場調査に関わるものを取り上げる。

1）自社加工による利益産出と組合員利用還付

　2019年にアグリマークは490万ドルの利益を出し、組合員農場へは100ポンドの生乳出荷量あたり9セントの組合利用還付をおこなった。うち2セントは現金で農場へ支払われ、残りの7セントは出資金口座に算入された。アグリマークはこの利益を主にチーズ加工を中心とした加工事業から生み出しており、受け入れた生乳の70％を自社加工している。2020年はさらに80％近くまで加工割合を高めるとしていた。

2）組合員への生乳増産制限

　2020年1月1日からアグリマークでは組合員からの集乳受入量の制限を始めた。乳価が低迷するなかで、前述のようなアグリマークの組合員利用還付は生産者にとって魅力的なものになっており、組合員による増産や組合への新規加入の希望が高まっている。新規加入についてはすでに5年前の2015年から受入を停止している。当時1,200だった組合員は830に減少しているが（2020年3月時点）、組合員農場の生乳生産量は増加し続け、組合の工場で処理できないほどになっている。余剰乳の販売では、コストを下回る価格で売らざるを得ず、近年は毎年のように余剰乳処理に数百万ドルの損失を出していた。そのため生乳の受入制限を始めることとした。組合員農場は、過去3年のうち、各農場で最も生産量が多かった月の30％までは増産ができるが、それ以上の生乳は組合が受け入れない。ただし、年間生産量が816ｔ（200万ポンド）に満たない農場からは、816ｔまでは受入をおこなう。

3）酪農所得保障制度に関する情報提供

　アメリカでは酪農経営への所得政策として「酪農マージン保障計画（Dairy Margin Coverage Program：DMC）」が実施されている。アグリマークで

は組合員に対して、DMCへの加入を勧め、加入の是非を判断する飼料価格・生乳価格の動向・予測の情報をニュースレターで伝えている。

4）組合外出荷へのサポート

　従来、組合員農場は生産した生乳のすべてをアグリマークに出荷する義務を負っていたが、現在はより高い乳価支払を受けられるなら組合員農場が別の業者に出荷することが認められている。組合から認められた他業者への出荷であるなら、出荷先業者が倒産するなどして乳代の支払いがなされなかった場合は、アグリマークが代わりに農場に対する支払いをおこなう。実際の支払い事例もおこっており、アグリマークは事実上、他業者へ出荷する組合員に対して保険を提供しているといえる。

　実際に他業者への出荷をおこなっている組合員農場は10農場程度である。農場数の激しい減少のなかで、残された農場を助けることがアグリマークの役割だと自認されている。

（2）ニューハンプシャー州での地元産表示制度への取組みと障害

　2019年8月にニューハンプシャー州で同州産の牛乳に価格の上乗せを行う制度が発足した。これは「ニューハンプシャー州産」の表示（**図10-2**）を付けた牛乳の販売1ガロン（1ガロンは4.4ℓ）当たり50セントをプールし、生乳生産量に応じ州内の酪農家に還元する制度である。50セントのうち7セントはこの制度の広告費用に充てられ、残りの43セントが酪農家に還元される。この制度は州の予算を大きく割かずに実施できることに特徴がある。

　制度立ち上げに先立ってはニューハンプシャー大学による意識調査が行われている。まず2018年夏に州の成人を対象とした調査が実施され、500名を超える回答者の85％から、①州産牛乳であること、②そのお金が州内の農場に支払われること、が明確であれば、現在の牛乳価格に1ガロン（約3.8ℓ）あたり50セントを上乗せして牛乳代金を支払ってもよいとの回答が得られた。さらに州内のスーパーマーケットの店頭で1,000名を超える対面調査を行い、

図 10-2　ニューハンプシャー州産牛乳であることを示すラベル
資料：https://udderlyamazingdairy.com/.

９割近くが同様の回答であった[22]。

　このように入念な事前調査が行われているにもかかわらず、制度が発足しても実際にこのラベルがスーパーマーケットの棚で見られることはない。乳業メーカー、小売店が参加を躊躇しているためである。飲用乳の消費が低迷する中で消費者にとって実質的な値上げとなるこの取組みが牛乳販売にマイナスになると懸念されている[23]。

5．家族経営が直面する課題と発展の条件

　調査農場は、池上（2019）の「小農」とも、村田（(2021)の「現代の先進国における農民家族経営」とも合致する特徴を備えていた。ただし後者に関連して、女性の農外就業が家族の医療保険加入を目的の一つとしていると考えられることから、家族経営における生産と生活の分離は単純でないことが見て取れる。

　現在のアメリカにおける生乳生産の過半は乳牛飼養頭数1,000頭以上の農場に移っており、家族農業経営は生産費で優位な企業的[24] CAFO（集中家畜飼養場）との競争に直面している。調査農場はいずれも、周囲の土地開発

圧力や条件不利性によって規模拡大が難しい立地にあり、粗飼料の自給や放牧、慎重な設備投資によって生産コストを下げ、経営主自ら、あるいは配偶者の兼業や、メープルシロップを含む林業といった収入源の多様化で経営を展開してきた。近年の乳価低迷のもとで、酪農協による生乳受入の制限から今後の規模拡大はさらに難しいなかで、牧草販売、肉牛肥育と牛肉直売に新たに取り組んでいる経営も見られた。収入源の多様化に取り組んでいる農場でも、所得は子供の高等教育の費用をまかなえるような水準にはなかった。現在の保険型の所得保障制度は一定評価されているが、交付が確実でないことと掛金負担から、加入を年ごとに判断する農場も見られた。

　酪農協は組合員農場を、事業利益の還元、また保険型所得保障制度の活用に関する情報提供でサポートしている。酪農協は、牛成長ホルモン不使用の取組などのように、消費者や社会の食の安全性や動物福祉への関心に応える具体的な行動を組合員農場に対して提案・誘導し、生産物の消費者に対する訴求力を高めていた[25]。

　生乳生産量の縮小を伴う酪農家の減少が進むニューハンプシャー州では、消費者へ地産地消をアピールし低迷する乳価を補う取組が試みられたが、消費者の地産地消志向は確認されたものの、実際の主流フードシステムの中での実現は頓挫している。

　今後の家族経営の発展を見通す上で、中小経営を対象とした所得保障制度の拡充が必要であろう。条件不利性を抱える地域での中小経営の減少が進めば、規模拡大が可能な地域での大規模経営へのいっそうの生産集中をもたらすことになり、それに伴う問題も進行することになる。また、公的医療保険の拡充といった社会保障や、日本の酪農ヘルパーのような、家族労働力を補完する事業の重要性が示唆された。

注

1）Magdoff and Tokar（2010）.
2）関根（2021, p.84）。
3）小規模・家族農業ネットワーク・ジャパン（SFFNJ）編（2019）。

4 ）ドイツ語で「小規模な農民」すなわち「小農」。村田はここで、エンゲルスが「フランスとドイツの農民問題」で指摘した19世紀末のドイツにおけるkleinbauerを指しており、「封建的隷属関係から基本的に解放された農民的分割地所有にもとづく、主として自分の小土地で、自分の農機具や家畜を用いて、自家労働力の家族協業で生産し生活を再生産する、生産と生活が一体化した存在」（村田 2021, p15）としている。

5 ）村田（2021, p.16）。

6 ）池上（2019, p.3）。

7 ）佐藤（2018）。

8 ）McDonald et al.（2020）.

9 ）同上。

10）USDA（https://www.ers.usda.gov/data-products/dairy-data.aspx, 2021年10月 4 日閲覧）。

11）McDonald et al.（2007）.

12）U.S. Department of Agriculture（2021）*Milk Cost of Production Estimates*,（https://www.ers.usda.gov/data-products/milk-cost-of-production-estimates.aspx, 2021年10月 4 日閲覧）。2019年生乳生産費推計は、2016年の調査結果をもとに各要素の価格変化を反映させたもの。

13）Gurian-Sherman（2008）。

14）ちなみに、肉牛では1,000頭、養豚では55ポンド以上の個体が2,500頭がこれに当たる。

15）環境保護局はまずAFO（Animal Feeding Operation：家畜飼養施設）を「監禁的な状態で家畜を飼養している農業企業」と定義し、さらにその規模が1,000家畜単位以上で年に45日以上監禁飼養しているものをCAFO（Concentrated Animal Feeding Operation）としている。ただし、糞尿や排水を自然、人工問わず水路等に排出しているAFOは、規模によらずCAFOとして環境保護局の規制を受ける。

16）マーサ・ノーブル（2016, p.300）。

17）U.S. Department of Agriculture NASS, Dairy Data, *Milk Cows and Production by State and Region*（https://www.ers.usda.gov/data-products/dairy-data.aspx, 2021年 5 月 4 日更新）。

18）ここでの「損益分岐乳価の目安」は厳密なものではない。経営主が目安としている数値を聞いた。

19）DMCについての詳細は、服部（2020）を参照のこと。

20）長谷川（2010）。

21）ア メ リ カ、バ ー モ ン ト 州 政 府 ウ ェ ブ サ イ ト（https://info.healthconnect.vermont.gov/compare-plans/eligibility-tables/2019-eligibility-tables, 2021年 9

月23日閲覧）。

22）Union Leader 紙2020年1月12日記事（https://www.unionleader.com/news/
animals/would-you-pay-a-50-cent-premium-for-milk-from-new-hampshire-
cows/article_4bd08ffa-91b5-5869-bf8c-ad1a6ee22ceb.html, 2020年4月10日閲覧）。

23）折しも、2019年11月には米国最大手（当時）の乳業メーカーであるディーン・
フーズ社が、2020年1月にはやはり大手乳業メーカーのボーデン・デイリー
社が、米国連邦破産法第11条の適用を申請し、破綻したばかりであった。

24）ここでの「企業的」とは、農場の労働力構成においては雇用労働力が主となり、
かつ利潤が成立していることを指す。酪農場の規模と経営の性格に関する議
論は佐藤（2018）を参照されたい。

25）佐藤（2019）。

引用・参考文献

池上甲一（2019）「SDGs時代の農業・農村研究―開発客体から発展主体としての
農民像へ―」『国際開発研究』28（1），pp.1-17.

佐藤加寿子（2018）「米国の家族経営の変容―酪農経営を中心に―」日本農業経営
学会編『家族農業経営の変容と展望』農林統計出版，pp.67-90.

佐藤加寿子（2019）「ニューイングランドの酪農協同組合と小規模酪農」村田武
編『新自由主義グローバリズムと家族農業経営』筑波書房，pp.67-90.

小規模・家族農業ネットワークジャパン（SFFNJ）編（2019）『農文協ブックレッ
ト20　よくわかる国連「家族農業の10年」と「小農の権利宣言」』農山漁村文化
協会.

関根佳恵（2021）「日本の小規模・家族農業政策はどこに向かうのか？―EUとの
比較から―」『農業と経済』87（3），pp.81-88.

長谷川千春（2010）「アメリカの医療保障システム―雇用主提供医療保険の空洞化
とオバマ医療保険改革―」『海外社会保障研究』171，pp.16-32,

服部信司（2020）『アメリカ2018年農業法―所得保障の引き上げ・強まる農場保護
の動き―』農林統計協会.

マーサ・ノーブル（2016）「CAFOの隠されたコスト 汚染者に加担する―動物工場
は租税補助金をむさぼっている―」ダニエル・インホフ編（井上太一訳）『動物
工場―工場式畜産CAFOの危険性―』緑風出版，pp.294-305.

村田武（2020）『家族農業は「合理的農業」の担い手たりうるか』筑波書房.

村田武（2021）『農民家族経営と「将来性のある農業」』筑波書房.

Gurian-Sherman, D.（2008）*CAFO's Uncovered: The Untoled Costs of Confined
Animal Feeding Operations*, Union of Concerned Scientists.

MacDonald, J.M., Law, J. and Mosheim, R.（2020）*Consolidation in U.S. Dairy
Farming*, ERR-274, U.S. Department of Agriculture.

MacDonald, J.M., O'Donoghue, E.J., McBride, W.D., Nehring, R.F., Sandretto, C.L., and Mosheim, R.（2007）*Profits, Costs, and the Changing Structure of Dairy Farming*, ERR-47, U.S. Department of Agriculture.

Magdoff, F. and Toker, B.（2010）"Agriculture and Food in Crisis: An Overview," Magdoff, F. and Toker, B,（eds.）*Agriculture and Food in Crisis: Conflict, Resistance, and Renewal*, New York: Monthly Review Press, pp.9-30.

〈付記〉
　本研究における現地調査は科学研究費助成事業（学術研究助成基金助成金）基盤研究(C) 課題番号15K07632、および科学研究費助成事業（科学研究費補助金）基盤研究(B)（一般）課題番号17H03884による助成を受けて実施した。

（佐藤加寿子）

［最終稿提出日：2022年3月2日］

アグリビジネス主導の「農業の工業化」と オルタナティブ

1.「農業の工業化」とは

　農業は工業と異なり、「自然過程（生物と生態環境）の制御に要する時間的・空間的な不自由がある」ため、資本の直接的な参入を免れ、農業は長らく食料生産を担う独立した産業部門であったが、科学技術が発達するにつれて、農業のもつ自然的制約を科学技術で克服する動きがうまれ、その下で農業生産過程が細分化されるようになった（久野 2002, pp.20-23.）。この細分化は、「直接的生産過程」である農作業のみを農業生産者に残す形で分断し、生産者から切り離された部分は資本（農業食料関連産業・アグリビジネス）によって「占有」され、工業的生産過程に組み入れられた（平賀・久野 2019, p.21）。これが「資本による農業の包摂」であり、磯田（2016, pp.130-131）は「この『包摂』こそ『農業の工業化』の本質的性格であり結果」であるという。

　さて、「農業の工業化」は磯田（2016）がいうように「資本蓄積のための要請に適合的な構造に農業を再編」していくが、科学技術の発達、とりわけバイオテクノロジーの開発・高度化と利用範囲の拡大や、ICT技術やロボット技術のハイテク化が急速に進む現代では、「農業の工業化」が新しい段階にまできているといえよう。とくに注目されるのは、「『時代を画する』技術

革新」である、汎用性（防除対象の植物や昆虫の種を問わない）の除草剤や殺虫剤への耐性・抵抗性を遺伝子操作（組換えやゲノム編集）によって作物に付与する技術や、家畜の成長を促進するホルモンの開発など、バイオテクノロジーの発達・高度化である（村田 2021，pp.23-27）。

　他方で、こうしたバイオテクノロジーの高度化と利用拡大に対して警鐘をならすのがハーヴェイ（2017，p.336）や五箇（2021，p.112）である。ハーヴェイは、遺伝子を操作された植物や化学肥料・農薬など、バイオテクノロジーによって人工的につくられた物質が「地球上の生物と土地とに対するその副作用も影響範囲もわからないまま野放図に導入」されており、「伝統的な管理手法や措置手法では手に負えなくなっている」というのである。五箇も、バイオテクノロジーや化学合成でつくられる物質は自然界に存在するものではないため、環境中において分解されにくく、生物の生息環境を汚染して生態系に深刻なダメージを与えており、生態系の破壊が生物多様性劣化の根本原因となっていると指摘する。しかし、問題が以上だけにとどまらないことこそが厄介なのである。次節以降でみるように、農業の工業化はさまざまな問題をうみだしており、それに対する多様なオルタナティブな取り組みが各地でおこっている。

　そこで本章は、農業の工業化がはらむ危機的状況をふまえて、農業の工業化に対するオルタナティブな取り組みを確認し、オルタナティブ運動の今後の展望を考察する。

2．農業の工業化とその影響

（1）機械・装置への多額の投資とさらなる大規模化を強制される農業経営

　農業が工業化したもとでは、農業・食料の生産から最終消費までの流れが拡延し、商品連鎖の各段階において生産と資本の集中がすすみ、各段階も垂直的な結合が強化される（磯田 2002，p.31）。その動きの主体が農業食料関連産業、いわゆるアグリビジネス企業で、「細分化された生産と流通の各段

階が農業外のアグリビジネス企業主導によって調整・統合」されている（松原 2004，pp.55-58）。アグリビジネスは、一方では垂直的統合や契約栽培によって農業者を囲い込み、他方では流通経路（倉庫や輸送手段）を支配することで、農業生産そのものを傘下に組み込んできたのである。農産物は輸出に適応するべく低価格なものが求められ、農業経営者は「農産物価格の引下げ圧力や生産資材の上昇圧力」にみまわれている（マグドフら 2004，p.8）。その経営を存続させるには「新技術の導入や生産規模の拡大」によるコスト低減と収益確保を目指さざるをえない（マグドフら 2004，p.8）。高度化された機械装備をもとにした精密農業[1]、バイオテクノロジーを利用した汎用性農薬の散布とそれを可能とする遺伝子組換え作物、連作をおこなうための肥料・農薬多投技術がそれである。これについていけない中小規模経営は離農を迫られ、少数の大規模経営への農地と生産の集中が進んでいる。

　以上の状況がはっきりと現れているのが、農業の工業化がもっとも進展しているアメリカであろう。その様子を穀作部門と畜産部門にわけてみていこう。穀作部門ではバイオエタノール・ブームを背景にトウモロコシの連作が拡大しており、耕地利用の単純化・モノカルチャー化がすすんでいる。単一栽培では土壌肥沃度が低下するため、化学肥料の大量使用につながっている。また、線虫による連作障害を回避する技術として「線虫殺虫Bt遺伝子組換え種子」が導入されている（磯田 2016，p.383）。さらに、土壌流亡や耕耘コスト削減を目的とした不耕起や軽減耕起も、グリホサート系除草剤とそれに耐性をもつ遺伝子組換え種子を、大型播種機でまくという「アグリビジネスが提供する労働手段・労働対象の購入と不可避的に結びついている」（磯田 2016，p.383）。

　しかし、大規模化を進めても、投入費用の膨張と所得率の低下、収量変動によって経営の脆弱性につながっているという。また、種子ビジネス企業との契約で自家採種ができなくなり、種子の流出も禁じられたため、同企業からの種子購入による経済的負担の増加だけでなく、種子管理リスクも拡大することになった。例えば種子ビジネス企業のモンサント社は、遺伝子組換え

種子の特許を盾に自家採種を禁止し、1997年以降、自家用に遺伝子組換え種子を保存していた農家に対し訴訟を行ってきた。さらに遺伝子を組換えた作物の遺伝子が自然交雑によって流出した場合や、購入した種子の一部に遺伝子組換え種子が間違って混入していた場合でさえも、特許侵害だとして、農家を提訴してきたのである。

　その一方で環境負荷の増大がみられる。ひとつは肥料の流出による水質汚染である。下流域の飲料水を汚染することで高額な浄化対策を必要とし、その費用は年間約20億ドルにのぼるといわれている[2]。また、海では酸欠や有毒な藻類の発生がおこり、年間数十億ドルの被害をもたらしている[3]。

　もうひとつは単一栽培による土壌の流亡、および生物多様性の喪失である。単一栽培は土壌の構造を劣化させ、土壌流亡しやすい。そのため土の入れ替えや燻蒸に費用がかかり、農地としての価値を失うこともある。また、一年草の栽培をおこなった後、残りの月日を裸地で過ごす土壌は、乾燥に対する抵抗力が弱いため、灌漑コストが増大する[4]。加えて、単一栽培による農地は、生物多様性に富んだ風景とは異なっており、生物多様性の喪失によってミツバチや昆虫などによる受粉が困難な状況になっている。

　ところで、環境への影響も問題であるが、人体への影響はもっと深刻である。グリホサート系除草剤を長期間使用すると悪性リンパ腫を発症する可能性が明らかとなってきたからである。2015年にWHOの専門機関である国際がん研究機関（IARC）、2017年にはカリフォルニア州環境健康災害評価局（OEHHA）が、相次いでグリホサートを発がん物質として正式に認めている（天笠 2020, p.11）。これをうけ、アメリカではグリホサート系除草剤「ラウンドアップ」の製造・販売をおこなうモンサント社を相手取った訴訟が急増した。ただ、アメリカの裁判所は、アメリカ環境保護庁（EPA）をはじめ、いくつかの機関がグリホサートの発がん性を示す証拠は不十分、あるいは存在しないと結論づけているとして発がん性を認めてはいない。しかし、グリホサートには発がん性以外にも妊婦の早産の可能性や精子数の低下、ヒトの腸内細菌のバランスを崩させるなど、ヒトの健康に悪影響をおよぼす

ことを指摘する研究は数多く存在するのである[5]。天笠（2020）によれば近年、北米を中心に小麦や大豆の収穫直前にグリホサートを撒き、枯らして収穫しやすくする「プレハーベスト」散布が広がっており、小麦などにグリホサートが残留する深刻な汚染がおきている。グリホサート系除草剤に耐性をもつ遺伝子組換え作物の広がりは、遺伝子組換え作物それ自体の安全性も不確かであるなか、グリホサート汚染によってさまざまな健康被害へのリスクを負うことになる。

　畜産部門では、生産物の処理加工から流通まで垂直統合（インテグレーション）されている。低廉な穀物を飼料にして大規模な工業的畜産農場が成立しており、効率的に大量生産をおこなうため、ひとつは成長促進剤や乳量増加ホルモン剤の投入、もうひとつは密飼や「拘束飼育」（Confined Feeding Operations）を行っている。

　前者は、牛や豚の成長促進を目的に肥育促進剤（肥育ホルモン剤、ラクトパミン）が、酪農では1頭当たりの乳量を増加させるために遺伝子組換え技術によってつくられたホルモン剤（rBST）が使用されており、こうした物質による健康への悪影響を不安視する声が消費者からあがっている[6]。

　後者については、肉牛肥育は、広大な敷地を鉄柵で仕切り、各区画（ロット）に牛を収容して濃厚飼料で約4ヵ月間肥育するフィードロット方式（多頭数集団肥育場）である。豚や鶏も多数頭羽で飼育し、機械で送られる配合飼料を間断なく食べさせ、短期間で肉を量産するシステムである。こうした飼育法ではストレスや病気が多発するため、それに対応するべく家畜に抗生物質を投与している。家畜への抗生物質の投与量は人間全体への使用量よりも多く、これが抗生物質の効かない耐性菌の増加を加速させ、それが国境をこえて蔓延することにつながるなど、人命と医療費の両方に影響を与えているというのである（Elliott 2017, p.6）。

　さらに、大規模化した畜産経営では膨大な糞尿が排出されるなかで、「堆肥化して土に戻すという物質循環が断ち切られ」、地下水汚染や悪臭といった環境問題を引き起こし、周辺コミュニティの居住性や資産価値を低下させ

るという問題を引き起こしている（松原 2004, pp.55-58）。

　ところで、大規模化できなければ農業から撤退せざるをえないというのが工業的農業の基本原理であり、それが地域社会にも影響を与えている。そのひとつが中規模農場の減少であり、アメリカの農業を支えてきた中規模農場の減少は農村コミュニティの弱体化や崩壊につながり、農村地域や農業がさかんな州の経済に悪影響をおよぼすおそれもあるという（磯田 2011, p.80）。

（2）食料の安全性への懸念

　農業の工業化にともない、農業・食料セクターのサプライチェーン（付加価値連鎖）が長く大きくなっており、生産と消費の切断、隔絶化がおき、それによって食品の安全性の低下といった問題が生み出されている（磯田 2011, p.176）。食料は工業製品とは異なり、生産と消費の時間的・空間的距離が乖離すればするほど商品の劣化につながり「時間とともに変色・変質・腐敗して商品価値を喪失させる」。この品質劣化を防止するためにポストハーヴェスト農薬（防カビ・燻蒸剤等）や食品添加物が使用されているが、残留農薬問題や「食品公害」事件の急増などが示すように、「人間の生命と健康を脅かす凶器ともなる」のであって、農業の工業化の下でのフードシステムは人体への影響を克服するにはいたっていない（渡邉 2004, pp.276-277）。

　また、農業の工業化によって加工された代替食品化がすすんでいる。食品加工企業は「原料成分を化学合成品等に代替」することで、「特定の動植物原料へ依存した硬直的な需給構造を克服」し、「工業システムと同様にコスト等の基準」によって製品原料を柔軟に選択できるようになるとともに、「製品の安定的な供給を可能」にすることで資本蓄積を行ってきた（久野 2002, pp.21-23）。その一方で、科学技術の進歩によって代替化された加工食品による健康被害への懸念もおきている。例えばマーガリンやフライ油など工業的に生成された加工油脂にはトランス脂肪酸が多く含まれているが、トランス脂肪酸を多く摂取すると、血液中のLDL（悪玉）コレステロールが

増加する一方でHDL（善玉）コレステロールは減少し、動脈硬化の促進につながり心疾患の危険性を高めることが指摘されている[7]。

（3）開発途上国では農民が農業から追い出され都市へと流出

　開発途上国では農業分野に従事する人口が多く、農業は食料供給および収入源として重要な役割を担っているとともに、国家経済の中核を占めている。そうした中、農業の工業化とWTOの農産物自由貿易体制は、「多国籍アグリビジネス主導の生産力拡大と低コスト生産競争を世界中の農業経営に強制」することになり、途上国においては「小規模な家族農業の経営危機と大量離農、都市への大量流出」をもたらした（村田 2021, p.23）。

　経営危機の原因のひとつは先進国でもみられたように種子ビジネス企業によって自家採種を禁じられたことであろう。国際的な農民運動「ビア・カンペシーナ」が、「小農と農村で働く人びとの権利」を主張するなかで、「自家農場採種の種苗を保存、利用、交換、販売する権利」を有するとした「種子への権利」（19条）や、遺伝子組換え生物の開発、取り扱い、流出によって、小農と農村で働く人びとの権利が侵害されないよう防止することを求めた「生物多様性に対する権利」（20条）を要求しているのはそれへの抵抗である[8]。

　さらに、途上国の農民の大量離農や都市へ流出の原因には「ランド・グラブ（土地収奪）」も関係している。農業の工業化とWTOの農産物自由貿易体制は穀物等の国際価格の不安定化をもたらし、2007～08年、さらに2010～11年に国際市場における穀物価格の急騰を招いた。そのことで、世界各国で食料安全保障の関心が高まるなか、先進国では自国の食料生産を投資国である途上国で補完させる動きがみられた。すなわち、2000年代後半から途上国では、外国資本による大規模な土地取得の強行と商業的農場の開発によって、生活の基盤から人びとが引き剥がされ、生存の危機にさらされるといった事態が発生したのである（池上 2013, pp.473-482）。いわゆる「ランド・グラブ」と呼ばれる動きで、ランド・グラブを行っている主体のひとつが多国籍

アグリビジネスであり、輸出向け食料・飼料生産、加工原料の安価な調達やバイオ燃料用作物生産を目的としている。農業は開発途上国の貧困削減や食料安全保障にとって重要な部門であるが、ランド・グラブによって農民が土地から切り離され、危機に瀕するとともに都市へ大量流出するという問題がおきているのである。また、こうした人びとは貧困から抜け出すために職をもとめ、移民となって他国へと移り住む動きにもつながる。全世界の国際移民数は2019年に2億7,200万人に達し、そのうち約2割をアメリカが受け入れており世界最大の移民受入国である。ただ、二宮（2005, pp.169-170）が指摘するように、アメリカでは少数民族と同様、移民は白人と比べて「不当に高い貧困率」にあり、移民受入れの増加はアメリカの貧困層の拡大と無関係ではないのである。

（4）農業の工業化の下でのフードシステムは持続不可能

　以上、農業の工業化による影響は農業経営、食の安全や人の健康、自然環境や農村コミュニティなど、多岐におよんでいることをみた。こうした結果、食料生産に1ドルを費やすごとに、社会は健康、経済、環境のコストとして2ドルを支払っており、食料の生産から生じる負の社会的コストは毎年5兆7,000億ドルにも達するという[9]。イギリスのリーズ大学で「個体群生態学」を専門領域とするティム・ベントン教授の言葉を借りれば、「工業化されたフードシステムによる人の健康や環境への被害の代償は、農業界が儲けた利益よりもはるかに大きい」というのである[10]。

　農業の工業化によって浮かびあがってきた負の側面をうけ、農業の工業化の下でのフードシステムの価値観、慣行、特性を否定し、持続可能なフードシステムの構築を目指した社会運動が広がりをみせている（Renting et al. 2003, pp.393-411）。そうした運動や取り組みにはさまざまなものがあるが、第3節では、遺伝子組換え作物の広がりに対し、協同組合を軸とした非遺伝子組換え作物の生産および流通に関する取り組み、第4節では、サプライチェーンの拡延に対して、ローカルフードを基礎に貧困層の支援や次世代を

担う消費者（青少年層）教育を行う取り組みをみていく。

3．遺伝子組換え農産物の拡大に対するオルタナティブ

（1）工業的農業の主要農産物に対する協同組合を軸としたオルタナティブ

　ここでは農業の工業化の下での主要農産物である穀物や肉類の生産に関するオルタナティブをみていこう。農業の工業化がすすんでいるアメリカでは、多国籍アグリビジネスによる生産資材や販売ルートの市場支配、契約生産によって、多国籍アグリビジネスが農業生産そのものを傘下に組み込んでおり、中規模さらには大規模農場であっても農産物価格の引下げ圧力や生産資材の上昇圧力にさらされている。これに対し、穀物生産や畜産部門では生産者が「新世代農協」を組織することで農産物の付加価値を形成し、農業者の取り分拡大を目指した取り組みがある（メレット・ワルツァー 2003，pp.1-250，磯田 2000，pp.71-80）。

　また、主要農産物生産においては遺伝子組換え技術を利用した農業生産が主流となるなかで、それへのオルタナティブとしての協同組合の取り組みもみられる。ひとつは、牛成長ホルモンを使用した酪農が拡大していくなかで、ホルモン剤不使用をうたった牛乳やチーズ等の乳製品を製造・販売するアメリカの酪農協同組合の取り組みである（佐藤 2019，pp.67-90）。もうひとつは、飼料穀物のほとんどが遺伝子組換え作物になっていく中で、アメリカ国内で飼料調達を行っているJA全農グループによる非遺伝子組換えトウモロコシを確保しようとする取り組みである。

　次項ではこのJA全農グループの取り組みをみていく（2021年9月および10月に聞き取り調査）。

（2）JA全農グループによる非遺伝子組換えトウモロコシの安定確保

　わが国の家畜飼料の大部分はトウモロコシであり、そのほとんどを輸入に頼っている。2018年度における配合飼料生産量は2,331万 t （農林水産省『流

第11章　アグリビジネス主導の「農業の工業化」とオルタナティブ

通飼料価格等実態調査』）で、その原料となる飼料用トウモロコシの輸入量（2018年度）は1,127万ｔ（財務省「貿易統計」）である。このうち遺伝子組換えの飼料用トウモロコシの推定輸入量は1,026万ｔであり、非遺伝子組換えトウモロコシは101万ｔにとどまると推定される[11]。飼料用トウモロコシ輸入量のうちJA全農のシェアは約３割の350万ｔで、残りは商社系である。

　飼料用トウモロコシ輸入の多くはアメリカからのものであり、2018年度では輸入全体の91％（1,025万ｔ）を占めていた（財務省『貿易統計』）。アメリカのトウモロコシ栽培面積（2017/18穀物年度）は3,650万haで、９割以上（3,384万ha）が遺伝子組換えトウモロコシ（以下、GMトウモロコシ）になっている。非遺伝子組換えトウモロコシ（以下、Non-GMトウモロコシ）の栽培面積は300万haにまで落ち込み、Non-GM トウモロコシの確保が難しくなっている。Non-GM トウモロコシはGMトウモロコシよりも農薬や除草剤の散布回数が多く栽培に手間やコストがかかるうえ、雑草や害虫による被害を受けやすく、収量低下によって収益性が低いことから生産者の取り組み意欲が低いことがその背景にある（伊豫 2009, p.91）。

　アメリカでGMトウモロコシの栽培が急増する一方で、わが国の飼料原料においてNon-GMトウモロコシのニーズが高まったことをうけ、全農グループでは1998年からアメリカの農家とNon-GMトウモロコシを生産する契約をし、自社の管理下にある会社、施設を通じて分別流通をおこない、日本に輸入してきた。

　そこでは、①Non-GM 種子の選定から作付け・収穫・保管・集荷にいたるまで分別管理を徹底する「IPハンドリング・プログラム」を実施するとともに、②「バウチャー・プラス・プログラム」によってアメリカのトウモロコシ生産農家との連携を強化し、③「パートナー・プラス・シード・プログラム」によってNon-GMトウモロコシの消費者ニーズを種子会社に伝え、Non-GMトウモロコシの長期安定確保を図ってきたのである。

1）IPハンドリング・プログラム

　JA全農は、Non-GMトウモロコシ種子を確保するため、アメリカ大手種子メーカーであるコルテバ社（2019年にダウ・デュポン社から分社化）などと長期的な取引を行うとともに、伊藤忠商事と共同で買収し運営しているコンソリディテッド・グレイン・アンド・バージ社（CGB社）によるトウモロコシの集荷と輸送、全農グレイン社による日本向けの輸送を行っている（**図11-1**）。

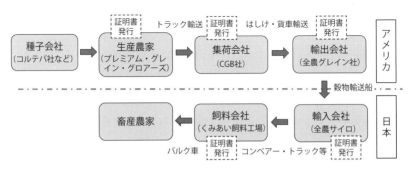

**図11-1　全農グループによる非遺伝子組み換えトウモロコシの
流通経路とIPハンドリング**

資料：全農の資料をもとに筆者作成。

　全農グループでは、種子からはじまって現地での生産、日本の畜産生産者までの一貫した分別生産流通管理体制を整えている。この管理体制をIPハンドリング（Identity Preserved Handling）プログラムという。飼料穀物の栽培・収穫・貯蔵・輸送から配合飼料の製造・供給まで徹底した分別管理と物流履歴を遡求できるトレーサビリティ体制であり、農場から飼料製造工場までの各段階で混入が起こらないよう管理し、そのことが書類等で証明されている。このIPハンドリングの取り組み自体は1991年に始まったものであり、トウモロコシの収穫後に保管のための農薬を使わない「ポストハーヴェストフリー」（PHF）のトウモロコシを供給するための手段であった。1996年にアメリカでGMトウモロコシが商業栽培されたことをうけ、日本の生協等か

らNon-GM トウモロコシを飼料とした畜産物を取り扱いという要望が高まり、1998年にPHFトウモロコシに加えてNon-GM トウモロコシをアメリカの産地から日本の飼料工場まで一貫したIPハンドリングによる安定供給を開始したのである（JA全農畜産生産部 2011，p.64）。

　まず生産段階では、CGB社がイリノイ州やアイオワ州を中心に生産農家を「プレミアム・グレイン・グロアーズ」として組織し、契約取引を行っている。CGB社は同組織の農家からプレミアム価格を支払ってNon-GMトウモロコシを買い取っている。このプレミアム価格は取り組み当初とくらべて大きく引き上げられており、生産農家の確保に苦労しているようである。かつては約2,000戸の契約農家がいたが、現在は1,000戸程度と半分にまで減少している。ただし、1農家当たりの栽培面積が拡大しているため、Non-GMトウモロコシの栽培面積は以前とそれほど変化はない。契約農家はマニュアルにもとづいて種子の選定、栽培、収穫にいたる生産管理や収穫後の保管管理において分別管理を行っており、それに対し認定証が発行される。契約農家の一部はNon-GM トウモロコシを生産する一方で、GMトウモロコシも生産しており、GMトウモロコシとの交雑や混入を避けるため、契約農家には一般のトウモロコシ畑と15m以上離して作付けを行うよう求めている。

　Non-GMトウモロコシは生産農家からCGB社のエレベーターにトラック輸送されるが、その際トラックごとにサンプルを採取し検査を行う。また、はしけに積み込まれる際には、はしけごとにサンプルを採取し、検査が行われる。混入がおきていないかの検査は、いずれの段階も積み込む前に行っているという。

　全農グレインの輸出エレベーターに受け入れる際にもサンプルを採取し、輸出する際の船積み時にはアメリカ農務省穀物検査官による品質検査や輸出検査を受けることになる。またサンプルの一部は検査機関にも送られ、GMO検査やポストハーヴェストフリー検査を受けている。日本に輸送する際、大型船の積み込みでも混入を避けるため、船倉単位またはセパレーションを使用して運搬している。

日本に到着後の全農サイロおよびくみあい飼料でも分別管理を行うととも
に、サンプルを採取し品質検査も行っている。流通や飼料製造過程でGMト
ウモロコシの混入を防ぐため、サイロ本体のみならず荷役機械や搬入搬出設
備においても徹底したクリーニングを実施して混入防止を図るとともに、確
認や記録の整備によるトレーサビリティを維持したなかで畜産農家に出荷し
ている。

2）バウチャー・プラス・プログラム

　全農グループではNon-GM トウモロコシの安定供給を確保するため、2007
年から種子会社と現地のトウモロコシ生産農家、および現地集荷・物流を担
う全農子会社のCGB社の 3 者間で、「Voucher・Plus・Program」（バウ
チャー・プラス・プログラム）という契約方式に取り組んでいる。同プログ
ラムのもとで、Non-GM トウモロコシを作付ける 2 年前に、CGB社が生産
農家および種子会社と協議し、需要量を決定する。そしてCGB社は、種子
会社に対して種子の調査研究費と保管費を助成する一方、生産農家に対して
は、CGB社が種子代の立替え払いを行い、農家は収穫物をCGB社に販売す
る際に種子代を精算する方式である。農家が種子会社から種子を受け取るた
めに必要となるのがバウチャー（引換券）である。
　バウチャー・プラス・プログラムが始まった2007年当時はトウモロコシの
バイオエタノール利用が拡大していた時期で、トウモロコシの価格が上昇に
転じる前の2005年の 1 ブッシェル（25.4kg）2.1ドルから、2007年には同3.8
ドルと 2 倍近くにまで高騰した。それにともないトウモロコシの種子価格も
高騰していた時期で、種子代高騰が農家経営に与える影響は小さくなかった
という。農家の経営が厳しい時に、種子代金の支払いを猶予（後払い）でき
たこの仕組みは一定のメリットがあった。ただし、バウチャー・プラス・プ
ログラムを活用していた農家はプレミアム・グレイン・グロアーズの構成農
家の 5 ％程度であり、それら農家も経営が安定しトウモロコシの価格が下
がってきた 4 ～ 5 年ほど前から同プログラムの活用実績はない。

バウチャー・プラス・プログラムへの参加農家数は決して多くはなかったが、種子を早めに確保し、種子メーカーにNon-GM種子の需要があることを明確に伝えることに大きな意義があったという。現在、バウチャー・プラス・プログラムの一部はパートナー・プラス・シード・プログラムに引き継がれた形となっており、同プログラムによって種子会社との提携を深め、農家への安定した種子供給を行っている。

3）パートナー・プラス・シード・プログラム

　パートナー・プラス・シード・プログラムは、生活クラブ生協が遺伝子組換え作物の作付拡大にともない、このままではNon-GMO種子がなくなってしまうのではないかとの不安を抱き、非遺伝子組換え作物の需要があることをアメリカの種子会社に伝えたいとの要望に全農グループが応える形で始まった取り組みである。2011年にJA全農がコーディネートする形で、アメリカの種子会社大手のパイオニア社（現コルテバ社）とCGB社、生活クラブ生協の3者が主体となって、パートナー・プラス・シード・プログラムに取り組んでいる。同プログラムは、全農グループが日本の実需者（生活クラブ生協）とともにすすめているNon-GM 種子の継続的業務提携で、生活クラブ生協からの需要予測をもとに、アメリカの種子メーカーであるコルテバ社に対し、同社が保有しているNon-GM トウモロコシの原種のうち優良な種子の選抜によるNon-GM 種子の開発依頼を、3～5年の複数年契約で行なっている。全農グループはトウモロコシを作付ける2年前には生活クラブ生協からの需要予測をおこない、それにもとづきコルテバ社にNon-GM種子開発の依頼と契約をおこなう。コルテバ社は作付の1年前に全農グループの需要に応じたNon-GM トウモロコシの種子を育種し、翌年に種子を提供する。

　プレミアム・グレイン・グロアーズのメンバーはNon-GM トウモロコシの種子調達先を自由に選択できるため、同プログラムによるNon-GM種子を使用している農家割合はそれほど多くはない。それよりも、Non-GM トウモロコシ種子に対する消費者需要が確実に存在すること、すなわち消費者の

声を種子会社に届ける意義のほうが大きいとのことである。種子会社にとってはGM種子の方がNon-GM種子よりも価格が高く儲かるとのことであるが、種子会社の中には消費者ニーズにあった種子を生産したいと考える会社もあって、ニッチな需要であってもそれに応えたいとの考えをもっていたのが当時のパイオニア社（現コルテバ社）であった。同プログラムはNon-GM種子の消費者ニーズを種子会社に伝え、安定的に種子を供給してもらうために必要な取り組みの1つとのことである。現時点では、少なくとも2025年まではNon-GM種子の開発・供給が確保されることとなっている。

4）消費者によるNon-GM食品の選択を可能とする分別生産流通管理

　以上みたように、JA全農は1998年から非遺伝子組換えの飼料穀物を栽培するアメリカの農家と栽培委託契約を結び、全農の子会社CGB社や全農グレインを利用して収穫・貯蔵・輸送から配合飼料の製造・供給まで分別管理をおこない、非遺伝子組換えの飼料を日本の畜産農家まで供給する体制を整備している（伊豫 2009, pp.76-101）。

　わが国では、遺伝子組換えの表示は食品表示法に基づく内閣府令によって定められており、表示義務と任意表示がある。表示義務の対象は大豆やトウモロコシ、ジャガイモなど8つの農産物と、それを原材料とした33の加工食品（豆腐、味噌、スナック菓子など）である。表示方法は、（イ）GM農産物とNon-GM農産物を分別生産流通管理（IPハンドリング）している場合に、「トウモロコシ（遺伝子組換え）」等、分別生産流通管理が行われたGM農産物である旨を表示しなければならない。（ロ）分別生産流通管理をしていない、あるいは（ハ）分別生産流通管理はしたが、GM農産物の意図せざる混入が5％を超えていた場合は、いずれも「トウモロコシ（遺伝子組換え不分別）」等、GM農産物とNon-GM農産物が分別されていない旨を表示しなければならない。なお、（イ）で分別されたNon-GM農産物、つまりIPハンドリングのもと、意図せざる混入も5％以下に抑えられているものについては、「遺伝子組換えでない」等の表示が任意とはいえ可能になるのである。

JA全農は「遺伝子組換えでない」トウモロコシをエサにした畜産物や乳製品を選択したいという消費者の要請に応えてきた。消費者が「遺伝子組換えでない」農産物やそれをエサにした畜産物、ないしは加工食品などを選択することができるのは、こうした取り組みに支えられているからである。

4．サプライチェーンの拡大に対するオルタナティブ

（1）小規模農場の生き残りとしてのローカルフードの広がりとその問題

　アメリカの農場数の圧倒的多数を占める小規模家族農場は、その生き残りを図るために野菜・果樹園芸部門を中心に、有機農業を基礎としたCSAやファームスタンド、ファーマーズ・マーケットなど消費者への直接販売を行っている。

　農業の工業化は、拡延したサプライチェーン（付加価値連鎖）や長距離輸送・貿易を特徴としているのに対して、生産者と消費者との距離を縮めるような取り組みはショート・フードサプライチェーン（以下、SFSCs）と呼ばれている。SFSCsは、生産者と消費者の間の物理的な距離（生産地から販売地までの輸送距離）が短い、あるいは社会的距離が近い（中間業者の関与がないか少ない）ことを特徴としており、①対面型（face-to-face）、②近接型（proximate）、③広範囲型（extended）の3つに分類される（Renting et al. 2003，pp.399-400）。

　①対面型は、ファーマーズ・マーケットやCSAのように、生産者と消費者が直接相対することよって特徴づけられる。②近接型は、フードハブや消費者協同組合のように、生産者が必ずしも商品の流通に関与しているわけではなく、生産者と消費者との直接の交流もないが、消費者は特定の地域内（ローカル）で生産された食料であると認識できる。①対面型および②近接型は、「生産者と消費者の距離を可能な限り短縮する」ことを要諦とするフードシステムのローカル化（ローカルフードシステム）とも重なる（ライソン2012，p.xv）。③広範囲型は、フェア・トレードや認証ラベルのように、

生産者と消費者間の地理的距離は長いかもしれないが、消費者はその製品がどこでだれによってつくられたか、あるいは生産物に込められた意味を理解できるというものである。ただし、③広範囲型である有機認証食品やフェア・トレードには、アグリビジネス企業が製品差別化などによる資本蓄積戦略の一環として倫理的調達を謳うことで参入し、有機認証食品やフェア・トレード商品の取り扱いを増やしており、こうした食料のかなりの部分がスーパーマーケットで販売されるような状況もでている（久野 2008, pp.81-127）。このようにアグリビジネスは、農業の工業化に対するオルタナティブな取り組みによって切り開かれる変化に不断に対応し、オルタナティブのシンボルを取り込み、それらを大規模に模写していくのである（フィッツモーリス・ガロー 2018, p.226）。

　では、ローカルフード（①対面型や②近接型）には問題はないのか。ローカルフードは、経済的格差が原因で、新鮮で栄養価の高い食料（有機野菜など）を買えるのは富裕層から一般的な消費者までで、貧困層は質の高い健康的なローカルフードにアクセスできない、階層的に排除される層の存在が指摘されている（西山 2007, pp.102-108）。生産者が有機農産物やローカルフードに取り組むだけでは、「エリート消費者に倫理的で環境に優しい職人芸的な、主流農産物に対する代替品を提供」するだけであり、それでは不十分である（フィッツモーリス・ガロー 2018, p.208）。こうした取り組みから取り残された者、とりわけ都市貧困層をどう支えていくかが問われている。

　また、ローカルフードに携わる多くの農家が経営破綻を免れるために自己労働を搾取せざるをえない状況にあるなかで、農場労働についての消費者教育が必要との指摘もある（フィッツモーリス・ガロー 2018, p.231）。

　こうした中、ローカルフードに関して、コミュニティ全体が自分たちの食料生産に責任を持ち、それを支援する市民的義務があるとし、一体化したコミュニティ構造を通じて、地域社会のなかで生産活動と消費活動を結び合わせ、特定のコミュニティのための食料生産をそのコミュニティ内で行う、地域に根ざした農業や食料生産を目指す「フードポリシー・カウンシル」とい

う取り組みが広がりをみせている（立川 2018，pp.129-137）。地域の人々が健康的で地元に根ざした持続可能な食料を利用できるようにするために、フードシステムに関わるさまざまな利害関係者（反飢餓やフードジャスティスを支持する人、教育者、非営利団体、市民、政府関係者、農家、食料品店、シェフ、労働者、食品加工業者、食品流通業者など）が食のあり方を議論し、地域または州の食料システムを改善するための革新的な解決策を提案し、食料システムをより環境的に持続可能で社会的に公正なものにすることが目指されている。この取り組みの前提には、「消費者が食を単なる商品として考えて購買、消費するだけではなく、積極的に食と農のあり方を考える『市民』として食に関わっていくこと」が求められており、それには消費者の教育が必要となろう（大賀 2017，p.297）。

　このように、消費と生産が乖離した工業化されたフードシステムへのオルタナティブな取り組みをすすめるにあたって、都市貧困層への支援や、農場労働ならびにフードシステムに関する消費者教育が求められている。そこで次項では、ローカルフードを基礎に貧困層の支援や青少年教育に取り組む非営利組織の取り組み（2018年6月に聞き取り調査）をみていくことにしよう。

（2）ローカルフードを基礎に貧困層の支援や青少年教育に取り組む「ザ・フード・プロジェクト」

1）組織の概要と活動の目的

　「ザ・フード・プロジェクト」（The Food Project）はマサチューセッツ州東部の北岸地域とボストンで合計5カ所に農場をもち、合計70エーカー（28ha）の農地で、多種類の野菜、ハーブ類、花卉、果実を栽培している非営利組織である[12]。ザ・フード・プロジェクト（以下、FP）は1991年に環境保護団体であるマサチューセッツ州オーデュボン協会（Massachusetts Audubon Society）の一つのプロジェクト（事業計画）として企画されたことから始まった。同協会は、土地保全と野生生物の保護活動に取り組んでお

り、土地保全活動には在来生物の生息地を保護するだけにとどまらず、清潔な飲料水や地場産の食料、自然を学ぶ場所の確保という目的も含まれている。

　FPの活動目的は、①持続可能な農業を通じて「個人的、社会的変化の創出」をめざし、②手頃な価格で地元の農産物を手にすることができる地産地消のフードシステムを構築し、低所得者が健康的な生鮮食品を購入できる機会を拡大すること、③次世代の若い指導者を育成することである。

　主な活動内容は、5カ所の農場で有機栽培による多種類の野菜等を生産し、生産物の約4割は貧困救済団体への寄付で、のこりの6割についても低所得者向けに価格を抑えた販売もある。また生産には農業教育として高校生を関わらせ、フードシステムに変革をもたらす次世代のリーダー育成に取り組んでいる。

2）ザ・フード・プロジェクトの農場

　プロジェクトが企画された翌年の1992年にボストンの北西約10マイル郊外のリンカーン町（Lincoln）で2.5エーカーのドラムリン農場（Drumlin Farm）を取得、経営が始まる（後にベイカーブリッジ農場に名称を変更）。現在、農場の面積は合計70エーカーにまで拡大し、「郊外農場」としてリンカーンに31エーカー、北岸地域ビバリー町（Beverly）に2エーカー、同じく北岸地域ウェナム町（Wenham）に34エーカー、「都市農場」としてボストンに2.5エーカー、ボストンの北隣のリン市（Lynn）に1エーカーがある（**表11-1**）。FPの農場の農地や温室は、すべて自治体やランドトラスト（土地信託団体）からの借地であり、無償か、非常に安い地代とのことであった。

　合計70エーカー（28ha）の農地で、多種類の野菜、ハーブ類、花卉、果実を栽培し、25万ポンド（113.5ｔ）超を生産している。全農場で化学肥料や農薬を使用しておらず、持続可能で有機的な栽培方法を実践しているが、有機認証には申請経費がかかるため、農務省の有機認証は取得していない。

　FPには30名の常勤職員がおり、各農場に常勤の農場管理者（マネジャー）とスタッフを配置している。また、夏季（5月下旬から9月上旬の4ヵ月

表 11-1　「ザ・フード・プロジェクト」の農場の概要

農場の立地		農場名	農場面積（エーカー）	農地の状態	地代（ドル/年）	販売先	売上（ドル/年）
都市農場	ボストン	ウェストコテージ農場	2	畑	0	F・M、レストラン、無償提供	7万5,000〜10万（F・Mが1万5,000）
		ラングドンストリート農場	0.23	温室	500		
	リン	インガルス学校農場	1.25	畑	N.A	F・M、移動販売、無償提供	24万（F・Mのみ）
		モンローストリート農場		畑	N.A		（移動販売とCSAは不明）
郊外農場	リンカーン	ベイカーブリッジ農場	31	畑	0	F・M、CSA、無償提供	N.A
	ビバリー	ロングハレル農場	2	N.A		F・M、CSA、無償提供	N.A
	ウェナム	レイノルズ農場	34	N.A		F・M、それ以外は不明	N.A

資料：聞き取り調査（2018年6月）およびザ・フード・プロジェクトのウェブサイト（http://thefoodproject.org/）による。
注：1）F・Mはファーマーズ・マーケットの略。
　　2）リンカーンの農場の生産物の一部はボストンのファーマーズ・マーケットで販売される一方、ビバリー農場の生産物の一部はリンでのCSAやファーマーズ・マーケットで販売されている。

　間）には農場での作業や生産物の配達にかかわる非常勤職員を30名雇用している。これ以外にも青少年農業教育として農場全体で毎年120名を超える若者（高校生）を雇用している。さらに約2,500名のボランティアの助けもある。
　収穫物はファーマーズ・マーケットや近隣のレストランに直接販売しているほか、CSAによる販売もある。さらに農場の農産物は貧困救済団体に寄付され、ファーマーズ・マーケットに来ることのできない住民の買い物難民対策として移動販売も行っている。
　収穫物のうち約40％は35の貧困救済団体に寄付されており、60％は低所得者層の住む地域におけるファーマーズ・マーケットでの販売や、CSAによる販売、レストランへの直接販売である。CSAではフルプライスシェアだけでなく、低所得者向けにシェア価格を抑えた販売も行っている。
　また、都市住民を対象にガーデニングの普及活動と栽培指導も行っている。食生活の乱れに起因した肥満など健康上の問題が深刻だからである。ガーデニングを普及させていくなかで、かつて廃棄物の不法投棄があり、宅地周辺

の土壌の鉛汚染が深刻だったので、自分の食料を生産したい家族や団体に対して1,000台を超える木製の「揚床」（Raised-Bed、1.2m×2.5m）をFPの負担で無償設置している。園芸用土壌や種苗は有償提供であるが、栽培指導も行っている。

　このように、FPの取り組み目的が市民、とくに貧困世帯の健康な農産物の入手機会を改善することにあることがわかる。食をめぐる格差に立ち向かい、食の公平さを求めて活動しているのである。

3）青少年農業教育

　FPの取組の重要な部分の一つが青少年教育であり、農場全体で毎年120名を超える若者が働いている。FPの活動に参加する若者は、FPへの参加経験との関わりでシードクルー（Seed Crew、「種子段階のチーム」という意味）、ダートクルー（Dirt Crew、「種を育てる土壌チーム」という意味）、ルートクルー（Root Crew、「作物を支える根チーム」の意味）の３つのカテゴリーにわかれている。

　シードクルーは、14歳〜17歳の高校生に７月〜８月中旬にかけて6.5週間の労働機会を提供するものである。ボストンやリン周辺の都市部から、さまざまな人種（６割が有色人種）や階層からなる高校生を募集し、毎年72名（男女比は半々）を各農場で雇用している。週５日、１日８時間労働をおこない、週給275ドルを受け取る。１日を通して農作業を行うのではなく、午前中は農作業を行うが、午後は持続型農業や食料へのアクセスについて、さらに社会的公正とは何かといった問題をワークショップで学ぶ時間となっている。それが終われば、その日の午後最後の２時間はまた農作業を行う。農場での労働時間の３割はワークショップなどの学びの時間となっている。また、週のうち１日は地元の貧困救済団体に自分たちが育てた作物を届け、その団体が行っている生活困窮者への食料提供を手伝うことになっている。これにより、自分達が生産した農産物がどのように消費者に届いているか、農産物の流通システムを理解する。

　ダートクルーは、シードクルーを経験した者だけがなることができる。ダートクルーは年間を通して、放課後と毎週土曜日に低所得地域の住民のために「揚床」の設置作業を行う。また、ボランティアのリーダー役を担い、翌年のシードクルーの募集を手伝う。持続型農業やローカルフードシステム、正当な労務管理、市民としてのたしなみなど、しっかりしたリーダーになれるような教育コースという位置づけである。

　ダートクルーを経験した後はルートクルーとなり、農場やファーマーズ・マーケットでのさらなる責任を担うことになる。農場での作業はルートクルー 2 名をリーダーに、12名のシードクルーが一つのチームとして働く。

　FPでは青少年の農場やコミュニティにおける労働と、社会的公正やフードジャスティス、事業経営のやり方などの学習の両面から、フードシステムに変革をもたらすような次世代のリーダーを育成することがめざされている。

4）ザ・フード・プロジェクトの経営収支

　2016年度の収入は324万3,000ドルで、内訳は寄付金が84.7％、農産物販売が10.3％、投資・出資が2.5％、各種プログラム等2.0％、くじ（慈善事業のため）0.5％である（**表11-2**）。一方、2016年度の支出は227万5,000ドルで、その内訳は青少年発達プログラム（給料）40.4％、郊外農場の運営費25.1％、

表 11-2　フード・プロジェクトの 2016 年の収支

		金額（ドル）	構成比（%）
収入	寄付	2,746,191	84.7
	農産物販売	333,733	10.3
	投資・出資	82,251	2.5
	各種プログラム	66,343	2.0
	福祉クジ販売	14,786	0.5
	合計	3,243,304	100.0
支出	青少年発達プログラム（参加者への給与）	918,514	40.4
	郊外農場の運営費	571,945	25.1
	都市農場の運営費	177,420	7.8
	ボランティア・普及プログラム	498,378	21.9
	低所得者への食料提供	108,840	4.8
	合計	2,275,097	100.0

資料：The Food Project Annual Report 2016 により作成。

都市農場の運営費7.8％、ボランティア・普及プログラム21.9％、低所得者への食料供給4.8％である。

寄付額は2014年212万ドル、2015年241万ドル、2016年275万ドルと順調に伸び、収支は、2014年は24万ドルの赤字、2015年は5万ドルの赤字だったものが、2016年は97万ドルの黒字となっており、寄付が収支に大きく影響している。

青少年農業教育と都市貧困地域のコミュニティ再生をめざす非営利組織の運営は、自治体の土地提供と寄付金によって成り立っている。

5．農業の工業化に対するオルタナティブな取り組みの課題と展望

農業の工業化に対するオルタナティブな取り組みはいくつもある。本章ではその中で、非遺伝子組換えトウモロコシの確保を目指したJA全農の取り組みと、サプライチェーンの拡大に対してローカルフードを基礎に貧困層の支援や青少年教育に取り組む非営利組織の取り組みをみた。これらを含むオルタナティブな取り組みが、主流フードシステムに完全にとってかわることは無理であろうが、それでも、工業化・グローバル化したフードシステムによる供給の一部は、オルタナティブな取り組みをベースとしたフードシステムに置き換えることが可能と考える。

問題は、オルタナティブな取り組みの持続可能性である。第1に、JA全農グループが取り組んでいるアメリカでの非遺伝子組換えトウモロコシの生産、流通（輸入）については、2023年4月1日の食品表示制度の変更（表示義務は現行のまま）によって「遺伝子組換えでない」との任意表示が実質的にできなくなる。現行では分別生産流通管理をして、意図せざる混入を5％以下に抑えているものは「遺伝子組換えでない」と表示できるが、新制度では分別生産流通管理をしたうえで、遺伝子組換えの混入がない（不検出）と認められるものだけが「遺伝子組換えでない」と表示できるのである。アメリカでのトウモロコシの生産流通ではGMトウモロコシとNon-GMトウモロ

コシは同じ輸送ルートを通っており、分別生産流通管理を徹底したとしても意図せざる混入は避けられないため、100％の精度を保証するものではないという。今の分別流通システムではGMトウモロコシの意図せざる混入をゼロにするのは困難で、今後は「遺伝子組換えでない」との表示はできないという。JA全農グループでは、表示制度の変更に対し、現在の輸送・流通体制は変えずに消費者ニーズに応えていく方針で、表示ルール変更への対応を模索している。アメリカからの非遺伝子組換えトウモロコシの調達は、表示方法や混入基準の厳格化で新たな対応を迫られているなか、オルタナティブとしての性質をどのように保っていくかが課題であろう。

　第 2 に、オルタナティブな取り組み自体の内部矛盾である。フード・プロジェクトはローカルフードに取り組む中で、都市貧困層の大量の存在がアメリカ社会における中心的問題の一つであることに正面から向き合い、貧困者向けの事業に取り組むとともに、高校生への農業教育によって次世代のフードシステムの担い手を育てていた。こうした取組はフード・プロジェクトの年間収入の 8 割以上を占める寄付金によって支えられているが、赤字の年もみられた。フード・プロジェクトは貧困救済団体への食料寄付や低所得者向けCSAの取扱を増やしていきたいと考えているものの、そうなると現在行っているCSAのフルプライスシェアを減らしたり、高級レストランに直接販売している温室トマトを減らすことになる。しかし、フルプライスCSAやレストランへの直接販売はFPの貴重な収入源であり、安定して寄付を得ることが容易ではないなか、簡単に減らすことはできないのである。フィッツモーリス・ガロー（2018, pp.208-231）は、ローカルフードに携わる多くの農場が経営破綻を免れるために自己労働を搾取せざるをえない状況にあることを指摘しており、ローカルフードの取り組みが面的広がりをもつには、経営経済的継続性の確保が残された課題である。

　最後に、世界的に農業・食料の工業化・グローバル化が進行するなかで、日本は農産物・食料輸入を増大させており、農業生産を縮小させている。しかし、世界で 8 億人以上も飢餓状態の人がいるとされる中で、多くの食料を

海外から調達することはSDGsの目標に反しているし、わが国がパリ協定に基づいて温室効果ガスの削減を図っていくというなら、フードマイレージの大きい日本で食料の海外依存が今のままでいいはずがなかろう。現在、日本政府は輸出産業化することで農業を再興しようとしているが、内需に応える農業のあり方を検討することのほうが最優先されるべきである。国内農業支援策を強化して食料自給率を高め、海外からの食料輸送にかかる二酸化炭素の排出を削減していくことこそ国際貢献だと考える。さらに、食の安全にかかわる農薬や食品添加物等の残留基準・食品表示制度をこれ以上改悪させないなどの要求を政府に求めていくことが、わが国におけるオルタナティブなフードシステムの構築に欠かせない対応ではないだろうか。

注

1）精密農業ではセンサー技術が向上するなか、ドローンを活用したピンポイントの農薬散布や上空からの土壌、生育状況などのデータ収集、マッピングによる圃場データの可視化や、ビッグデータによる予測分析、自動運転や運転アシスト機能を有する農業機械など、広大な農地であってもきめ細かい生産管理が可能なレベルにまで到達している（https://www.jetro.go.jp/ext_images/_Reports/02/2016/da9e8f3532003856/rpNy201604.pdf, 2021年7月30日閲覧）。

2）The Hidden Costs of Industrial Agriculture（https://www.ucsusa.org/resources/hidden-costs-industrial-agriculture, 2021年8月5日閲覧）。

3）Sustainable Agriculture vs. Industrial Agriculture（https://foodprint.org/issues/sustainable-agriculture-vs-industrial-agriculture/, 2021年8月5日閲覧）。

4）The Hidden Costs of Industrial Agriculture（https://www.ucsusa.org/resources/hidden-costs-industrial-agriculture 2021年8月5日閲覧）。

5）有機農業ニュースクリップのグリホサート関連年表を参照（http://organic-newsclip.info/nouyaku/glyphosate-table.html, 2021年8月27日閲覧）。

6）乳牛に対する遺伝子組換え牛成長ホルモン（rBST）で一頭当たりの乳量が20％程度増加するといわれているが、rBSTを投与された牛の牛乳を人が摂取すると、乳がんや前立腺がんに罹患する可能性が指摘されている。1994年にアメリカで遺伝子組み換えの牛成長ホルモンが認可・販売されたが、その後数年間で乳がん発生率が7倍、前立腺がん発生率が4倍になったとの研究結果が報告されている（鈴木2018, pp.20-51）。

7）農林水産省Webページ（https://www.maff.go.jp/j/syouan/seisaku/trans_fat/
t_eikyou/，2021年8月5日閲覧）。
8）小規模・家族農業ネットワーク・ジャパン（2019）を参照。
9）Ellen Macarthur Foundation（2019）を参照。
10）"Global Food System is Broken、SayWorld's Science Academies," *The Guardian*, Nov.28, 2018（https://www.theguardian.com/environment/2018/nov/28/global-food-system-is-broken-say-worlds-science-academies，2020年10月20日閲覧）。
11）遺伝子組換えトウモロコシの推定輸入量は、輸出国のGM作付比率に輸入量を掛け合わせることで算出した。輸出国のGM作付比率はバイテク情報普及会調べ（https://cbijapan.com/about_use/usage_situation_jp/，2022年12月6日閲覧）。
12）ザ・フード・プロジェクトに関する分析の詳細は、椿（2019）を参照されたい。

引用・参考文献

天笠啓祐（2020）「独バイエル社和解へ―アグリビジネスを揺さぶるグリホサート問題―」『世界』936，p.11.
池上甲一（2013）「大規模海外農業投資による食農資源問題の先鋭化とアグロ・フード・レジームの再編」『農林業問題研究』49（3），pp.473-482.
磯田宏（2000）「アメリカにおける新世代農協の展開　穀物セクターの場合を中心に」『農業市場研究』9（1），pp.71-80.
磯田宏（2002）「アグリビジネスの農業支配は可能か―『工業化・グローバル化』視角からのアプローチ」矢口芳生編『農業経済の分析視角を問う』農林統計協会，p.31.
磯田宏（2011）「アメリカ穀作農業の構造変化―工業化農業の到達と模索―」松原豊彦・磯田宏・佐藤加寿子『新大陸型資本主義国の共生農業システム―アメリカとカナダ―』農林統計協会，pp.80-176.
磯田宏（2016）『アグロフュエル・ブーム下の米国エタノール産業と穀作農業の構造変化』筑波書房.
伊豫軍記（2009）「非遺伝子組換えトウモロコシの分別流通システム」食糧の生産と消費者を結ぶ研究会編『食料危機とアメリカ農業の選択』家の光協会，pp.76-101.
大賀百恵（2017）「食の市民性を持つ消費者として食と農を考える―フード・ポリシー・カウンシル（Food Policy Councils）を事例として―」『同志社政策科学研究』19（1），p.297.
クリストファー・D・メレット，ノーマン・ワルツァー編（村田武，磯田宏監訳）（2003）『アメリカ新世代農協の挑戦』家の光協会.
五箇公一（2021）「生物多様性とは何か，なぜ重要なのか？」『世界』941，p.112.

コノー・J・フィッツモーリス，ブライアン・J・ガロー（村田武，レイモンド・A・ジュソーム・Jr. 監訳）（2018）『現代アメリカの有機農業とその将来』筑波書房.

佐藤加寿子（2019）「ニューイングランドの酪農協同組合と小規模酪農」村田武編『新自由主義グローバリズムと家族農業経営』筑波書房，pp.67-90.

JA全農畜産生産部（2011）「米国産非遺伝子組換え（NON-GMO）トウモロコシの新たな取組みがはじまる」『鶏の研究』86（1），p.64.

小規模・家族農業ネットワーク・ジャパン編（2019）『「よくわかる国連家族農業の10年」と「小農の権利宣言」』農文協ブックレット，pp.85-103.

鈴木宣弘（2018）「酪農・畜産政策の総括と今後の課題」農政ジャーナリストの会『危機に瀕する日本の酪農・畜産（日本農業の動き198）』農政ジャーナリストの会，pp.20-51.

立川雅司（2018）「北米におけるフードポリシー・カウンシルと都市食料政策」『フードシステム研究』25（3），pp.129-137.

椿真一（2019）「マサチューセッツ州のローカルフード運動」村田武編『新自由主義グローバリズムと家族農業経営』筑波書房，pp.25-65.

デヴィッド・ハーヴェイ（大屋定晴・中村好孝・新井田智幸・色摩泰匡訳）（2017）『資本主義の終焉』作品社.

西山未真（2007）「アメリカの食育と生産者・消費者連携」『農業および園芸』82（1），pp.102-108.

二村宮國（2005）「二つのアメリカ―再燃した貧困問題―」『帝京国際文化』18，pp.169-170.

八山幸司（2016）「米国における農業とITに関する取り組みの現状」JETRO，pp.1-17.

久野秀二（2002）『アグリビジネスと遺伝子組換え作物―政治経済学アプローチ―』日本経済評論社.

久野秀二（2008）「多国籍アグリビジネスの事業展開と農業・食料包摂の今日的構造」農業問題研究学会編『グローバル資本主義と農業』筑波書房，pp.81-127.

平賀緑・久野秀二（2019）「資本主義的食料システムに組み込まれるとき―フードレジーム論から農業・食料の金融化論まで―」『国際開発研究』28（1），p.21.

フレッド・マグドフ，ジョン・B・フォスター，フレッド・H・バトル編（中野一新監訳）（2004）『利潤への渇望』大月書店.

松原豊彦（2004）「世界の食料事情と多国籍アグリビジネス」大塚茂・松原豊彦編『現代の食とアグリビジネス』有斐閣，pp.55-58.

村田武（2021）『農民家族経営と「将来性のある農業」』筑波書房.

トーマス・ライソン（北野収訳）（2012）『シビックアグリカルチャー』農林統計出版.

渡邉信夫（2004）「地域に根ざした食と農の再生運動」大塚茂・松原豊彦『現代の

食とアグリビジネス』有斐閣.

Ellen Macarthur Foundation（2019）*Cities and Circular Economy for Food*, Ellen Macarthur Foundation, pp.17-18.

Elliott. K. A.（2017）*Global Agriculture and the American Farmer*, Center for Global Development, p.6.

Renting. H, Marsden. T, and Banks. J（2003）"Understanding Alternative Food Networks: Exploring the Role of Short Food Supply Chains in Rural Development," *Environment and Planning A*, 35（3）, pp.393-411.

（椿　真一）

［最終稿提出日：2022年8月2日］

編者・著者一覧

編　者　松原　豊彦（立命館大学）・冬木　勝仁（東北大学）

序　章	松原　豊彦	（まつばら　とよひこ）	立命館大学
第1章	鈴木　宣弘	（すずき　のぶひろ）	東京大学
第2章	久野　秀二	（ひさの　しゅうじ）	京都大学
第3章	関根　佳恵	（せきね　かえ）	愛知学院大学
第4章	磯田　宏	（いそだ　ひろし）	九州大学
第5章	石井　圭一	（いしい　けいいち）	東北大学
第6章	大島　一二	（おおしま　かずつぐ）	桃山学院大学
第7章	冬木　勝仁	（ふゆき　かつひと）	東北大学
第8章	岩佐　和幸	（いわさ　かずゆき）	高知大学
第9章	佐野　聖香	（さの　さやか）	立命館大学
第10章	佐藤　加寿子	（さとう　かずこ）	熊本学園大学
第11章	椿　真一	（つばき　しんいち）	愛媛大学

講座　これからの食料・農業市場学　第1巻

世界農業市場の変動と転換

2023年5月16日　第1版第1刷発行

編　者　松原　豊彦・冬木　勝仁
発行者　鶴見　治彦
発行所　筑波書房
　　　　東京都新宿区神楽坂2－16－5
　　　　〒162－0825
　　　　電話03（3267）8599
　　　　郵便振替00150－3－39715
　　　　http：//www.tsukuba-shobo.co.jp

定価はカバーに示してあります

印刷／製本　平河工業社
©2023 Printed in Japan
ISBN978-4-8119-0651-5C3061